丛书编委会

顾　　问　包信和（中国科学院院士）

　　　　　潘建伟（中国科学院院士）

　　　　　陈　霖（中国科学院院士）

　　　　　何鸣鸿（中国自然辩证法研究会理事长）

　　　　　陈　凡（中国自然辩证法研究会副理事长）

　　　　　Carl Mitcham（美国哲学与技术学会首任主席）

主　　编　饶子和

执行主编　徐　飞　陈小平

编　　委　（按姓名拼音排序）

　　　　　成素梅　丛杭青　段伟文　黄欣荣　孔　燕　雷瑞鹏

　　　　　李　伦　李　侠　李真真　李正风　刘　立　刘永谋

　　　　　吕凌峰　孙广中　王　前　王高峰　王国豫　王金柱

　　　　　闫宏秀　张贵红　周　程

研究生系列教材
一流规划教材

"十四五"国家重点出版物
出版规划项目

[前沿科技伦理与法律问题研究]
[新兴科技伦理与治理专辑]

中国科学技术大学2021研究生教育
创新计划教材出版项目 资助出版

THE ETHICS OF
ENGINEERING

工程伦理

吕凌峰　陈发俊　王高峰　叶　斌
张贵红　代　亮　李文忠　／编著

中国科学技术大学出版社

内容简介

作为职业伦理或实践伦理,工程伦理是指工程师在工程实践中所应遵循的道德规范和行为准则。本书系统介绍了工程伦理的基本理论及国内研究最新进展,从工程伦理学概述、工程技术共同体的伦理规范与社会责任、工程师的职业伦理、安全伦理、大数据伦理、人工智能伦理、AI与新媒体伦理、环境伦理、生物工程伦理、基因工程伦理、核能源伦理等方面,全面论述了工程实践中产生的伦理问题,并对相关争论进行了深入剖析。

本书可供核科学工程、能源科学、材料工程、化学工程、计算机及人工智能、大数据、工程管理等学科的本科生和研究生使用。

图书在版编目(CIP)数据

工程伦理/吕凌峰等编著. —合肥:中国科学技术大学出版社,2024.4
(前沿科技伦理与法律问题研究:新兴科技伦理与治理专辑)
"十四五"国家重点出版物出版规划项目
ISBN 978-7-312-05876-9

Ⅰ.工… Ⅱ.吕… Ⅲ.工程技术—伦理学 Ⅳ.B82-057

中国国家版本馆CIP数据核字(2024)第043701号

工程伦理
GONGCHENG LUNLI

出版	中国科学技术大学出版社
	安徽省合肥市金寨路96号,230026
	http://press.ustc.edu.cn
	https://zgkxjsdxcbs.tmall.com
印刷	安徽省瑞隆印务有限公司
发行	中国科学技术大学出版社
开本	787 mm×1092 mm 1/16
印张	14
字数	306千
版次	2024年4月第1版
印次	2024年4月第1次印刷
定价	48.00元

前　言

作为职业伦理或实践伦理,工程伦理是指工程师在工程实践中所应遵循的道德规范和行为准则。随着现代工程技术的不断升级,工程本身也越来越复杂、越来越综合化,工程技术所引起的伦理问题也在不断变化中,这自然会引起社会和人们的关注,它不仅涉及人类福祉、公平公正、安全健康和环境等方面的问题,同时又与工程的利益相关者存在着利益与道德上的密切关系。因此,工程伦理是典型的人文与技术工程的交叉学科,与科技哲学、工程哲学、技术伦理学、技术社会学等领域相互交叉。

国际上,尤其是工业发达国家早已于20世纪70年代就在大学开展工程伦理教育,工程伦理甚至已被纳入注册工程师的考试或认证内容。中国是工程建设大国,当下正需要大量的工程科技专业人才,而工科专业学位的研究生教育是高质量高层次工科人才培养的重要路径之一,工程伦理教育自然也将是工科专业人才培养中的重要内容,因为这直接关系中国工科专业人才的社会责任感、道德伦理观和价值取向。

2016年8月,中国工程专业学位研究生教育指导委员会发出《关于加强"工程伦理"课程建设,推动"工程伦理"教学工作,培育德才兼备工程专业学位研究生的倡议书》,之后,"工程伦理"开始成为工程类专业硕士学位的必修课程,全国理工科类院校开始大力推广该门课程的建设。2018年,中国科学技术大学研究生院专门为"工程伦理"课程设立课程建设和教材编写的资助专项,目前,该门课程已成为全校工科专业硕士学位的基础课,本书在此背景下应运而生。

本书的整体结构主要分为两大部分,即"基础通论"和"专题分论"。其中第1章至第4章为"基础通论"部分,侧重工程伦理的基本概念和基础理论,以及工程实践过程中的一些共性的伦理问题,分别包括工程伦理学概述、工程技术共同体的伦理规范与社会责任、工程师的职业伦理及安全伦理等内容。第5章至第11章为"专题分论"部分,每章有针对性地分析不同工程领域所遇到的伦理问题，分别涉及大数据伦理、人工智能伦理、AI与新媒体伦理、环境伦理、生物工程伦理、基因工程伦理及核能源伦理等。鉴于不同理工科大学的专业领域分布的特殊性，本书相对侧重满足中国科学技术大学工科专业硕士学位的需求。对于本校未设置的一些工程领域，如土木水利工程伦理的内容，暂未纳入本书内容之中。

本书邀请在中国科学技术大学讲授"工程伦理"课程的教师或从事相关研究的学者参与编写，各章分工如下：第1章、第8章和第11章由陈发俊、李文忠合作撰写；第2章、第3章由孙晓宇、吕凌峰合作撰写；第4章由代亮撰写；第5章由张贵红撰写；第6章和第7章由叶斌撰写；第9章由王高峰、孔青青合作撰写；第10章由汪凯撰写。各章初稿完成后，由吕凌峰承担全书的统稿工作。

工程伦理涉及伦理学理论和多个工程领域的专业知识，需要编者具备综合交叉的知识背景，写作过程中难免会因学识和经验所限，在理论和实践分析方面存在疏漏之处，望读者批评指正。

编者

2024年1月

目　录

前言 ··· i

第1章　工程伦理学概述 ··· 001
  1.1　工程、科学和技术的基本含义及其区别与联系 ················· 001
  1.2　伦理学与工程伦理学 ·· 010
  1.3　工程伦理学的含义和教育目标 ···································· 018

第2章　工程共同体的伦理规范与社会责任 ···························· 025
  2.1　工程共同体的概念 ·· 025
  2.2　工程共同体的构成与特征 ·· 026
  2.3　工程共同体的行为规范 ··· 028
  2.4　工程共同体的伦理原则 ··· 029
  2.5　工程共同体的伦理责任 ··· 030
  2.6　工程共同体承担伦理责任的途径 ································· 034

第3章　工程师的职业伦理 ··· 037
  3.1　工程师的概念 ·· 037
  3.2　工程师的能力要求 ·· 037
  3.3　工程师的职业伦理 ·· 039
  3.4　工程师的职业伦理规范 ··· 046

第4章　安全伦理 ·· 049
  4.1　工程安全的内涵 ·· 049
  4.2　工程安全问题的伦理成因 ·· 050
  4.3　维护工程安全的路径选择 ·· 055

第 5 章 大数据伦理 ·· 059
5.1 大数据的特征与伦理挑战 ·· 059
5.2 大数据社会的伦理体系 ··· 068
5.3 大数据社会的伦理治理 ··· 072
5.4 大数据伦理的社会管理 ··· 074

第 6 章 人工智能伦理 ·· 078
6.1 人工智能技术可控性挑战:自动驾驶的潜在社会价值 ······················· 078
6.2 人工智能技术可信性挑战:自动驾驶的发展历程 ····························· 079
6.3 自动驾驶人工智能的伦理挑战 ··· 080
6.4 科学数据共享的伦理问题 ··· 087
6.5 医疗人工智能的伦理风险 ··· 093

第 7 章 AI 与新媒体伦理 ·· 102
7.1 AI 与新媒体 ·· 102
7.2 AI 与新媒体伦理 ··· 106
7.3 社交与伦理 ·· 111
7.4 隐私权悖论 ·· 117
7.5 人的异化现象 ··· 119
7.6 新媒体伦理问题的治理 ··· 122

第 8 章 环境伦理 ·· 131
8.1 环境伦理概论 ··· 131
8.2 深层生态学 ·· 141
8.3 动物解放与功利主义 ··· 145
8.4 动物实验的正当性 ··· 151
8.5 环境正义 ··· 156

第 9 章 生物工程伦理 ·· 162
9.1 合成生物学概况 ·· 162
9.2 合成生物学的伦理问题 ··· 168
9.3 合成生物学的工程化挑战 ··· 174
9.4 合成生物学伦理问题的治理 ·· 179

第10章　基因工程伦理 ···187
  10.1　基因技术概况 ···187
  10.2　基因工程 ···190
  10.3　基因技术的伦理困境 ···193
  10.4　基因伦理困境的治理框架 ·······································195

第11章　核能源伦理 ···200
  11.1　化石能源开发及其引发的伦理问题 ·······························200
  11.2　太阳能源的利用与伦理 ···203
  11.3　核科学技术的诞生与能源革命 ···································204
  11.4　当前核电站存在的问题 ···210
  11.5　核能源开发利用的伦理风险 ·····································211

第1章

工程伦理学概述

1.1 工程、科学和技术的基本含义及其区别与联系

1.1.1 工程的基本含义、特征及社会作用

1. 工程的概念

什么是"工程"？我们很难给予一个统一的定义，但可以从以下的角度来认识和理解它。

《新唐书·魏知古传》中最早提到了"工程"一词。工程可以指一切与工事、工作有关的程式。在《红楼梦》的第十七回中也出现了"工程"，"园内工程，俱已告竣"。此处"工程"的含义已经非常接近于我们今天"工程"的概念。西方与"工程"这个词对应的英文"engineering"可以追溯到18世纪，在当时可以理解为一种借助于专业的科学知识，使自然资源最大限度地为人类服务的技术。现代社会又赋予了"工程"不同的含义，甚至"工程"可以作为一系列实践活动的总称。

从造物层面来看，工程指一种造物活动。然而，有些工程是为了破坏或销毁某些存在物，如爆破，但这也可以理解为造物活动的一个环节。

从知识层面来看，工程可以是不同相关学科的总称，是指各个自然学科的基本原理的融合和具体应用，如航天工程、医学工程和核工程等。

从人本意识层面来看，工程可以是为了满足人或某个特定目的的各种技术的总称。工程是由人来完成的，也是为人而造的，主要目的就是满足人的需求，同时人的需求也是工程发展的重要的推动力。

从技术集成层面来看，工程又被称为一种专门的技术，这种技术是运用一系列的科学

原理和知识,并且结合实际的经验判断为人类服务的。

从环境层面来看,工程则是指一种有目的、有组织的活动。《2020年中国科学和技术发展研究》将工程描述为"人类为满足自身需求,有目的地改造、适应并顺应自然和环境的活动"。

"工程"并没有一个固定、统一的概念,不同的专业从各自不同的视角对工程有不同的理解。我们有必要从工程的特征和社会作用来进一步分析和理解工程的内涵。

2. 工程的特征

1) 造福人类

工程可以通过影响和改变人类生存和生活的环境,从而改变人类的前途命运。重大的社会经济和科技活动,大多是通过工程活动来改变物质世界的。换句话说,工程不仅是科学技术转化为生产力的实施阶段,还是社会组织物质文明的创造活动。工程的第一要务,也是最重要的作用就是造福于人类,工程的产物是为了满足社会的需要。

2) 与环境相互影响

任何一项工程活动的实施都会对周围的生态环境造成一定程度的影响,如采矿工程,煤炭开采会产生许多的煤渣、废气等污染物,破坏大气环境,除此之外,采矿导致的地势下沉,会影响到耕地和居住环境。现代交通设施,如果不按照科学的规划建造,会造成水土流失,从而引发地质灾害。因此,在工程活动的实施中必须充分考虑到环境因素。与此同时,工程活动的规划和实践过程也会受到周围环境的制约。

3) 社会实现

工程活动的实践成果体现在社会中。工程活动具有很强的目的性和计划性。在开始工程实践之前,工程师和组织者已经有明确的目标,根据这一最终目标进行精确、明晰的步骤设计,然后实施,以达到满足社会某种需求的目的,比如具有一定的社会、经济或生态效益。

4) 整合性

工程实践活动是围绕某一目标,按照具体的规则和流程对科学、技术和社会的动态整合。在工程活动中,通常会涉及能源、人力、信息、经济等诸多问题,因此,对于各类工程活动,不仅要优化、整合其中的科学理论知识和技术层面的因素,还需要从整体上全面、综合地优化经济、环境、人力、物力等多方面因素。

5) 系统性

工程活动的规模较大,涉及因素多,是一个相对来讲较为复杂的系统,需将科学、技术、社会、经济等各种要素按照一定的目标和规则进行整合。工程实践活动会涉及方方面面的因素,因此,必须对这些因素进行组织和协调。

3. 工程的社会作用

1) 促进国民经济的增长

从提高生产力的层面来看,经济的增长在很大程度上依赖于工程活动。新建和改造是推动经济增长和社会发展的两个途径。其中,新建设施包含大量工程活动。改造原有的设施也有两个途径:一方面是进行技术改造,提高它的技术层次,这种技术改造的方式很大部分属于工程的范畴;另一方面,不改变其建筑设施,仅改变管理方式,也能很快地提高产量、质量和经济效益,这种方法中也有很大部分属于工程的范畴。因此,对国民经济增长来讲,工程起着重要的促进作用。

2) 推动社会进步

在科技、经济、交通、文化、医疗、体育等领域中,都存在着大量的工程问题。例如,现代交通的发展,基本上要依靠工程技术。此外,教育领域也是如此,因为现代化的教育方式,很大部分属于信息工程的范畴。环境可持续发展问题也与工程技术的发展密切相关。总之,人类社会进步的过程包括大量的工程技术内容,工程的发展在很大程度上推动社会进一步发展。

3) 第一生产力

虽然科学技术是第一生产力,但纯粹的科学理论知识并不直接等同于现实的生产力,想要把它们转变为可直接利用的生产力,中间需要借助工程的程序。例如,牛顿定律虽然非常重要,但不能直接变成生产力,只有把它运用到工程中去才能转变成生产力。

1.1.2 科学的含义、特征及分类

1. 科学的基本含义

"科学"是一个我们经常接触的概念,但是科学究竟是什么?从各个层面上来说这都是一个难以回答的问题。"科学"可能会让人想起许多不同的画面:厚厚的教科书、白色的实验服、精密的显微镜、热带雨林中的博物学家、黑板上潦草写下的爱因斯坦方程式、正在发射的航天飞机……这些画面都反映了科学的某些方面,但都不能完全代表科学,因为科学有很多方面。

科学既是一个知识体系,也是一个过程。在学校里,科学有时看起来像教科书中列出的孤立和静态事实的集合,但这只是科学的一小部分。科学也是一个发现的过程,使我们能够将孤立的事实与对自然世界连贯而全面的理解联系起来。

科学令人兴奋。科学可以使我们发现宇宙中存在着什么,它们在今天是如何运行的,在过去是如何运行的,以及在未来可能如何运行。科学家往往为发现一些前人未曾见过的东西的兴奋感所激励。

《现代自然科学技术概论》中列举了科学的5种定义。第一种把科学定义为过程,第二、三种定义为目的或成果,第四种定义为手段,第五种定义为三者的总和。我们可以从以下3个方面理解科学:

(1) "科学是一个关于自然、社会和思维的知识体系。"(中国《辞海》)

(2) "科学首先不同于常识。科学通过分类来组织事物。此外,科学试图通过揭示事物的规律来解释事物。"(法国《百科全书》)

(3) "科学是一种认知形式,是人们在漫长的社会生活中所获得和积累的知识的整体的、持续的认知活动,并在不断积累。所谓科学是一种具体的、普遍的、系统的、客观的、真理的学术认知,即科学是知识水平最高的范畴。"(日本《世界大百科辞典》)

因此,对科学的理解和定义存在不同的观点。从"科学"概念的各种表述中,我们可以看到一些共同点:科学是一个理论知识体系,是人类对客观世界的正确反映,是人类认识和改造世界的社会实践经验的总结。同时,科学为社会实践服务。

科学不仅是一种人类社会历史文化活动,也是一种方法。达尔文曾提出:"科学就是整理事实,发现规律,得出结论。"

科学的概念可以分为广义和狭义。广义上说,科学包括自然科学、人文科学、社会科学和思维科学,而狭义上说,科学则是指自然科学。本书中使用的科学概念主要是从狭义的角度理解的,也即是自然科学。

2. 科学的基本特征

1) 可证伪性

卡尔·波普尔指出,可证伪性,即一个陈述或理论被证明是错误的能力,是区分科学与伪科学最清晰的方式。这种能力和方式是科学方法和假设检验的重要组成部分。在科学的背景下,可证伪性有时被认为是可测试性的同义词。科学是通过观察假设、总结和验证的反复过程而获得的事物的规律或本质。

2) 可重复性

可重复性是一种可能性的度量,从一个实验中得出一个结果后,可以用相同的设置重复实验,并得出完全相同的结果。这是研究人员验证他们得出的结果是普遍的,而不仅仅是偶然产物的一种方式。科学的可重复性意味着不同的学科可以用科学的方法在不同的时间、地点重复验证自己的理论。例如,平时做的一个实验,在不同的实验室,用不同的仪器,由不同的人操作,可以得到在误差允许范围内的相同结果,这样的实验才是科学的。

3) 可质疑性

科学是在被质疑中进步的。科学探索事物的本质和规律需要一个过程。在这个过程中,一开始人们的认识可能不够正确,也不够完善,之后会逐渐趋于正确和完善。科学被认为是神圣的,不是因为它不可侵犯、不可改变,而是因为它敢于被证明,可以被改进。科学是允许和接受质疑的,它能使我们更加清晰地认识自己以及自己所处的世界。例如,从牛顿力学到爱因斯坦的相对论,理论确实更加科学了,我们也更加全面地认识世界,科学的可质疑性使科学得以不断向前发展。

4) 客观性

客观性指的是科学各个方面的特性。它表达了一种观点,即科学主张、方法、结果和科学家本身不受或不应受特定观点、价值判断、社区偏见或个人利益的影响。客观性通常被认为是科学研究的理想,是重视科学知识的良好理由,也是科学在社会中权威的基础。

5) 系统性

科学活动不是一个单独、孤立的概念或原理,而是通过一些科学问题进行系统性梳理和研究来获取各种知识的过程。科学根据自然界的各种有机联系,有组织、系统地对理论事实进行阐述和理解,并通过概念分析、判断、归纳总结出一套严密的知识逻辑体系。科学力求完整、客观、全面地把握事物。在科学发展的实践过程中,虽然有时不能完全做到这一点,但必须要求尽可能全面、系统地认识和理解科学,只有这样,才能防止片面地认识客观事物和对象。

3. 科学的分类

随着人类社会的发展和历史的演进,以及科学知识内在逻辑结构的发展,科学被划分为不同的类型。在现代自然科学诞生之前,哲学知识、自然科学知识和社会科学知识分散无序,既没有系统性,也没有明确的界限。

将科学分类为学科结构的历史和科学本身的历史一样悠久。15世纪末16世纪初,伴随着资本主义生产方式的兴起,诞生了近代意义上的自然科学,随后,又先后建立起数学、化学、物理学、天文学、生物学、医学等学科,由此激发了人们对科学知识进行细分的兴趣。例如,著名的英国思想家弗兰西斯·培根根据人类思维方式的特征,把当时的科学知识分成三大类:记忆的科学,包括历史学、语言学等;想象的科学,包括文学(诗歌、小说)、艺术等;理智的科学,包括哲学、自然科学等。

19世纪以来,近代自然科学领域取得了一系列重大突破,进一步揭示了客观世界与自然的普遍关系。在此背景下,恩格斯确立了辩证唯物主义的科学分类原则,批判了形而上学的"形态分类"理论,创立了科学的"解剖分类"理论。恩格斯将人类科学知识体系分为5种类型:机械运动、化学运动、物理运动、生物运动和社会运动。

20世纪以来,随着各种知识的迅速发展,自然科学发生了巨大的变化,其知识体系结构也变得越来越复杂,由原来单纯的自然科学基础,发展为三大层次的知识结构体系,包括基础科学、技术科学、工程科学。

当代科学不仅是高度分化的,而且是高度整合的,这使得自然科学呈现出这样一种发展态势:要深入理解某一领域的研究对象,必须依靠相关学科的交叉和渗透,这成为某些学科本身存在的条件。学科交叉渗透形成的科学称为综合学科。综合学科将一些看似不相关的学科联系成一个统一的整体。因此,当代自然科学是由各种基础科学、技术科学和工程科学组成的知识体系,是综合学科、边缘(横向)学科和交叉学科相互联系而形成的。

1.1.3 技术的含义及特征

1. 技术的基本含义

"技术"一词源于古希腊语,意指"技能、技艺"等。虽然它与科学一样,都属于人类智慧的结晶,但两者的含义不相同。技术一般指的是主观性的因素,而科学则是指反映客观事物的理性知识。

在古代,人们认为技术是一种代代相传的制造方法、工艺或公式。自近代以来,人们将自然科学理论应用于技术,这导致了技术的理论趋势,从而产生了技术科学,在技术的构成要素中,技能和经验等主观因素不再占据主导和核心地位。

许多人把技术理解为手段和方法,这虽然没有错,但需要一些限制词,即技术是什么样的手段和方法。有些人由于没有把握住问题的本质和核心,在手段和方法前加了冗长累赘的限制词,把技术定义为"目的性活动序列或方式"。"活动序列"一般可以理解为过程。这一定义把技术看作过程,前面又加上"目的",这样的定义使技术与工程的概念混淆不清。

技术本身没有"目的",只有使用技术才有目的,而使用技术就是工程。例如,核技术既可用来制造核武器杀人,也可用来发电造福人类,这就是核电工程。技术往往是通用的,正是技术的通用性决定了技术的无目的性。其实,只要考虑人与动物的不同就可以把技术的定义问题界定清楚。动物也有手段,如蜘蛛会织网,但这不是技术。人与动物的本质差别是人有知识,所以我们认为技术应定义为"以知识为基础的手段和方法"。

技术是一个知识的主体,致力于创造工具、加工行动和提取材料。"技术"这个词的含义很广,每个人都有自己的理解方式。简而言之,我们在日常生活中使用技术来完成各种任务,因而可以把技术描述为简化我们日常生活的产品和过程。我们使用技术来扩展我们的能力,使人成为任何技术系统中最关键的部分。我们还可以把技术作为解决问题的科学的应用。但重要的是,技术和科学是不同的学科,它们需要携手完成特定的任务或解决特定的问题。

从活动过程的角度来看,狭义的技术是指人类在利用和改造自然的过程中主导的方法和手段。人类根据自己的目的和需要,借助各种可以使用的物质手段和方法,系统地利用自己的知识和能力来创造人工自然,这是一种有效的活动。广义地说,技术活动是指人类改造自然、社会和自身的方法和手段。

2. 技术的基本特征

1) 技术的自然性与社会性

技术的自然性是指技术可以用来延展人的肢体和器官,通常被视为自然界的一部分,因而,技术实践活动需要遵循自然物质和自然界的客观规律。

技术的社会性意味着技术作为一种手段和工具,可以用于对自然变化和社会发展的调节。然而,技术必须服务于人类的目的,满足社会的需求,否则它很难成为真正的生产力,也不能为社会所接受。

2) 技术的中立性(工具性)与价值性

技术的工具性意味着技术作为一种手段和工具,具有实现人类目标的功能。事实上,每一项技术都可以用来解决特殊问题或服务于人类的特定目的。因此,可以认为技术具有中立性。只有那些创造和使用技术的人才能使技术成为一种行善的力量。

技术的价值性意味着技术能够反映广泛的社会价值以及设计和使用它的人的利益。此外,技术也是影响社会价值的一种实质性力量,它可以破坏传统和现有的制度、文化、人际关系和意识形态。

3) 技术的自主性与社会建构性

技术的自主性是指,技术是一个相对独立、自主的系统,有其内在的动力,具有自我发育和自我增长的特点。技术自主能体现出我们的技术和技术系统已经变得如此无处不在,如此错综复杂,如此强大,以至于它们不再完全在我们的控制之下。这种自主性是由于技术本身积累的力量,也是由于我们对它们的依赖。

技术的社会建构性指的是社会和技术之间的关系。技术存在于一定的社会环境中,必然会受到社会的影响,也就说明它是一种由社会建构的产物。

4) 技术的主体性和客体性

技术的主体性是指人们的知识、技能和经验在技术中发挥着重要作用。即使在现代技术活动中,经验技能、专门知识、原则和规则仍然非常重要。

技术的客体性是指将精神转化为物质,将知识转化为物质手段和实体的过程,包括对象的各种要素,如工具、机器设备、实验器具等。技术不仅包括作为方法、规则和程序的软件,还包括作为材料和手段的硬件。没有它们,我们就无法生产现实的技术。只有软件和硬件集成并更新,技术才能继续发展。

5) 技术的跃迁性和累积性

技术的跃迁性是指技术处于不断发展变化的过程中。因此,在人类不同的历史时期,社会中占主导地位的技术类型是不同的。同时,这项技术是累积的。新技术出现后,原有技术并不会全部被否定,而是经过一个开发和处置的过程,从而形成技术的多层次性和多种技术相互融合的特点。

1.1.4　工程与科学、技术之间的区别与联系

科学、技术和工程是协调人与自然关系的重要中介,反映了人与自然的动态关系。科学活动可以解释成以发现为核心的人类活动,可以完全分离存在的自然和实践中人性化的自然。技术活动可以理解成以发明为核心的人类活动,可以创造新的人工自然。工程活动可以理解成以建筑为核心的人类活动,使现实成为充分为人类服务的自然人造物。发现与发明密切相关,但发现不是发明。发明与建造密切相关,但发明不是建造。科学、技术和工程之间有着密切的联系和明显的区别。

(1) 虽然科学、技术和工程的共同本质反映了人与自然之间的动态关系,但它们之间存在一些非常明显的差异。由于"发现"的特点,科学的表现在许多方面与技术和工程的表现有明显不同,如研究的目的和任务、研究的过程和方法、研究成果的性质和标准、研究方向和价值观以及研究规范。

科学研究的目的是了解和理解世界,揭示自然界的客观规律,从而增加人类各方面的知识。科学研究的过程是寻求准确的数据和完整的理论。它需要从认识的经验层面上升到理论层面,通常属于认识从实践到理论的转变阶段。科学研究的最终结果主要是知识形式的理论或知识体系,它是公开的或共享的,通常不保密。因此,对科学的评价以真理为依据。科学以好奇心为导向,与社会现实的联系相对较弱。在某种程度上,我们可以说科学的价值是中立的。默顿提出的科学研究规范包括普遍性、公有性、无私性、创造性和有条理的怀疑主义。这些都不同于技术和工程。

(2) 在国外,"科学"和"技术"这两个术语通常是分开或并列的。然而,在国内,它们经常被一起使用或混合使用,称为"科学和技术",甚至被称为"科技"。这不仅会造成概念上的混乱,而且很容易导致实践上的困难,也就是说,这会使我们自觉或不自觉地用科学装备技术。从上述的几个方面来看,技术和科学实际上有很大的差别。

技术的目的是改造世界,实现对自然物体和自然力的利用,从而为人类增加物质财富。技术研究的过程追求一个相对确定的应用目标,是从理论到实践的转变过程。因此,技术活动通常使用调查、测试、设计和纠正等方法。技术活动最终结果的主要形式是生产经验,或人工制品,或某些程序,它们是商业性的,可以在保密的情况下转让和出售。因此,技术究竟是利是弊,以效用为衡量标准。技术以任务为导向,与社会现实密切相关。价值渗透于技术的每一个环节,且技术总是反映价值,与价值密切相关。技术和科学的研究规范有很大不同,技术通常是为了获得经济和物质利益。

(3) 技术和工程之间的界限更加模糊,甚至有人认为两者是相同的。"技术工程"和"工程技术"的概念随处可见。我们不能把技术和工程混为一谈的原因是工程的特点为"施工或建造"。从以上来看,工程有其独特的表现形式,有别于科学和技术。

工程研究的目的和任务是获得新的东西,把人们头脑中的东西变成现实,以事物的形式呈现给人们,其核心在于思想的物化。在工程活动中,新事物在人们脑海中的形象是清晰的,然后通过设计以图样和模型的形式预先表现在人们的思想中。工程开发有明确的目的,技术开发本身的目的并不唯一。例如,通用技术的开发完成后,可以应用于除了最初决定的应用领域以外的其他领域。

工程的实施主要包括工程目标的确定、工程方案的设计和工程项目的决定。工程知识的判断取决于效率。工程知识的结构比科学技术复杂得多,从发展的历史来看,工程知识的结构在不断变化。一个项目的实现必须考虑所有因素,它是人力、财力、物力和各种资源的综合。项目负责人的组织和协调能力发挥着重要的作用。

工程活动通常遵循"计划—实施—观测—反馈—修正"的目标路线。如果工程实践没有达到预期目标,就意味着失败。项目的实施不仅与技术的成熟度有关,还与资源的使用密切相关。工程实践也需要对资源的合理使用负责。就资源而言,工程不是中立的价值。此外,工程也对环境负责。在环境中,工程也不是中立的价值。从经济上讲,工程实践不是中立的。因此,对一个项目只能用好与坏来评价,不能用真与假来评价。

工程活动往往强调变革性的实施过程,尤其是大型复杂组织系统的实施过程。为了协调各方面的关系,在项目实施过程中需要特别强调团结合作和团队精神。

虽然科学、工程和技术之间有明显的区分,但三者之间又是相互联系、不可分离的。

1) 科学与技术之间的关系

"科学是技术的基础。"除了经验技术,现代技术是以科学知识为原料转化过来的"产品"。现代技术的"生产"也可以分为3个阶段,即获得技术原理的应用基础研究、获得技术原理实用化知识的应用研究、获得技术成品的技术开发。前面2个阶段属于科学研究的范围。但是,第二阶段的研究与第三阶段的开发是密不可分的,往往是在开发中进行研究,在研究基础上进一步开发(完善),这样就出现了常见的复合名词"技术研发",英文的简写为"R&D"。有人称一项技术的硬件(工具)制造为"研制",也说明研究与制造是同时进行的。技术原理的研究属于技术科学的范畴,技术原理的应用研究属于工程科学的范畴,只有在第三阶段技术才能脱离科学,走向实用化。

技术是科学研究的手段。科学研究中运用的技术首先是通用技术,即在各种领域中都有广泛用途的技术,例如测量技术、数据处理技术、计算技术等。

2) 技术与工程之间的关系

工程是一种系统,而技术则是构成系统的一种要素。一个工程要运用多项技术,包括通用技术和专用技术。通用技术是独立于工程之外的,因此,这类技术的开发与工程本身无关,工程活动中只是对其进行应用而已。

工程的动力作用。我们可以把工程分为普通工程、大型工程和新型工程,普通工程一般只是应用现成的成熟技术,对技术的发展不会有多大的促进作用,所以下面只讨论后两种工程。有的工程可能既是大型的，又是新型的。许多大型工程对国民经济有重大意义，但只是应用现有的技术，其中有的技术可能国内没有，需要引进，但对技术创新的促进不是很大，至多做了一些集成创新工作。所以对技术促进起很大作用的主要是新型工程，特别是既新又大的工程，如青藏铁路工程。

工程的桥梁作用。一项复杂技术的成熟过程可分为3个阶段，即技术研发阶段，中间试验阶段，继续改进阶段。第一阶段通常在实验室条件下进行，得出样机、样品或样本。第二阶段是把该技术应用到施工或生产条件下进行中间试验。中间试验成功后，该技术还可能存在成本较高、性能不够完善等一些缺点，需要进一步改进。

3) 科学与工程之间的关系

科学是认识世界，工程是改造世界，因此，两者的关系是认识世界和改造世界的关系。科学研究的3个阶段中第一和第三阶段都可能与工程有关。以往的科学实验一般由研究者个人或研究组几个人分散地进行，所以称不上是工程。现代的大规模科学实验需要组织多个专业的科学家和工程师协同进行，这样就出现了"大科学工程"，例如当前进行的航天工程。

总之，工程必须建立在科学认识基础上，而科学认识又能在工程实践中获得。

1.2 伦理学与工程伦理学

随着科学技术的社会运用，科学技术引发的直接或间接问题层出不穷，诸如生态破坏和环境污染问题，大数据和人工智能技术运用引发的安全和隐私问题，能源枯竭与地球变暖问题等，这些问题的应对、解决或避免都与工程师的角色密切相关。可见，工程师在技术的开发、设计和应用中面临着诸多道德选择和困境。因此，工程师需要具备一定的伦理知识和伦理理论储备，更重要的是具备风险防范和工程责任的伦理意识，这样才能积极主动地参与解决工程实践和设计中的伦理问题。正因为如此，可以说工程伦理学是当前工程师专业素养中不可或缺的一部分。

工程伦理学的范围包括工程中涉及的伦理问题及其价值辩护、工程师共同体伦理责任和工程师个人的伦理责任与道德抉择问题。这些问题归根结底在于工程师于工程技术设计、开发应用过程中的道德认知水平。工程师的道德认知水平取决于他们的道德推理能力，而要具备必要的道德推理能力，必须掌握相关的伦理理论与伦理方法。

1.2.1 什么是伦理

伦理,原意是事物的条理,进而引申为人伦道德。古今中外对伦理概念的理解不尽相同。在中国古代,《尚书》《诗经》《周易》等著作中出现了"伦""理"等字。"伦",即"人伦",指人与人之间的血缘辈分关系。"理"常指道理、规范或规则。"伦理"作为一个词使用,最早见于《礼记·乐记》:"凡音者,生于人心者也;乐者,通伦理者也。""伦理"指人与人之间的关系和行为规范。宋明以后,"伦理"不仅指人与人之间的关系、行为规范,还具有道德内涵。在西方,"伦理"一词最初是指一群人共居,后来引申为一群人的性格特征、生活习惯、气质、思想方式等。后来,"伦理"演绎为人与人、人与社会、人与自然之间的关系或行为准则。

1.2.2 什么是伦理学

伦理学(ethics)是哲学的一个分支,是关于价值观与行动观的学科,具体而言,它主要研究我们应该如何生活,以及"善"的理念和"对"与"错"的概念。也就是说,伦理学告诉我们,人如何活着,如何过更好的生活。道德是为满足人类生存的需要和繁荣、幸福的欲望而构建的。理想的道德应该成为个人幸福和社会和谐的蓝图。千百年来,人类用最聪明的头脑发现了那些最能促进个人和社会福祉的原则。与伦理(ethical/ethics)相关的另一个术语是道德(moral/morals),ethics 源自希腊语的 ethos,moral 源自拉丁语的 mores,ethos 和 mores 都意指正常行为。

据《伦理学大辞典》介绍,在古代埃及和古代印度,伦理思想和宗教生活密切结合,并遵从宗教戒律的要求,主要探讨人的精神生活和人生意义问题。它们与中国传统伦理思想和西方伦理思想构成世界伦理学的3种不同体系。在西方,古希腊荷马时代的文献中就曾记载了一些朴素的伦理思想,它是西方伦理思想的源头。约公元前4世纪,古希腊哲学家亚里士多德对古希腊城邦社会的道德生活进行了系统的思考和研究,探讨德性与幸福,形成著作《尼各马可伦理学》(Ethika Nikomakheia)、《大伦理学》(Ethika Megala)和《优台谟伦理学》(Ethika Eudemeia)。西方伦理学自此而成为哲学中的一门独立的分支学科。在古希腊罗马时期,伦理学主要探讨人的道德生活与自然法则的关系,以及个人的道德品质和道德行为的问题,并形成幸福论和禁欲论两种基本对立的伦理学说。中世纪,西方的伦理学成为基督教神学的一个部分。基督教伦理学把道德理解为服从上帝的意志和献身于上帝的荣耀,把恶的根源归于"原罪",强调爱的伦理,推行禁欲主义的生活方式。至近代,资产阶级的伦理思想家把现实利益作为道德的基础,以自由和平等为伦理原则,反对禁欲主义,提倡个人主义,并形成功利主义伦理学和以康德为代表的道义论伦理学两大主要流派。学术界通常把古希腊伦理学称为美德或德性伦理学,近代功利主义和道义论伦理学称为规范伦理学。德性伦理学主要是针对人的道德品质而言的道德理论,规范伦理学则主要是针对行为的道德性质而言的道德理论;德性伦理学主要侧重对于整个的人进行道德上的评价,而规范伦理学主要侧重对于行为进行道德的评价。对于德性伦理学来说,道德的基本问题是应当做一个什么样的人;对于规范伦理学来说,道德的基本问题是应当做什么以及应当怎样做。由此可见,工程伦理学属于规范伦理学。20世纪以来,道德问题为西方各种哲学流派所关注,提出和创立了名目繁多的伦理学说。尤其是从20世纪70年代以来,西方伦理学又向其知识传统复归,以美国伦理学家罗尔斯为代表的规范伦理学和以麦金太尔为代表的德性伦理学重新成为伦理学的主流。与此同时,由于人类社会在经济发展、生态环境、科技应用以及生命形式等方面遭遇到前所未有的挑战,伦理学开始积极地面向各个具体的生活实践领域,逐渐形成了门类众多的应用伦理学学科,如经济伦理、生态(环境)伦理、科技伦理、计算机伦理和工程伦理等。这成为当代伦理学发展的一种新趋势、新特点。

通俗而言,伦理学就是关于人们"应当"做什么,或者做什么是"正当的"学问,其目标就是"提供关于如何做人和怎样行事的学说"。伦理学通常分为描述伦理学、道德哲学和应用伦理学。描述伦理学主要描述人们和文化的实际信仰、习俗、原则和实践等伦理现象。社会学家特别关注世界各地社会群体的具体道德行为,他们把这些行为视为文化"事实",正如同世界各地的人们吃什么或穿什么一样。道德哲学,也被称为元伦理学,是指理解道德概念和证明道德原则与理论的系统理论:分析诸如"对""错""允许"等关键的伦理概念;探索道德义务的可能来源,如人类理性或对快乐的渴望;寻求确立可作为个人和团体行动指南的权利行为原则。应用伦理学涉及有争议的道德问题,如堕胎、婚前性行为、死刑、安乐死和公民抗命等,不是描述一个现象,而是提出一个规范性主张。应用伦理学家通常相信只有一个或一组行为标准。英国学者亨利·西季威克说:"伦理学时而被看作对真正的道德法则或行为的合理准则的一种研究,时而又被看作对人类合理行为的终极目的——人的善或'真正的善'——的本质及获得此种终极目的的方法的一种研究。"西季威克说的前者就是应用伦理学,也是实践伦理学,后者则是理论伦理学。工程伦理属于应用伦理学范畴。

1.2.3 伦理学的主要理论流派

道德判断的不同依据(行为的动机、行为本身、行为的后果和行为者的品格)产生了不同类型的伦理学理论。有影响力的伦理学理论主要有利己主义理论、自然法理论、契约主义理论、功利主义理论、义务论理论和美德理论。

1. 利己主义理论

利己主义有心理利己主义和伦理利己主义,此处只介绍伦理利己主义。伦理利己主义,也称"规范利己主义"或"理性利己主义",是一种认为对自己的某种欲望的满足应是自我行动必要而又充分条件的伦理观点。这种理论在自我与他人的关系中,把自我放在道德生活的中心位置。换句话说,利己主义就是行事只顾或者只关心自己的利益、好处、福利等而不顾别人。行为者每个有意识的举动都受其自身的某种价值观或目的驱动,个人动机对行为的发生起着决定性作用,而毫不考虑他人或人类共同体的利益是否受损。在利己主义者看来,只要对自己没有消极后果,人们就可以自然地做不公正的事,并拒绝基本的道德原则。这就必然意味着,我们对于公共利益并没有出于本性的尊重,一个有理性的人所做的一切是为了最大限度地实现自我的满足。比如,有人为了满足自己的好奇心或提升自己的科学职业声望,冒天下之大不韪,去开发人类克隆或人体基因编辑这样的技术,而不考虑其行为给人类整体利益带来的损害,就是一种利己主义的行为。

2. 自然法理论

自然法理论在西方伦理学史上被认为起源于亚里士多德、斯多葛学派和托马斯·阿奎那。

亚里士多德认为,世上万物的产生、成长和毁灭,皆是其内在变化的原则使然。对于人类而言,由于他们的根本特点是理性,即他们是根据理性的思考去行动的,因此支配人类活动的内在原则就是理性,理性是人类的存在方式。

斯多葛学派哲学家则在理性是人类本性的思想基础上提出人性是自然秩序的一部分。自然法,即自然所遵守的法则,也是人性的法则。斯多葛学派相信,人性中有一种神性的种子,能让人们发现个人幸福和社会和谐所必需的永恒法则。虽然一般的自然界以及动物也遵循这些法则,但它们的服从是出自必然性,而人类是靠自己的选择来遵守自然法则。斯多葛学派认为,做出合理的选择的最终目标是"合乎自然地生活"。

托马斯·阿奎那基于神学立场提出,上帝既赋予人理性作为人的本质特性,也设立了自然法作为人类繁荣的必需条件;人类能够通过自己的理性发现那些实现幸福目的的法则;自然法是普遍且永恒不变的,它的权威性高于人类社会的一切习俗和明文法。托马斯·阿奎那认为,人类自然地趋向的那些事情是属于自然法的,在这些事情中,趋向于根据理性来行动是人类所特有的。而自然法的根本原则是行善避恶,我们的自然倾向驱使人类去追求那些善的行为,避免那些恶的行为。霍布斯和洛克却对阿奎那的自然法提出异议,霍布斯认为自然法是用来保护生命的,洛克则认为自然法是用来保护生命、健康、自由或财产不受任何人侵犯的。自然法道德理论在17世纪之后随着宗教力量的衰弱而式微。

3. 契约主义理论

以协议为模型来解释人类义务的伦理理论被称为契约主义(contractarianism)理论。

契约主义将道德内容建立在人与人之间的协议之上，人们在协议或契约中所做的对自身行为的限制就是伦理道德要求，同时人们也必须履行自己做出的承诺，也就是遵守道德要求。医学生入职时所宣誓的伦理誓言就属于一种契约伦理。还有医学临床上医生让患者签署的知情同意书也是一种约束医患关系的契约伦理。另外，诸如《京都议定书》《哥本哈根协议》等都以契约的形式规定了一系列在国际范围内对签约国的环境行为进行约束的环境伦理义务和责任。

契约主义通常有两种类型：基于私利的契约主义——私利契约主义，也叫"霍布斯式契约主义"；基于权利的契约主义——权利契约主义，亦称"康德式契约主义"。两种契约主义的共同点是都承认人是天然平等的，但平等的条件不同。私利契约主义认为人在体力和智力方面是天然平等的，在自私的本性和天然力量平等条件下，有理性的人们如果能够认同一些对他们行为的限制，那么他们都将受惠于这些限制。然而，此理论又认为个人总是追求自己的最大利益，而个人利益最大化是通过指望别人遵守协议但自己不遵守而得到的，于是，最终的结果是限制失效、契约消失，导致类似于公地悲剧的结局。由此可见，私利契约主义道德的内容只能是讨价还价的结果，作为结果的协议可能最终偏向强者，而违背了道德的应有之义。

在权利契约主义者看来，人类天然具有平等的道德地位，一个建立于相互协议上的道德必须公正地关照每个人。20世纪，美国学者约翰·罗尔斯用权利契约主义理论论证了社会成员自愿选择的正义原则适合于一个由自由个体组成的政治社会，完成了著名的《正义论》。康德认为道德原则对于契约参与者必须具有普遍可接受性，托马斯·斯甘龙（Thomas Scanlon）受此启发，进一步提出"道德是假设的共同商讨"的结论。换言之，道德是高度理性化的人们共同承诺的一组公共规范，人们通过这些规范来指导他们的判断、行为，排解冲突。

总而言之，在契约主义者看来，道德原则并不像传统自然法理论描述的那样是预先给定的，不是人们通过某种理性的直觉或先天的道德感发现的，而是平等、自由、具有理性的人们在某种理想化的处境中的恰当选择。

4. 功利主义理论

功利主义（utilitarianism）亦称"功利论""功用主义"，通常指以实际功效或利益作为道德标准的伦理学说，产生于18世纪末19世纪初，代表人物为英国的边沁和穆勒。功利指的是任何对象中的某种属性，对于其利益被考虑的一方而言，它往往能产生好处、利益、快乐、善或幸福，或者能防止危害、痛苦、恶或不幸发生。边沁认为，完全以快乐和痛苦为动机的人的行为，是合乎道德的行为，不过是使个人快乐的总和超过痛苦的总和的行为。他在《道德与立法原则导论》（Introduction to the Principles of Morals and Legislation）一书中提出强弱度、持续期、确定性、靠近性、成效性、纯粹性和幅度7种"快乐计算"的因素，将快乐和痛苦的体验量化。在个人利益和社会利益的关系上，边沁认为，达到"最大多数的最大幸福"是道德活动的唯一目的,但他把个人利益看作社会利益的基础,提出个人利益是唯一的现实利益,社会利益只不过是个人利益的总和。同时,边沁还认为受影响的个体不必是人类,能够感受快乐和痛苦的一切存在物都必须纳入功利的计算中。这一理论为动物权利保护的正当性提供了理论辩护。穆勒继承边沁的学说,于1882年组织功利主义学会,最早提出"功利主义"一词。他认为人类行为的唯一目的是求得幸福,因而是否促成幸福是判断人的一切行为的标准。穆勒说:"这个被作为一切道德的基础的教义、功利,或者幸福最大化原则(the Greatest Happiness Principle)认为行为的正确程度与它们促成幸福的程度成正比,而与导致不幸的程度成反比。"但穆勒认为,功利(快乐)不能像边沁那样只考虑量,还应考虑质,不能只追求感性的满足,还应追求精神的、理性的满足。功利主义是一种目的论的伦理学理论,也就是结果决定手段,一个行为本身不具内在价值,其是好是坏的评价取决于其带来的最终结果的好坏。在功利主义者看来,一个行为是否是正确的,取决于它是否能将社会善最大化,或促成了最大多数人的最大利益。最大化快乐,最小化痛苦,是功利主义的基本原则。在功利主义者那里,正确的行为总是带来最好的后果或最大的善的行为,而"善"就是"功利",就是"有用",即对提升有感受力的存在者的快乐和避免他们的痛苦有用。

19世纪末,西季威克提出直觉主义的功利主义,认为伦理学的基本命题都是直观和自明的,功利主义就是一种自明的伦理原则,并把论证道德的大多数要求建立在功利主义基础上。20世纪初功利主义在西方受到普遍反对,只有少数英美哲学家在改造旧功利主义的基础上重新论证功利主义原则,从而出现了行为功利主义(act-utilitarianism)和规则功利主义(rule-utilitarianism)两种现代功利主义的主要类型。行为功利主义要求人们的每个行为都能产生最大的善,也就是每个行为都直接与最大功利原则相联系。规则功利主义则要求人们的行为通过一套规则间接地与最大功利原则挂钩,也被称为间接功利主义。规则功利主义认为,如果一个行为是正确的,当且仅当它是一个或一组原则所要求的时,那么这个或这组原则被普遍遵守的话,将比任何其他原则给社会带来的利益更大。规则功利主义可以避免行为功利主义的两个困难:其一,我们的行动只是遵守某些既定规则,不需要在每次行动之前都做复杂的计算;其二,尽管某些单个行动并不产生最大功利,但指导这些行动的原则从长期来看是最有利于社会的。

5. 义务论理论

义务论(deontology)源于希腊语"deon"(义务、责任)和"logos"(学说),即关于义务、责任的学说,亦译为"道义学""本务论""道义论""非结果论",在西方现代伦理学中,指人的行为必须遵照某种道德原则或按照某种正当性去行动的道德理论,与"目的论""功利主义"相对,强调道德义务和责任的神圣性与履行义务和责任的重要性,以及人们的道德动机和义务心在道德评价中的地位和作用。在后果主义看来,行为的对错取决于它们是否产生最好的后果,比如善意的谎言就不是恶的。义务论的观点则完全不同,该理论认为行为本身就具有内在的道德价值,判断人们的行为是否遵循道德不必看行为的结果,只要看行为是否符合道德规则,动机是否善良,是否出于义务心等。在义务论看来,撒谎和不守信用在任何情况下都是错的。西方的神诫论是一种典型的义务论,认为人只要信奉上帝或神,服从上帝或神颁布的一系列道德命令,其行为就是正义的。康德的义务论伦理学是一种典型的规则义务论。他反对功利主义的义务观,认为人必须为尽义务而尽义务,而不能考虑任何利益、快乐、成功等外在因素,只有出于善良意志(义务心),对道德规则(绝对命令)无条件遵守的行为,才是真正道德的行为。黑格尔曾批判康德的义务论,认为"伦理学中的义务论,如果是指一种客观学说,就不应包括在道德主观性的空洞原则中,因为这个不规定任何东西"。他把义务与现存的关系以及人们的思想、目的、感觉和福利联系起来,并认为"一种内在的彻底的'义务论'不外乎是这样一些关系的连续展示,那些关系由于自由的理念而是必然的,因此经由它们的整个范围即在国家中得到了实现"(《法哲学原理》)。

义务论伦理理论又分为一元论和多元论。一元论认为道德原则和道德义务只有一个,康德就是一元义务论的代表。康德认为,道德的基础不是心理的激情,而是理性的意志,一个他称之为"无条件的善"(good without qualification)的东西;而道德原则必须是普遍的、必然的、不依赖于人性中的偶然因素的,经验论的道德观不能说明人作为理性的存在者所建立的道德原则的崇高性。康德在《道德形而上学基础》的开篇指出,世界上除了善良意志之外,没有任何东西可以被称为是无条件的善。智力上的天分、行动计划中的勇敢和坚韧、财富和名誉等虽然都是可欲的,但若没有善良意志的指导,它们都可能用来为害和作恶。康德认为只有出于义务的行为才具有道德价值,而符合义务的行为则不是。康德说:"有许多人如此地富有同情心,不带任何虚荣或自私的动机,他们在传播快乐中找到内在的满足,以他们带给他人满足为快乐。但我说,无论这种行为多么符合义务和多么亲切,它们没有真正的道德价值。"在康德看来,真正有道德价值的行为,是出自义务的行为,尊重义务的行为,为义务而义务的行为。

多元义务论认为我们有多个不同的、独立存在而不可还原的义务。多元义务论学说的重要倡导者英国伦理学家威廉·大卫·罗斯(William David Ross)认为,正当的行为应该与道德上好的行为区分开,因为道德上好的行为依赖于行为者的动机,而正当的行为不依赖。威廉·大卫·罗斯列举了7种"显见义务":诚实义务、赔偿义务、感恩义务、公正义务、行善义务、自新义务、不作恶义务,其中每一个都可能对一个行为的正当性产生影响。威廉·大卫·罗斯认为其中的行善义务只是诸多义务之一,而且也不必是压倒性的义务,在许多环境下其他义务比行善义务更为紧迫。罗斯的多元义务论表明,我们有多个不同的义务,它们并不能用一套等级结构编排起来,以便让我们按照这种结构确定哪些义务相对于其他的具有优先性。在现实中,这些与我们的行为的正当性有关的义务可能产生冲突。比如,你应某公司之约,要在某个时刻去参加该公司的面试,但碰巧你在路上发现一个迫切需要送往医院的人,除非你破坏面试的承诺,否则,你无法履行行善的义务。由于威廉·大卫·罗斯并不认为这些义务是绝对不可违反的,因此在这类情况下,人们需要决定哪个义务压倒其他义务。不过,一个义务可以被另一个义务压倒,并不意味着被压倒的义务是无效的。所有义务都有客观的有效性,但哪项义务在某种情形下决定行为,依赖于该情形的特点,做出决定的是我们在该情形下的直觉。故而,威廉·大卫·罗斯又被称为是直觉主义者。

6. 美德理论

利己主义理论、自然法理论、契约主义理论、功利主义理论和义务论理论都是基于行为本身或行为的后果来做出道德判断的,而美德理论(又称美德伦理学、德性伦理学)关注的是行动者,是把人的品格的判断作为最基本的道德判断的理论。以行为为中心的伦理理论认为对行动的判断在理论上优先于对行动者的品格的判断。美德理论则认为,要探索道德的本性,行动者的品格才是最基本的基石,正确的品质是正确行动的保证。美德理论对围绕规则、行动和义务的伦理探讨提出批判:第一,以行动为中心的伦理理论忽视了重要的人际关系,如友谊、家庭和共同体;第二,以行动为中心的伦理理论忽视了道德培养的维度,如道德教育、深刻的善的观念、道德智慧和品格的养成、恰当的道德情感;第三,以行动为中心的伦理学模型是法律主义的,而这个模型在当代社会已经不合时宜了。在伦理学家看来,美德理论目前仍然在建构发展中,没有形成成熟的理论体系。

那么,什么是美德?"美德"一词的英语单词为"virtue",原意为"出色的""优秀的"。美德被看作一个事物的某种特征或状态,正是由于这种特征或状态,该事物才表现得出色或恰当。伦理学中的美德指一类有着丰富特点的品格特征,正是这些特征将值得赞扬和钦佩的人(有德性的人)与其他人区分开来。与美德相对立的品格特征被称为恶品(vice),这些特征挑拣出那些应受指责和蔑视的人。根据美德理论家的看法,一个道德上善的人是一个拥有恰当的道德品质的人,这些道德品质就被称为美德。美德是一个人性格中的一种状态。美德的要素包括行为学要素、情感要素和理智要素等。美德不是与生俱来的,是通过学习获得的,是教化、训练和坚持的结果。美德伦理学家阿拉斯代尔·麦金太尔(Alasdair MacIntyre)说:"美德是一种习得的人类品质,拥有和实践这种品质能够使我们获得这些实践内在具有的善,而缺乏这些品质则会妨碍我们获得任何此类善。"美德通常可以分为不同类型。亚里士多德将美德分为理智美德和伦理美德。理智美德是一种属于心灵的从事推理的那一部分美德,伦理美德是另一种属于心灵的本身不做推理但能够遵循理性的那一部分美德,也称品格的美德。当代美德伦理学家试图将道德美德(moral virtues)和非道德美德(non-moral virtues)区分开来。道德美德通常对应着近现代的道德原则,而非道德美德则与道德原则无关。道德美德包括诚实、行善、不作恶、公平、亲切、良知、感恩等,非道德美德包括勇敢、乐观、理性、自制、耐心、恒心、勤奋、聪明、艺术天分等。如果按照等级划分,又可以将美德划分为基要美德和从属美德。基要美德不依赖或从属于其他美德,从属美德则是从基要美德派生出来的、从属于基要美德的美德。古希腊人心目中的4项基要美德是智慧、勇敢、节制和公正。

为什么需要美德呢?美德是一种稳定的感受和行为习惯,一旦我们发展出美德,它们将帮助我们在具体场合抵御败德行为的诱惑,而行有德之事,换句话说,具有美德的人习惯并倾向于做道德上正确的事。此外,美德本身就是一种值得追求的价值,它与人类的终极善目的相一致。如同中国文化中,圣人往往是人生修养的终极目标。

根据美德理论,正确行动的原则应该是什么呢?也就是关于行动的道德标准是什么呢?英国哲学家罗莎琳·赫斯特豪斯(Rosalind Hursthouse)提出了关于正确行动的美德原则:"一个行动在某种环境下是正确的,当且仅当一个有美德的行动者在该环境下会做出该行动。"这一原则虽然抽象,而且要与特定的美德搭配起来,但仍然比其他伦理学理论的原则要具体,与具体实践有机结合,道德视野开阔,内涵丰富,具有情境性、背景性和有机性。然而,任何一种理论都有它的不足或弊端,美德理论同样如此,我们可以对其扬长避短,发挥其独特的道德教化作用。

▶ 1.3 工程伦理学的含义和教育目标

1.3.1 工程伦理学的含义

根据维基百科的定义,"工程伦理学是应用于工程实践的道德原则体系。它审查并确定工程师对社会、客户和专业的义务"。

美国工程伦理学教科书给工程伦理学下了描述性定义:① 工程伦理学是关于从事工程的个人和组织面临的道德问题及决策的研究。② 关于技术活动中涉及的人和公司的伦理理想、伦理特征、伦理政策和伦理关系的相关问题的研究。工程伦理学体现的是工程专业人员为保障公众福利而承担的一种社会责任。

工程伦理学是一门年轻的学科,它源起于现代科学技术的大规模系统化应用,尤其是第二次世界大战中原子能技术的开发和应用,使得工程伦理学问题在20世纪中叶开始受到人们的关注。据有关资料记载,1965年,美国第一部工程伦理学著作《工程中的伦理问题》(Ethical Problems in Engineering)问世。20世纪70年代末至80年代初,美国的大学才开始正式设置工程伦理学课程。2000年,美国工程与技术认证委员会(Accreditation Board for Engineering and Technology,ABET)首次在其认证标准中明确规定,工程专业必须证明其学生"对专业责任和伦理责任有所理解"。与此同时,日本工程教育认证委员会(Japanese Accreditation Board for Engineering Education,JABEE)采取了前所未有的措施,要求所认证专业的研究生必须"理解工程师的社会责任(工程伦理)"。此外,法国国家科学研究院(the Conseil National des Ingénieurs et Scientifiques de France,CNISF)发布的《法国工程伦理宪章》(French Charter for Engineering Ethics)和德国工程师协会(Verein Deustcher Ingenieure,VDI)发布的《德国工程基础知识》(German Fundamentals of Engineering)都同样表述了工程师要对他们服务的社会负责。这表明工程伦理学不仅越来越受到国际社会的重视,而且很多国家已经有自己的工程师伦理规范,尤其近几十年,人们对工程伦理学的兴趣和关注度急剧增加。

工程伦理学通常包括3个部分:工程活动中的伦理问题、工程师共同体伦理和工程师职业伦理规范。

1. 工程活动中的伦理问题

工程活动是人们应用科学来认识和改造世界、开发和利用自然资源以满足人类生存与发展需要的实践活动,也是创造人工物的实践活动。这样的实践活动会涉及生产环节、资源开发与消耗、废弃物排放、实践成果的公平分配,其中不乏大量伦理问题,比如生产安全、公共安全、环境与生态安全、经济可持续发展、社会公正等,还有医学临床中患者的知情同意权、大数据应用中的公众隐私权、信息安全等。本书后面章节中涉及的环境伦理和核伦理等都属于工程活动中的伦理问题。

2. 工程师共同体伦理

工程活动分不同领域,不同领域的实践对象和实践成果不同,不同工程领域有不同的伦理问题。因此,没有一种道德规范适用于所有工程,每个工程领域都有自己特有的关注点。比如,土木工程和环境工程道德规范都强调可持续性,而患者权利则是生物医学工程规范的重点。不同工程领域的工程师都有各自的伦理规范,这就是工程师共同体伦理,它通常以专业领域来体现。目前,工程专业已发展出各种执业守则和道德标准,专业工程师共同体有注册专业工程师的道德规范,土木工程工程师共同体有土木工程师的道德规范,机械工程师共同体有机械工程师的道德规范,电气工程师共同体有电气工程的道德规范,能源工程师共同体有能源工程师和能源经理的道德规范,化学工程师共同体有化学工程师的道德规范,软件工程师共同体有软件工程师的道德规范等,这些都属于工程师共同体伦理。

3. 工程师职业伦理规范

工程师职业伦理规范通常指工程师个体所具有的从事工程活动必须具备的道德品质,或者在工程活动中体现出来的负责任行为。《应用伦理学辞典》里所列出的工程负责任行为就属于工程师职业伦理范畴。

根据《应用伦理学辞典》,工程负责任行为是指技术人员在工程活动中要遵循的道德原则和准则。一般包括以下内容:

(1) 技术人员在履行其职业责任时,把公众的安全、健康和福利放在首位,并遵守可持续发展的原则。

(2) 只在自己力所能及的范围内从事服务。

(3) 仅以客观、诚实的方式发布公开声明。

(4) 在职业事务中应作为忠诚的代理人或受委托人来为每一位雇主或客户服务,并避免利益冲突。

(5) 将自己的职业声誉确立在自己优质服务的基础上,不应与别人进行不公平的竞争。

(6) 在工作中努力维护工程职业的荣誉、正直和尊严。

(7) 在整个职业生涯中通过不断学习促进其职业发展,并为后学者提供职业和发展的机会。

1.3.2　工程伦理学的发展历程

工程伦理学的产生和发展经历了一个漫长的历史过程。在古代,工程活动的规模及影响都很小,虽然对工匠有伦理的约束,但这种限制和约束并不全面、系统。

直到第二次世界大战末期,科学家才开始反思战争中使用的技术所带来的负面影响,例如,原子弹等核武器给人类带来的毁灭性的后果,纳粹犯下的毫无人道的罪行等。

工程伦理学大概是从20世纪七八十年代才开始蓬勃发展的。1980年,美国首次召开了关于工程伦理学的跨学科会议。美国首先从职业伦理学的学科范式入手,重视案例分析。发展特点就是注重工程伦理教育,要求在工程学科中必须加入工程伦理学的内容,并且需要进行考核。德国工程伦理学的研究也取得了较快进展,沿袭了德国哲学家反思和批判的传统,关注技术本身,把研究重点放在伦理责任和技术评估等问题上。

我国工程伦理学的研究起步较晚,仍然是一个较新的学科,但随着我国经济的快速发展和许多大型工程项目的实施,越来越多的工程伦理问题已经发生并逐渐暴露出来。

1.3.3　学习工程伦理学的意义

伦理学的目的是把多数人对于行为的正当性或合理性的明确认识系统化,并排除其中的错误。随着技术的广泛应用,技术伦理问题日益凸显,人们越来越达成共识,在我们的社会中建设技术基础设施的工程师必须是有道德的。按照康德的观点,一个受到善意驱动的理性的行为,即受到责任驱动的行为,才是道德意义上善的行为。只有当工程师的行为是道德意义上善的行为,才能真正服务社会,造福人类。如果一个不道德的工程师为了省钱,为飞机设计了一个不符合安全要求的部件,数百人的生命将处于危险之中。也就是说,每个工程所涉及的都是多数人的利益乃至社会利益,一旦出现问题,将给多数人甚至是整个社会带来危害。因此,工程师伦理问题对于社会安全来说不可小觑。由此可见,伦理学教育必须成为工程师培养中不可或缺的环节,这样才能保证工程师共同体具备较高水准的伦理意识和伦理素养。具体而言,实施工程伦理学教育,培养遵守工程伦理规范的工程师具有以下重要的现实意义:

(1) 有助于提高工程师的道德决策能力。工程师在他们的工作职责范围内经常面临道德问题的挑战以及伦理选择困境。面对难以抉择的不确定情况,工程师需要相关伦理准则的指导,运用相关伦理推断方法,做出符合增进社会福利的道德决策。因此,工程师必须经过工程伦理教育和培训,才能具备不确定情况下的道德决策能力。

(2) 培养德才兼备的工程师队伍。工程师是掌握科技知识和技能的社会精英,具有很高的专业水平和技能。然而,一项工程的质量高低,不仅取决于工程师的专业技术水平,还取决于工程师的职业道德品质。工程伦理教育和培训使工程师熟知自己的职业操守,树立正确的价值观,有助于他们在未来工程实践中,面对种种利益诱惑时,能坚守自己的职业道德规范,做诚实和正直的工程师,从而提高全社会的工程师水平,形成德才兼备的工程师队伍。

(3) 有利于维护公共安全。工程师从事的是社会公共事业,涉及公共财产和人身安全,或者自然资源的可持续性利用,如果工程师没有伦理知识和伦理意识,在工程活动中漠视伦理问题,或者违背工程伦理规范,会使公共财产、他人生命处于危险之中,使自然资源面临枯竭、生态面临失衡、环境面临污染或破坏的危险。工程伦理教学致力于培养工程师的伦理素养,工程师有了伦理素养,在职业生涯中就会自觉遵守工程伦理规范,不会做出有损公共安全的行为。

(4) 有利于诚信社会建设。工程道德行为准则是工程领域的一个重要组成部分,如果工程师队伍的成员都能坚守道德行为准则,诚实守信,将有利于树立工程师群体的专业威信,从而增加公众对工程师的信任。这样,公众会相信工程师给出的工程质量是符合行业标准的,相信自身的隐私、安全和其他权益都能得到保障,从而增进公众与工程师之间相互信任关系的建立,形成诚实守信的社会氛围。

1.3.4 工程伦理学研究的主要问题

一般来说,工程伦理学分为微观和宏观两个层面。微观层面关注工程师自身,主要研究工程师在具体的实际过程中遇到的问题和应承担的责任,然后通过案例分析将工程伦理学应用到实践中,注重工程伦理学的教学。宏观层面主要研究工程与社会的整体关系,研究内容较为广泛。

目前,责任已成为工程伦理学研究中令人担忧的问题之一。乔纳斯曾指出,技术的快速发展给伦理学带来了新的挑战。在科技的帮助下,人类增强了自身的力量,各种行为的组合成为社会化的行为,在空间上影响整个地球,甚至宇宙,在时间上影响后代。因此,行为人、行为本身和行为后果都与过去有本质区别,责任已成为工程伦理学讨论的中心问题。

1.3.5　工程伦理学探究的对象

从活动和研究领域来看,伦理学是理解道德价值、解决道德问题和展示道德行为判断的活动,以及这些活动形成的学科或研究领域。工程伦理学是旨在理解应当用以指导工程实践的道德价值、解决工程中道德问题,以及论证与工程有关的道德行为判断的活动和学科。

当"伦理"被理解为个人、团体或社会关于道德问题所规定的特定的观念、态度和原则时,工程伦理是指各种工程组织、协会和协会制定的行为准则和道德标准,以及工程师的道德素质、观念和行为。

由于人们对伦理学有不同的理解,对工程伦理学的研究范围也产生了不同的理解。美国哲学家莱德主张把工程学会所规定的伦理准则排除在工程伦理学的研究范围之外。但美国工程师、哲学家佛罗曼把伦理准则等同于个人的道德观念和良心,认为工程师个人的道德良心没有普遍的共同点,他主张解决工程中的社会问题要靠法律、技术规章以及政治过程,而不是靠伦理道德。而且,这还只是工程伦理学研究的一个路径。如果将工程与伦理道德视为两个相对独立的系统,它们之间实际上是相互作用的关系。工程伦理学研究不能仅仅拿既定的道德范畴、规范、原则一成不变地去套用实际的工程活动。

由此可以看出,工程伦理学的研究对象主要是工程师,但不限于工程师。工程伦理也适用于参与或控制技术企业的其他人做出的决定,包括科学家、经理、生产工人及其主管、技术作家、供应商、技术人员、政府机关工作人员、律师等。

1.3.6　工程伦理学的教育目标

不同行业领域的工程师需要的职业道德规范不尽相同,虽然如此,从一般意义上来看,所有工程师都应该具备最基本的伦理素养。那么,在工程师培养过程中工程伦理学教育需要达到哪几个基本目标呢?

(1) 促进工程师或未来的工程师理解职业行为规范相关知识。近年来,工程伦理问题得到非常明显的重视,工程技术相关领域陆续出台了职业伦理规范,然而,虽然有关于行业道德标准和规范的文本,但是实际上工程师对其理解甚少。不理解知识,谈何在行动中践行呢?也就是说,仅仅知道一种伦理规范说了什么并不能真正帮助人们的实际行动。

因此，工程伦理教育的首要任务就是让学生在了解其专业范围内的所有职业伦理规范与道德标准基础上，深入理解这些伦理规范和道德标准的真实内涵和适用范围。这样才能切实明白一种伦理规范或准则是如何在某种情境下得到应用，从而在未来的职业现实中自觉践行相关伦理规范。比如，美国工程师伦理规范中有一条规定：工程师要对客户忠诚。这条伦理规则看似简单，在实际情况中却是并不容易做到的。美国国家职业工程师协会（National Society of Professional Engineers，NSPE）曾经发布一个案例："工程师A是一名职业工程师，担任当地政府建设部门主任。A还兼职一项工程工作，为X客户准备了一套结构工程图纸，而图纸必须得到当地建筑部门的批准。工程师A不参与对工程图纸的评审或批准，但工程师A的助理工程师B（也是一名专业工程师）对工程师A准备的工程图纸进行评审和批准。"工程师A可能知道NSPE的道德规范规定工程师必须是雇主的忠实代理人，但他可能没有将自己的图纸获得批准与对雇主的忠诚联系起来。他可能没有想到，他的雇主的利益可能与他的私人执业客户的利益相冲突。简单地说，他可能没有真正理解对雇主忠诚的规定。除此之外，工程师对于客户的忠实性这一道德规范规定还有另一种情况，比如，一位工程师在为客户的建筑施工时发现了安全问题。安全问题可能会影响到在这栋楼工作的人的安全，比如增加火灾的风险。工程师告诉客户，客户要求工程师对安全问题保持沉默，因为客户打算出售这栋楼。尽管道德规范明确指出工程师对客户负有责任，但也明确指出工程师应该把公众的安全、健康和福利放在首位。在这种情况下，仅仅知道道德规范的存在和内容，不足以帮助工程师决定该做什么。他可能清楚地知道将公众的安全放在首位的承诺和对客户的忠诚的承诺，但仍然不知道如何处理两种职业规范冲突的情况。面对这样的两难困境，工程师很难从现有伦理框架中找到现成的答案，这就需要工程师恰当地理解相关伦理规范，并结合具体语境进行相关的伦理推理，做出合理的伦理决策。

（2）培养工程师的伦理意识，及时识别工程伦理问题。工程伦理规范对工程和工程伦理都是至关重要的，但并不是所有的伦理问题都可以包含在一份规范中。工程伦理学的另一个重要的教育目标是培养工程师的伦理意识，使他们能够及时识别出工程中潜在的伦理问题。通过工程伦理教育和培训，学生通常会较为全面地学习和理解伦理概念和框架，接触大量工程伦理案例，以及伦理问题的各类模型，潜移默化地形成工程伦理意识。这样，在日后的工程实践中，工程师首先会想到是否存在伦理问题，同时因熟悉伦理概念、框架和模型，能及时识别出工程中隐含的多种多样的伦理问题，增强职业生涯中的伦理警觉性，避免违背职业伦理的行为发生。

（3）培养工程师的道德推理能力和伦理决策能力。工程师掌握并理解一定的伦理知识、概念、伦理框架和伦理问题模型，能识别出伦理问题，仅有这些还不够，在面对工程伦理困境时，要懂得道德推理和伦理决策，这才是工程伦理学的核心问题。在工程伦理教育和培训过程中，通常会用大量案例研究和案例分析，让学员对工程实践中的伦理冲突问题进行分析、讨论、反思或辩论,学习在不确定或困难情况下的道德推理方法,从而提高实际的伦理决策能力。

参考文献

[1] Barry B, Herkert J. Engineering ethics[M].Cambridge: Cambridge University Press,2014:673-692.

[2] Downey G L, Lucena J C, Mitcham C. Engineering ethics and identity: Emerging initiatives in comparative perspective[J]. Sci Eng Ethics,2007(13):463-487.

[3] Johnson D G. Engineering ethics: Contemporary and enduring debates[M]. London:Yale University Press, 2020.

[4] 贝尔纳.历史上的科学[M].伍况甫,译.北京:科学出版社,1959.

[5] 陈凡,张铃.当代西方工程哲学述评[J].科学技术与辩证法,2006(4):62-65.

[6] 程炼.理学关键词[M].北京:北京师范大学出版社,2007.

[7] 程炼.伦理学导论[M].北京:北京大学出版社,2008.

[8] 李伯聪.工程哲学引论[M].郑州:大象出版社,2002.

[9] 李世新.工程伦理学研究的两个进路[J].伦理学研究,2006(6):31-35.

[10] 刘大椿.科学技术哲学导论[M].北京:中国人民大学出版社,2000.

[11] 罗国杰.伦理学[M].北京:人民出版社,1989.

[12] 麦凯.伦理学:发现对与错[M].上海:上海译文出版社,2007.

[13] 帕尔玛.伦理学导论[M].黄少婷,译.上海:上海社会科学院出版社,2011.

[14] 邱亮辉.工程与哲学[M].北京:北京理工大学出版社,2007.

[15] 全国工程硕士政治理论课教材编写组.自然辩证法:在工程中的理论与应用[M].北京:清华大学出版社,2007.

[16] 沈珠江.论科学、技术与工程之间的关系[J].科学技术与辩证法,2006(3):21-25.

[17] 王伯鲁.技术划界问题的一个广义优化解[J].科学技术与辩证法,2005,22(2):60-64.

[18] 西季威克.伦理学方法[M].廖申白,译.北京:商务印书馆,2019.

[19] 肖平.工程伦理导论[M].北京:北京大学出版社,2009.

[20] 肖平.工程伦理学[M].北京:中国铁道出版社,1999.

[21] 徐丕玉.现代自然科学技术概论[M].北京:首都经济贸易大学出版社,2001.

[22] 远德玉,陈昌曙.论技术[M].沈阳:辽宁人民出版社,1986.

[23] 周光召.2020年中国科学和技术发展研究[M].北京:中国科学技术出版社,2005.

[24] 朱高峰.工程与工程师(下)[J].中国工程师,1998(2):7-11.

[25] 朱贻庭.伦理学大辞典[M].修订本.上海:上海辞书出版社,2011:5.

第 2 章
工程共同体的伦理规范与社会责任

▶ 2.1 工程共同体的概念

2.1.1 工程共同体的界定

工程共同体,主要是指扮演不同角色的、从事同一类型的工程活动的集体组织,包括工程师、工人、投资者、管理者等利益相关者,他们聚集在一起以实现给定的工程目标。

工程共同体从集体的整体利益出发,按照其内部个体成员共同设定的工程活动的目的、共同从事某一项工程活动,而其内部个体成员也受一定组织形式的约束,遵守一定的工程行为规范,通过一定的分工协作并结成一定的伦理关系。

2.1.2 工程共同体的分类

随着时代的发展和科技的进步,工程共同体也在不断变化和升级,其规模在不断扩大,人员构成由少到多、由简到繁,从早期简单、小型的工程共同体发展到如今结构复杂的大型工程共同体。

早期的工程活动类型较为单一,或是制造某一种工具,或是兴修水利,或是冶金铸造,因此,工程共同体主要以工匠为主,人员所从事的工种也较为单一。然而,随着工程复杂程度的增加,工程共同体的规模不断扩大,人员构成更加多元化,专业分工更加细致,涉及的专业和领域也更加广泛。

目前,由于科学技术的发展,工程界不仅包括科学家和工程师,还包括投资者、管理者、决策者、工程设计师、项目实施者和许多其他级别的人员。工程共同体的功能和作用不仅与其参与成员的角色和作用密切相关,还与工程共同体中各个小组之间的对应关系密切相关。

根据不同的工程范式,可以把工程共同体分为农业工程共同体、建筑工程共同体、工业工程共同体、服务业工程共同体等,而在这些不同的共同体中根据工程的专业分工又可以进行细分,例如工业工程共同体可以分为化工工程共同体、电气工程共同体、机械工程共同体等,建筑工程共同体则可以分为铁路工程共同体、公路工程共同体、桥梁工程共同体等。

从社会学的层面来看,工程共同体又可分为工程职业共同体和工程活动共同体两大类,工程共同体可以承担和完成具体工程项目。其中,职业共同体的组织形式为工会、工程师协会或学会、雇主协会等;而工程活动共同体的组织形式为各类企业、公司或项目部等。

2.2 工程共同体的构成与特征

2.2.1 工程共同体的构成

从个体构成来看,工程共同体由工程师、投资者、决策者、管理者、工人、其他利益相关者和其他不同类型的成员组成,是一个"异质成员共同体"。

但国内外许多学者认为,工程共同体基本上是由工程师组成的。尽管工程师在工程活动中发挥着重要作用,但这一概念相对狭窄。因而,在研究工程活动时,我们不应只关注工程师的主导作用,就忽视工程共同体中其他成员的作用。工人在工程共同体中也扮演着重要的角色。由于工人的工作场所是施工现场及其他工作场所,而不是管理活动所在的办公室,工人的直接操作在所有工程活动中起着不可或缺的作用。此外,投资者和管理者在工程界也扮演着非常重要的角色。如果管理者管理不善,可能会发生各种意外的工程事故,严重影响人们的生产和生活。

工程共同体既可能是一个内部关系相对和谐的社区,也可能是一个内部关系紧张甚至濒临崩溃的社区,一旦这种结构性关系被打破或破坏,工程共同体就将面临解体或无法正常运作。因此,有必要建立联系,以维持工程共同体的结构性关系。

维系工程共同体结构性关系的纽带主要需要做到以下4个方面:

(1)精神。换句话说,一个共同的短期目标或共同的长期目标。工程共同体所有成员通过规范的沟通行为和活动行为进行沟通与合作,以实现共同目标的价值认同,确保最终工程目标的完成。

(2)资本。工程共同体本身就是一个由经济利益主导的小型社会。从投资者到管理者,从工程师到工人,他们都是利益相关者。如何合理分配自己的利益往往需要协商、谈判和博弈。只有在相对合理的利益分配下,才能实现工程界的通力协作。

(3) 制度。主要包括分工协作、岗位配置、管理模式、行为习惯、各种制度安排、沟通联系、内部协商机制等。

(4) 信息。主要指工程建设和维护项目正常运行所需的各种专业知识、说明和信息。为了正常开展各种工程活动,必须在工程共同体中建立这些信息知识流的渠道和存储库。

2.2.2 工程共同体的特征

1. 工程共同体是利益共同体

工程共同体不仅是一个知识共同体,也是一个利益共同体,包括经济利益和各种社会利益。一般来说,工程活动是以营利为目的的经济活动。虽然有些项目是非营利性和公益性的,但所有工程项目都是在特定利益目标的指导下进行的。工程活动的性质决定了工程共同体不仅是一个学术共同体,也是一个追求经济和实用价值目标的共同体。

2. 工程共同体以人工物的建造为目标

工程共同体成员的目标是在自然、经济、科技、政治、生态、社会和文化环境以及各种法律、制度、政策、规范和原则的约束下,建造人工制品,执行实现目标的行动。此外,工程活动作为人类创造人工制品的实践活动,也具有一定的规律性。

3. 工程共同体的暂时性、流变性与重组性

在社会科学的发展过程中,科学革命往往导致旧范式的解体和基于旧范式的共同体的解体,继而出现新范式,取代旧范式,形成新的科学共同体。而在工程活动中,一个项目完成后,该项目所联系的工程共同体将因任务完成而解散,社区内的各种团体或个人将转移到下一个新项目,形成一个新的工程社区,这就是工程共同体的临时、流变和重组。

2.3 工程共同体的行为规范

2.3.1 科学共同体的行为规范

1. 普遍主义

无论真理和普遍性是什么,科学都以真理和普遍性为标准。科学发现权和对理论论证的评价是基于发现的内在价值、科学理论与标准,与国家、阶级、宗教、种族、年龄等无关。

2. 公有主义

科学发现本质上是社会合作的产物,属于整个科学界乃至整个社会。科学家无权垄断或收回他们的科学发现。科学发现遵循开放原则,科学家虽享有发明创造权,但作为研究人员有义务不占有和垄断科学成果。因为科学研究是建立在先前知识积累的基础上的,所有科学发现都是社会协作的产物,因此属于社会所有成员。任何以个人命名的法律或理论都不属于发现者及其继承人,也不赋予他们使用和支配的权利。

3. 无私利性

无私利性要求从事科学活动、创造科学知识的人,不应当通过科学研究为自己谋取私利。一些社会学家将该规范强调的内容归因于"为科学而科学"。换句话说,科学家从事科学活动的唯一目标是发展科学知识。科学家不能因为其他个人原因接受或拒绝科学思想或观点,也不应该以任何方式从其研究中谋求个人利益。

4. 有条理的怀疑主义

科学共同体是一个具有创造性的研究群体,而怀疑论有助于创新精神的形成。创新是实现科学体系目标的主要途径,怀疑论是科学体系目标的要求。但怀疑并不意味着怀疑一切,而是要根据经验和逻辑进行理性的分析和批判。

2.3.2 工程共同体行为规范的特点

与科学共同体的行为规范相比较,工程共同体的行为规范具有以下几个方面的特点:

(1)工程制品是具体的人工制品,具有特殊性甚至独特性,因此,对其评价不具有普遍适用性,而是具有特殊性、唯一性和可靠性。由于工程制品具有二元性,即具有自然属性和社会属性,它不仅受自然规律的支配,而且受社会存在和社会规律的支配。因此,用于评估工程制品的标准不仅必须具有科学技术合理性和可行性,还必须具有社会合法性。

(2)除公共工程外,工程制品还受非公共标准或专属标准的约束。具体的制度规定包括产权制度、保密制度和专利制度。公共财产与非公有制财产之间的矛盾,不仅表明了科学与工程的区别,同时也是区分科学与工程的重要标志。

工程共同体行为制度的目标是追求自身利益,这种对利益的追求成为工程界的激励机制。在工程系统中,对怀疑和批判性思维的要求并不强烈。工程创新的制度目标仍然是寻求和获得更大的利益,而不是通过批评和怀疑来实现工程创新和工程知识的增长。

2.4 工程共同体的伦理原则

2.4.1 公平

长久以来,东西方对什么是"公平"有不同的理解。从工程伦理的角度来看,"公平"是一种行为准则和评价标准,"公平"对个人和工程共同体起着指导和规范作用。这是工程活动中必须遵循的一项伦理原则,要求工程共同体的每个成员都受到平等对待。

公平原则主要包括平衡原则。具体来说,它意味着在工程活动中必须公平对待工程界的每一个成员,合理解决资源稀缺、利益竞争和冲突的矛盾,要求权利和义务必须平等。虽然工程界的成员通过他们自己的工程成就造福于人类生活,但他们需要获得各种材料,以满足自己的需要和社会的发展。同时,他们还必须关心人类,确保工程活动的成果造福于人类。

公平原则在当前的工程活动中非常重要。一方面,在工程实践中,由于工作量巨大,需要公共或私人资金的支持,而资源在任何时间和任何地方都是有限的,这意味着有限的资源要在工程共同体成员之间和不同工程共同体之间平等分配。同时,任何项目的开发和实施并不是对每个人都有利,它总是对一些人有利,而对另一些人不利,甚至可能伤害到某些人。另一方面,工程共同体的一些成员会因项目的实施而在经济上获利,这虽然是一个自然问题,但在一定程度上导致了社会贫富差距的扩大,进而导致了一些影响社会公平的问题的出现。

2.4.2 责任

在传统思维中,人们经常从法律的角度讨论责任。例如,康德认为责任是价值的反映。韦伯指出,责任首先在于行为。杰克逊认为责任意味着"解释和捍卫已经做过、正在做和计划要做的事情……当一方有权要求另一方解释其行为时,可以说后者对前者负责"。

在现代思维中,科学家首先意识到责任问题,这充分体现了科学家对人类命运的深切关注和高度的正义感。对于工程界的成员,以及来自不同社区的工程专家而言,他们的责任则更加直接和重要。因为工程应用的效果与公众利益密切相关。

目前,工程活动已不再是一个人的事情,而是已转化为一项社会或集体事业。在工程活动中,工程技术人员滥用和误用技术会威胁到全人类的安全。工程活动也是一种创造性活动,它不仅创造现实,而且创造人类的未来,必须对自然、社会、人类自身和后代负责。

2.5 工程共同体的伦理责任

2.5.1 工程共同体的内部伦理责任

所谓工程共同体内部伦理责任,是指工程共同体各成员在工程活动过程中必须承担的伦理道德责任。工程共同体内部成员包括代表性决策者和管理者、工程师和建筑商,他们共同承担审查工程共同体的责任。

1. 工程决策者和管理者的伦理责任

工程共同体的决策者和管理者通过对主客观条件的系统分析,在筛选和评估大量相关信息的基础上,对项目的实施做出决策,并从各种可能的方案中选择最佳的实施方案。因此,他们必须承担相应的道德和法律责任。在工程决策中,决策者和管理者不仅要考虑社会公认的伦理规范,还要考虑工程项目的特殊伦理要求。要实现这样的工程目标,决策者和管理者不仅要正确处理决策主体与决策客体之间的关系,还要注意决策效率与效益的平衡,维护生命财产安全,促进社会稳定,保护生态平衡,实现项目健康可持续发展。项目决策者和管理者的伦理责任可以从责任性、功利性、公正性和生态4个方面来讨论。

1) 工程决策的责任性

"工程活动有很多环节,每个环节都与责任密切相关,而工程决策是一个非常关键的环节,因此我们不能忽视其道德责任。责任表现为对责任的自觉理解和行为的自愿选择。"负责人具有一定的自由性,能主动对其错误或疏忽行为的后果负责。决策失误往往会造成巨大的物质财富损失,乃至生命财产损失。因此,项目决策者和管理者必须承担起道德责任,将其作为自己的行为准则。但在实践中,并不是所有的决策者和管理者都能这样做。

2）工程决策的功利性

工程活动过程中产生的结果和效益对人类社会有益或有害,涉及工程决策中的功利主义问题,这也是工程决策中最重要的问题,即功利主义是衡量工程决策合理性的重要标准之一。工程共同体的工作是直接的物质生产活动,其核心是创造物质财富。在工程决策过程中,工程决策者和管理者不仅要考虑经济效益问题,还要考虑实现人类生存和社会发展效益最大化的问题,尽可能避免工程活动的负面影响,这是工程共同体追求的最根本的价值目标。

一般来说,功利主义从经济关系的角度讨论道德,强调道德行为的实践效果,以促进社会和经济的发展。在这种情况下,功利主义可以成为约束工程决策行为的伦理标准和维度。然而,随着当代资源、生态、环境和社会问题的日益严重,反思和改变以"人类中心主义"为主导的传统功利主义,发展和思考新的社会正义和生态伦理功利主义势在必行。工程界的决策者和管理者必须在这种新功利主义的伦理约束下,在工程活动的过程中执行他们的决策和管理行动。

3）工程决策的公正性

公正是工程决策过程中应该考虑的一个维度,也是工程伦理讨论中的一个重要话题。工程伦理学的目的是建立公正伦理,确立公正原则。实践公正原则的关键是使公正原则成为工程活动的指导原则。

在整个项目决策过程中,公正原则的实践塑造决策主体的公正精神,将公正原则转化为项目决策管理者的美德,从而提高项目决策的公平性。项目的决策过程反映了经济发展中各个社会群体之间的关系,涉及经济体系和经济活动中的正义问题。如今,经济公正已成为和谐社会的核心要求,在工程决策中,有必要反映分配的公平性。然而,在实践中,工程决策往往只考虑决策主体的利益,而忽视了工程对象的感受,这严重损害了弱势群体的利益。因此,公正已成为衡量工程决策准确性的其中一个非常重要的维度。

4）工程决策的生态性

工程共同体广泛影响着人与人、人与社会、人与自然的关系,是人类社会最重要的实践活动之一。在整个社会的发展中,它给人类带来了越来越多的福祉,但与此同时,也带来了一些生态灾难。也就是说,决策者在工程决策中是否考虑生态伦理的维度,不仅关系工程活动的成败,而且关系地球的未来和人类的命运。

2. 工程师的伦理责任

本书主要从积极的责任(主动责任)和消极的责任(被动责任)来论述工程师的伦理责任。

积极的责任是指工程师的职业责任,也指工程师对社会和公众有益,并在不损害自身社会形象的情况下将其知识和技能应用于实践。"责任"可以扩展到"良心",这通常是指工程师在履行其社会责任时,在其专业责任之外所做的工作。如果一个工程师没有"良心",他所缺乏的是道德,而不是违反相关法律制度规定。作为一个工程师,他必须首先完成自己的基本职责,然后在此基础上做一些"善事",这是一个工程师需要具有的优秀道德品质。

消极的责任是指工程师有害行为的责任,以及当工程师将错误或失败归咎于他人或外部环境,不愿意或拒绝承担的相应责任。这里的"责任"也可以表示为"过失责任"。对于"过失责任",我们通常采取两种态度,一种是积极预防,另一种是在过失发生后认真分析原因,总结经验教训。过失责任的产生有3个原因,即物理原因、组织原因和对事故负责或应负责的个人。其中,物理原因是由外部环境和条件引起的;组织原因往往是项目建设单位安全生产知识不够,或者对安全生产重视不够;虽然相关组织通常承担了足够的责任,但工程师也必须承担相应的责任。

此外,工程师还将对损害承担个人责任。学术界将这种责任分为两类,一类是法律责任,另一类是道德责任。其中,法律明确规定的是法律责任,工程师必须对个人不当行为或错误造成的损害负责。而道德责任则更多地体现在工程师的个人行为中。

因此,只要你是一名工程师,你就必须永远面对责任。在工程师行为的个人责任中,还有另一种特殊情况,即在一些组织中,造成伤害的责任者往往不仅是工程师,还有许多其他人。在这种情况下,工程师责任的大小取决于其行为导致损害的程度。

3. 施工人员的伦理责任

就时间而言,工程建设可以说是一种"短期行为",即在施工期间,各类施工人员的行为会给他人、社会和环境带来一些积极和消极的"短期影响"。施工人员对这些"短期影响"应秉持负责任的道德态度,尽量减少负面影响,并建立和培养其道德责任意识。施工人员的伦理责任具体包括以下3点:

1) *严格落实行政管理责任*

严格执行国家现行政策法规、工程建设合同通用条款和协议条款,坚决贯彻执行公司质量管理体系标准和各项管理制度。要按照劳动和业务人员、劳动管理和培训的规定聘用管理人员,并确定适宜的岗位工资标准。及时做好各项经济技术资料的编制、审查、保存和上报工作,协调上级职能部门与建设单位的关系,认真落实工程。

2) *严格落实工程技术质量责任*

必须全面、系统地审查图纸,始终保持产品与图纸的一致性。工程建设责任人对工程质量负全面责任,实行工程质量终身责任制。严格按照施工图纸进行施工,未经设计单位同意不得擅自更改设计。认真检查原材料进场情况,任何原材料进场必须包含出厂合格证、检验报告和试验合格证。

3) *严格落实安全生产管理责任*

严格执行现行法律法规,提高全民安全意识。完善安全技术体系,确保施工过程的安全。建立健全建筑安全管理组织体系,确保施工过程的正常进行。安全责任落实到个人,承包商负责人必须对本单位的安全生产和参与本工程施工的所有员工的人身安全负责,并在工程实践的各个环节落实安全责任。

2.5.2 工程共同体的外部伦理责任

外部伦理责任是指工程共同体作为一个整体,在工程活动中对他人、社会和项目外部自然环境的伦理道德责任。

1. 工程共同体对他人的伦理责任

近年来,随着工程活动的日益发展,工程活动中经常发生各种事故,其潜在的负面影响日益明显,严重损害了人们的利益。因此,工程共同体作为一个整体必须承担起自身的伦理责任。然而,只有在明确工程活动造成的损害的基础上,工程共同体才能更有效地履行其责任。根据不同的分类标准,对他人利益的损害可分为以下3种类型:

1) 显性与隐性损害

根据工程损害是否会直观地表现出来,可以分为显性与隐性损害。其中,显性损害是指对人类健康和经济利益的负面影响,以一种肤浅而直观的方式表现出来,这种损害是直观且易于感知的。而隐性损害则是不那么明显,但长期存在的。

2) 短期与长期损害

根据损害持续时间,工程损害可分为长期损害和短期损害。长期损害是指损害的影响持续很长时间,对人们的健康、生理、生活、心理、经济利益等产生负面影响,具有长期甚至永久的特征。短期损害与长期损害相反,持续时间短,造成的损害相对较小。这种类型的损害是短暂的,但也会给人们带来麻烦。

3) 可避免与不可避免损害

从工程共同体在工程损害中的主观作用出发,可以将工程损害分为可避免与不可避免损害。例如,铁路建设项目的路线选择不当,导致铁路直接穿过给定区域的一个小镇,将城市一分为二,对当地居民的生活环境和交通产生了一定的影响。但是,只要工程师在完成设计任务后,能够到现场调查研究项目建设所选地址的地质构造、地理环境和大气质量,从而分析和评估项目能否满足人民生产和生活的需要,在仔细分析和研究数据材料后选择项目路线,就可以避免损害。不可避免损害是指通过项目各方的努力无法预测和避免的损害。事实上,工程活动很少有不可避免的损害。因为工程共同体成员在工程实践中会有自己的主观价值判断和主动性,这会对施工过程产生一定的影响,从而预防发生不可避免损害。

2. 工程共同体对社会的伦理责任

美国冯·卡门教授认为,科学家研究现存的世界,而工程共同体则创造未来的世界。进入21世纪以来,一些大型工程项目不断涌现,工程活动的负面影响越来越明显。人们逐渐开始关注工程界的伦理责任。

传统观点认为,工程共同体的责任是做好自己的工作,其研究和实践成果越多,工程共同体对社会的贡献就越大。如果怀有恶意的人利用这些成果来伤害社会和其他人,这就与工程共同体无关。实际上,来自工程共同体的知识可能会给社会带来潜在的危险。因此,工程共同体有责任防止工程知识被用来伤害他人和社会。

3. 工程共同体对自然环境的伦理责任

工程共同体伦理责任的内容不仅包括工程活动中人与人的关系,还包括人与自然的关系。如今,随着工程活动日益渗透到人们的生活中,大型工程项目不断涌现,工程活动对自然环境的影响日益明显,引发了环境危机和许多严重的生态问题。为了解决这些问题,工程界的责任范围必须从人际关系扩展到人类、其他动物乃至所有生物体和整个生态系统。

此外,在工程活动中,工程共同体有着内在和外在的、相互交织的、不可或缺的责任,只有有效地履行这两方面的伦理责任,才能称之为合格的、负责任的工程共同体。

2.6 工程共同体承担伦理责任的途径

2.6.1 工程共同体承担伦理责任的内部途径

1. 增强工程共同体的责任意识

在工程实践中,人们不仅要享有自己的权利,还要承担相应的责任和义务。责任不仅是有序社会规则的保障,也是保证个人权益的可靠基础和基本要素。因此,培养责任感是养成所有优秀品质和良好行为的基础。由于工程活动的实用性及其对社会的深远影响,工程共同体必须增强自己的责任意识。在开展工程活动时,工程共同体必然会受到其价值取向、道德和情感标准的影响。因此,工程共同体不仅要确保项目按期顺利完成,协调好内部各种利益关系,还要考虑技术的可持续发展。

2. 强化工程共同体的工程良心

意识是个体发现道德规律并指导其行为的基础。没有良心意识的工程将给社会带来灾难,不仅是道德的沦丧,也是全人类的悲哀。因此,在从事工程活动时,工程共同体必须始终具有良心意识,并承担相应的道德责任。

3. 完善工程共同体的内部伦理规范

由于工程活动的影响越来越全面,仅靠道德情感的培养来提高工程界的责任感是不够的,还要依靠行业规范和法律的约束。近年来,工程师之间形成了一定的行为准则,并经过不断发展和完善,逐渐成为道德标准,以促进工程师合理使用技术,最大限度地发挥和优化技术活动的效果。在国外,大多数国家都建立了工程师专业协会,工程师专业协会在工程实践中发挥了积极作用,通过与国家工程和研究考试委员会合作,在限制、约束和处罚不负责任的工程师方面发挥了重要作用。

2.6.2 工程共同体承担伦理责任的外部途径

1. 加强大众传媒的导向和监督作用

随着科学技术的飞速发展,大众传媒已经渗透到社会生活的每一个角落。大众传媒对工程界的价值观起着重要的引导作用,同时也是公民参与社会监督的主要途径。必须通过舆论引导,积极揭示工程界在社会中的地位和责任,提高公众对工程共同体伦理责任的认识,为工程界承担伦理责任创造良好的环境氛围。同时,应开展多种形式的沟通交流活动,建立有效的监督机制,督促工程共同体主动承担伦理责任。

2. 引入工程项目评价机制

工程项目评估机制的引入可以直接有效地控制工程活动。工程项目评估机制主要是对工程项目的目标、实施、效益和影响进行评估和总结,分析成功和失败的原因,及时反馈,然后研究工程项目中存在的问题,最后对工程项目的未来规划提出意见。

3. 健全法制,增强公众的工程伦理意识

除了加强工程界的工程伦理意识外,还需要制定相关的工程法律法规。如果只有道德和伦理教育,缺乏法律强制手段,人们可能会因为道德标准普遍较低而不能自觉地遵守法律。一方面,我们必须通过道德和伦理规范来限制工程界的行为;另一方面,我们必须通过行业标准和法律手段防止和禁止滥用工程。

简而言之,在工程技术高度发达的现代社会,公众的安全、健康和福祉是工程界伦理责任的首要原则。同时,工程界的每一位成员都必须做好自己的工作,承担自己应有的责任和义务。然而,由于工程共同体伦理责任的复杂性,仍然需要工程界、哲学界和每个人的共同努力。

参 考 文 献

[1] 陈凡,娄成武,唐丽.美国工程伦理研究[M].沈阳:东北大学出版社,2007.
[2] 陈雯.工程共同体集体行动的伦理研究[D].南京:东南大学,2017.
[3] 邓波,贺凯.试论科学知识、技术知识与工程知识[J].自然辩证法研究,2007(10):41-46.
[4] 邓波,徐惠茹.让科技与人文在工程中融合[J].自然辩证法研究,2005(12):48-52.
[5] 段伟文.工程的社会运行[J].工程研究:跨学科视野中的工程,2007(1):69-78.
[6] 韩跃红.初议工程伦理学的建设方向:来自生命伦理学的启示[J].自然辩证法研究,2007(9):51-54.
[7] 李伯聪."我思故我在"与"我造物故我在":认识论与工程哲学刍议[J].哲学研究,2001(1):21-24.
[8] 李伯聪.工程共同体研究和工程社会学的开拓:"工程共同体"研究之三[J].自然辩证法通讯,2008(1):63-68.
[9] 李伯聪.工程共同体中的工人:"工程共同体"研究之一[J].自然辩证法通讯,2005(2):64-69.
[10] 李伯聪.工程哲学引论:我造物故我在[M].郑州:大象出版社,2002.
[11] 李伯聪.关于方法、工程方法和工程方法论研究的几个问题[J].自然辩证法研究,2014,30(10):41-47.
[12] 李伯聪.绝对命令伦理学和协调伦理学:四谈工程伦理学[J].伦理学研究,2008(5):42-48.
[13] 李成智,陈凡,韩连庆.技术与哲学研究[M].北京:北京航空航天大学出版社,2006.
[14] 李文潮.技术伦理与形而上学:试论尤纳斯《责任原理》[J].自然辩证法研究,2003(2):41-47.
[15] 刘大椿.在真与善之间:科技时代的伦理问题与道德抉择[M].北京:中国社会科学出版社,2000.
[16] 罗国杰.伦理学[M].北京:人民出版社,1989.
[17] 米切姆.技术哲学概论[M].殷登祥,曹南燕,译.天津:天津科学技术出版社,1999.
[18] 潘斌.风险社会与责任伦理[J].伦理学研究,2006(3):15-19.
[19] 全国工程硕士政治理论课教材编写组.自然辩证法:在工程中的理论与应用[M].北京:清华大学出版社,2008.
[20] 滕尼斯.共同体与社会:纯粹社会学的基本概念[M].林荣远,译.北京:商务印书馆,1999.
[21] 文成伟.欧洲技术哲学前史研究[M].沈阳:东北大学出版社,2004.
[22] 肖平.工程伦理学[M].北京:中国铁道出版社,1999.
[23] 殷瑞钰,王礼恒,汪应洛,等.工程与哲学[M].北京:北京理工大学出版社,2007.
[24] 殷瑞钰.工程与哲学:第一卷[M].北京:北京理工大学出版社,2007.
[25] 余昌谋.生态伦理学[M].西安:陕西人民出版社,2000.
[26] 俞可平.社群主义[M].北京:中国社会科学出版社,2005.
[27] 周光娟.工程共同体伦理责任问题研究[D].南京:南京航空航天大学,2009.
[28] 邹珊刚.技术和技术哲学[M].北京:知识出版社,1991.

第3章
工程师的职业伦理

3.1 工程师的概念

工程师是现代科学技术发展和社会分工的产物。虽然古埃及金字塔、古罗马斗兽场、中国京杭大运河等重大工程在古代早已出现,但当时工程活动的设计师和建造者不能称为工程师,因为他们只是被临时招募的,一旦工程活动结束,他们必须回到原来的地方,继续从事原来的生产工作。

现代意义上的工程师,是指掌握丰富的数学与自然科学知识,并能将其运用于设计实践,创造出人工物来服务于人类的人,他们可以在许多不同的领域工作。美国国家研究委员会的教育委员会认为工程师至少具备以下一项资格:

(1) 获得学院或大学认可的工程课程的学士学位或此类课程的高级学位。
(2) 专业水平上成为公认的工程学会会员。
(3) 由政府机构注册或发牌成为工程师。
(4) 目前或近期从事需要专业水平的工程工作。

3.2 工程师的能力要求

工程师是一个非常特殊的职业。随着工程行业的快速发展,受社会因素影响越大,工程行业的特点越复杂。一个成功的工程师需要具备以下的能力:

1. 团队协作能力

一个人不可能独自完成一个项目,只有团队合作才能成功完成项目。即使工程师再优秀,也需要和他人合作。工程师作为团队的核心人物之一,不仅要求自身能出色完成工作,还必须了解团队中其他成员的情况,与其他成员协调配合。

2. 持续学习能力

技术和方法在不断更新,这一点在工程领域最为真实。一个成功的工程师需要能够跟上最新的技术变化,并能够提供出色的价值和完成高质量的工作。在现代,技术变化很快,所以不断学习并跟上时代的步伐至关重要。一个成功的工程师从不认为自己是无所不知的。

3. 创造力

成功的工程师天生需要具有"跳出框架思考"的能力。从事工程行业需要具备创造性地解决问题的能力,所以能够将激情、创造性解决方案和伟大想法带到桌面上的工程师更具价值。同时,一个成功的工程师在提出创造性的解决方案时需要注意实用性,这就要求其本身具有创造力。

4. 解决问题的能力

任何项目,无论大小,都会面临问题。工程师要想做到有效地解决这些问题,必须仔细研究问题,充分了解问题对项目的影响,然后以一种有条不紊、高效的方式运用自身的分析技能,找出根本原因。为了有效地解决问题,工程师还必须具备真正倾听问题"所有者"意见的能力。通过认真倾听,工程师才能完全理解问题的构成,并从知情的角度提供解决方案。

5. 分析能力

有效解决问题的能力与正确分析问题的能力密切相关。工程师需要进行分析性思考,以创造解决方案。分析项目范围或产品规格可确保工程师完全理解相关要求,并有效地运用资源以实现最佳结果。在投入资源以确保成功解决问题之前,工程师可能需要尝试各种方法。

6. 沟通能力

沟通不仅仅是读、写、说或听。对于工程师来说,沟通不仅意味着理解技术复杂性的能力,还意味着能够简洁有效地将技术术语翻译成通俗用语。工程师与许多不同层面的人交流,从普通工人到主管,而以清晰、简洁并且尊重他人的方式进行沟通的能力对于确保核心信息得到有效传达来说至关重要。

7. 逻辑思维

为了充分理解复杂系统,工程师必须了解系统的各个方面。工程师必须知道系统的工作原理、可能出现的问题以及如何修复。这就需要一种逻辑思考的能力,以及评估和理解构成它的每个元素的能力。成功的工程师天生好奇,总是想办法让事情变得更好。他们必须能够分析现有的系统,以了解不同的部分如何单独工作,以及如何作为一个整体工作。

8. 数学能力

尽管工程师不再需要自己进行复杂计算,但这并不意味着他们不需要具备数据计算能力。要成为一名优秀的工程师,不仅需要具备出色的数学技能,还必须精通三角函数和微积分,熟练运用各类软件,并能够解释从中得出的结果。他们必须能够理解所需的计算类型,以确保执行正确的模拟类型,以及在执行模拟时正确定义模型。

9. 领导能力

领导能力是各种能力的有机组合,包括沟通、协调、分析、综合等。但领导者所需要具备的能力远不止这些,还需要优秀的人际交往能力,以及激励他人推动团队取得成功的能力。当然,一个成功的工程师既要具备所有工程所需的硬技能,比如数学知识和分析能力,同时也需要具备良好的软技能,以便能够顺利地履行非技术性职责。

3.3 工程师的职业伦理

3.3.1 职业责任的含义

根据国际公认的定义,职业责任是指提供专业服务的职业人员在提供专业服务的过程中,由于自身的过失或疏忽,给客户或第三方造成人身或财产损失,必须依法承担赔偿责任。

FIDIC(国际咨询工程师联合会)对于职业责任给出的定义为,职业责任指那些由于其所提供职业服务中的疏忽行为而遭受损失或损害的当事方进行赔偿的责任。

工程师的职业责任,是指工程师以对社会和公众有益,且并不损害自身的社会形象的方式来使用自己的知识和技能。

3.3.2 工程师职业责任的内容

工程师的职业责任广泛存在于工程实践中。工程师在工程活动中的职业责任可分为以下3类:

1. 义务责任

义务责任是工程师最基本的责任和要求，即工程师有义务遵守工程标准的操作程序和规范，并按照合同履行职责。义务和责任包括工程标准规定的责任、职业道德条款规定的责任和合同规定的责任。

工程师应当遵守职业道德条款或合同约定的义务。工程师在社会活动中发挥着至关重要的作用，有义务利用自己的科学技术知识为雇主、客户或公众提供有益的服务，不得违反行业标准、工程规范或合同要求。

2. 过失责任

过失责任是对责任的否定和追溯。在任何情况下，工程师都需要对错误"负责"。在工程实践过程中，对于因自身过失或鲁莽而造成的损害，无论工程师是否有主观伤害动机，只要造成伤害的结果，最终都将承担过失责任。在某种程度上，工程师需要为这些损害承担法律和道德责任。各国对于过失责任的程度划分各不相同。同时，由于损害的结果不同，责任的程度也不同。

3. 行善责任

行善责任，即善举，是指一个人承担的责任超出了其自身的工作所赋予的责任，这是个人加诸自身的要求。即使个人不承担这一责任，也不会受到道德指控或法律制裁。在某种程度上，承担行善责任是公众期望工程师具备的高尚品质，是工程师从职业责任、他律到自律的履行过程。

3.3.3 工程师未履行职业责任的问题分析

1. 工程师在履行职业责任时存在的问题

1) 工程师监管不力

在工程施工过程中，工人的实际施工过程可能会偏离设计图纸，这就需要工程师以其专业技术能力进行指导和监督，防止工程验收与设计项目不一致。然而，在实际工程活动中，工程师很少能做到监督工人施工的进度和结果。即使在工人的实践中存在问题，工程师也无法充分及时地与工人进行沟通。因为他们没有足够的时间亲自监督和指导施工，即监督力度不够。

在现代社会，大多数工程师受雇于不同的组织和公司，这使得其在实践过程中需忠于雇主。因此，工程师不可避免地会对他们真正的职业责任感到困惑。一方面，工程师必须忠于组织或公司；另一方面，工程师又必须忠于自己的职业。工程师经常陷入两难境地：当雇主的行为不道德或涉嫌违法时，他们是否应该不服从雇主的命令呢？

当雇主违反法律法规,破坏经济平衡时,工程师坚持自己的观点和想法,有责任也有义务不服从雇主的命令。然而,在实际工程活动中,工程师举报雇主的行为较为罕见。因为工程师作为公司员工,在从事实践活动的过程中,一旦暴露出雇主的不当行为,往往被认为是"不忠"行为,可能会面临失业甚至更糟的境遇。因此,大多数工程师会出于顾虑而放弃披露或举报,从而放弃作为专业人员的伦理责任。

2)工程师责任鉴定困难

在现代社会,导致工程师逃避责任或根本无法承担责任的原因主要包括以下两点:

一是难以确定工程责任主体。现代工程具有规模大、综合性强的特点,它不仅是各种要素的优化集合,而且在具体的工程实践中包含多个环节。每个环节涉及多个主体。大部分工程师很难掌握整个工程项目的详细情况。因此,一旦发生工程事故,很难确定工程师需要承担何种责任。同时,在工程活动过程中,工程师有时不按照合同签订的任务进行工程研发或设计,即在工程运行过程中,工程师的很多行为并没有被明确记录或披露,各环节之间或环节内的分工也很模糊。

二是责任后果严重。对于造成人员伤亡的重大工程后果,即使找到具体责任人,工程师本人也无法承担后果。此外,即使工程师本身能够承担责任,面对巨额赔偿或法律惩罚,他们也很容易在心理和行为上逃避责任。动机是行为的驱动力,工程师心理上对责任的逃避导致他们的逃避行为。因此,在执行专业职责的过程中,工程师的责任鉴定往往是困难的。

3)工程师权责不一

工程师受雇于组织或公司,工程师和雇主之间的地位不平等决定了工程师的权责不一致,使他们缺乏自由意志。虽然工程师可以在工程决策过程中表达自己的观点和意见,但最终决策权掌握还在雇主手中。

2. 工程师履行职业责任存在问题的原因

1)工程师自身责任意识缺失

在现代社会,工程师作为工程活动的重要角色之一,发挥着至关重要的作用。工程师的每一次行动都会对工程实践产生好的或坏的影响。如果工程师没有责任感,将对工程活动甚至社会生活产生负面影响。因此,每一位工程师都应该时刻牢记自己的职业责任,保持自身责任感。工程师的责任意识表现为以下3个方面:

(1)对自身责任负责的责任意识。只有工程师首先对自己负责,才能对自己的职业生涯负责。工程师的责任感主要体现在承担责任的勇气上。作为责任主体,工程师必须明确自己的专业职责,勇于承担自己的职业责任。

(2)对他人负责的责任意识。个体具有社会性的基本属性,在社会中,不可避免地会与他人互动和交流。因此,工程师在工程实践过程中的个人行为会对工人、投资者和社区管理者等他者产生影响。工程师必须树立对他人的责任感,这不仅能让他人快乐,还能升华自己,最终促进社会的友好互动。

(3) 对社会负责的责任意识。人与社会之间有着不可分割的关系。个人的生存和发展对社会的发展有着重要的影响。工程师作为现代社会生产力的创造者,必须树立社会责任感,为社会做贡献,承担社会责任。

2) 工程师职业伦理章程不健全

1913年的美国电气工程学会建立了第一个工程章程。经过多次讨论和修订,章程被社会委员会通过。1914年,美国机械工程师协会略微修改了电气工程学会的章程。后来,美国的大型工程组织,如美国咨询工程师协会、美国土木工程师协会、美国化学工程师协会等都建立了自己的道德规范标准。这些规范都强调工程师对雇主和客户的责任。尽管规范中提到了对公众的责任,也仅限于向公众普及知识。而且这些道德规范之间还会有一些冲突。例如,一个章程中允许的行为在另一个章程中却是被禁止的。

3) 工程师职业道德教育体系不完善

工程教育不仅仅注重理论知识的传授,还应关注工程师个人的道德素质教育。通过研究以往的工程道德教育系统发现其中存在以下3个方面的问题:

(1) 缺乏系统性。系统性是工程师培养模式中必不可少的本质要求。因为普通人接受的教育都是连续性的。就像从出生开始,人们就必须在人生的各个阶段接受不同的教育,从学前教育到小学教育、高中教育、大学教育等,各个阶段的教育都是互相衔接、连续的。但是,工程师的教育是断层的,这使得工程师所接受的知识缺乏系统性。

(2) 教育手段过于单一。长期以来,工程教学只注重在课堂上教授工程师理论知识,而忽视了教育的实践性。一方面,教学过程枯燥,学生容易对学习失去兴趣;另一方面,学生很难将所获得的知识转化为自己的内在品质。传统的"教师讲,学生听"的教育手段应逐步增加角色扮演、融渗教学、案例教学等新模式。

(3) 教育内容中缺乏关于责任教育的具体规定。在培养工程师道德素质的过程中,工科院校普遍认为,只要学生接受了思想政治教育,就算是完成了素质教育,而忽视了对其专业性的道德责任教育。虽然一些高校也会开设一些专业性的道德素质教育,但往往被设为选修课。由于缺乏这方面的专业性教育和对自身责任的全面理解,工程师很难意识到自身职业责任的重要性。

4) 约束工程师行为的相关法律法规不完善

法律法规是一个人行为的底线。法律法规明确规定了公民必须履行的义务,以及违反这些规定后必须接受的惩罚。我国颁布了许多法律法规来限制工程师的行为,但由于工程实践的复杂性,法律规范的有效性受到限制。

3.3.4 强化工程师职业责任素养的对策

1. 加强培养工程师的职业观念

1) 培养工程师的事前责任意识

责任有两个维度:前瞻性和后视性。责任的前瞻性强调参与者预测其行为结果的能力,这也是工程师在承担专业责任的过程中需要培养的能力。责任的前瞻性还包括预测和评估项目结果的好坏,以此形成积极的责任感,因而前瞻性维度的责任还被称为事前责任。工程师必须建立事前责任意识。在培养工程师事前责任意识的过程中,必须做到以下3个方面:

(1) 尊重自然规律。在古代,人们相信大自然神秘不可侵犯,对其充满恐惧。如今,随着科学技术力量的快速增长,人类对于环境的依赖和需求越来越多,逐渐开始攫取自然资源。然而,事前责任的前瞻性要求工程师改变这种观念,要求人们尊重自然。在工程设计过程中,应当充分预测可能会对自然环境造成的破坏,尽量减少或中断灾害的发生,使工程活动得以平稳实施。

(2) 坚持实事求是。工程师必须公平、严谨地预测项目的后果,科学地分析各种项目结果,并如实告知业主、客户和公众。如果工程师清楚地知道某个项目的隐患,但选择隐瞒事实并继续实施该项目,显然是没有承担责任。

(3) 追求长远利益。考虑长远利益有利于社会的可持续发展。如果工程师在发现项目设计可能对环境造成损害后仍选择实施项目,显然不是负责任的做法。工程师需要有长远的眼光,对现在、未来和子孙后代负责。

2) 培养工程师的责任自律意识

自律是一个人的自我约束。它不需要客观条件(法律法规)来强制限制自己的言行,而是发自内心,自觉地、积极地按照道德规律行事。自律不是每个人天生的品质,培养自律是一个长期的过程。责任感和自律要求工程师做到以下两个方面:

(1) 增强自我认同感。如果工程师想要完全从内心承担起职业责任,就需要对自己的职业有一种认同感。自古以来,工程实践就与人类的生存息息相关,如打猎和捕鱼时使用的木器和石器,各种自动化生产机械等。现代社会的发展在很大程度上依赖于工程师,工程师必须深刻认识到自己从事的是一个伟大而高尚的职业。通过提高工程师的主观能动性,增强他们的责任感,使他们全心全意、自觉、积极地履行自己的职业责任。

(2) 树立正确的价值观。工程师的自律意识将受到多种因素的影响。例如,利己主义、个人主义和经济利益。因此,工程师必须树立正确的价值观,当个人利益与其他利益发生冲突时,他们不仅要担心自己的利益,还要多方面考量,尽最大努力调整关系,做出正确的价值判断,避免违反职业道德。

2. 加强工程职业组织建设

1) 健全责任追究体制

健全责任追究体制需要明确3个问题：问责的对象、问责的程序以及问责的范围。

（1）明确问责对象。明确问责对象需要弄清对谁负责和由谁负责的问题。很明显，对谁负责取决于工程师的职业责任。在职业道德条款规定的责任中，工程师需要对雇主、客户和公众，以及技术本身和社会生态环境负责。此外，还需要明确由谁问责。当工程师的行为违反其职业责任时，可以由雇主、客户和公众进行问责。当情况较为严重时，则需要由政府有关部门处理。

（2）规范问责程序。合理的问责程序有助于确保问责的公平性和公正性。一方面，要明确工程师的责任，只有落实对个人的责任，责任制才能顺利运行，监理部门才能更快、更明确地开展施工。另一方面，要确定合理的监管体系和调查流程。有必要披露全部或部分调查过程，以确保负责人和监管机构在调查过程中享有知情权。

（3）拓宽问责范围。在明确问责内容和范围的基础上，不断更新，促进问责制度的完善。不仅要追究事后责任，还要追究事前责任。对不认真履行职责、违反相关法律法规的工程师，要进行追责和处罚，以防侥幸心理。

2) 健全保护揭发机制

工程技术人员的揭发行为由3个部分组成：揭发者、信息披露手段和信息接收方。其中，揭发者是指披露信息的现任或前任员工；信息披露手段是指信息的传递渠道，如电话、电子邮件等；接收方是指其信息被传递到特定岗位并有权采取行动的个人或组织。尽管工程师中有一些揭发者，但他们毕竟是少数。这主要是因为揭发者往往面临巨大的压力，雇主可能会对其进行质疑或调查，甚至会使其有失去工作或者受到同事的抵制、质疑和不信任。这些后果对揭发者的影响也是多方面的，可能会对经济、职业、家庭和身心造成伤害。这些因素不仅是揭发者需要深入考虑的因素，也是揭发者需要受到保护的原因。

3. 加强对工程职业的社会监督

1) 创新教学模式

传统的教学方式已经不适应当代社会的人才培养，需要创造一种新的教学模式来适应社会的发展。新的教学方法，如角色解读、案例教学和计算机模拟，应该更多地关注对学生独立思考能力的培养，而不是直接由教师告知"标准答案"。

工程高等教育中最常见的教学方法是项目教学法，它将教学指导与学生观察相结合。从本质上讲，它将理论与实践相结合。另外，还有案例教学法可用于培养工程师的职业道德。在具体案例中，教师帮助学生道德觉醒，做出正确的行为选择。在道德觉醒阶段，教师引导学生认识到责任，认识到做好本职工作的重要性，激发学生的内在意识，培养具有高尚人格的人才。在行为选择阶段，根据形成的正确价值观，摒弃功利主义，遵循人道主义原则,在"好"与"坏"、"善"与"恶"之间做出正确选择。

2)充实教育内容

目前,由于教育的缺失和对自身责任全面认识的缺乏,部分工程师没有深刻认识到自身职业责任的重要性。因此,需要增加以下3个方面的教育内容来提高工程师的责任感:

(1)加强社会责任教育。作为一名工程师,要把公众利益放在首位。在工程师的道德教育中,我们必须强调人道主义原则。在工程活动中,所有的工程设计方案都是为人设计的,工程产品是给人使用的。整个工程项目离不开人。工程师需要在发生事故时挺身而出,尽最大努力想出解决方案和纠正措施,以减少事故的负面影响,保障人的生命财产安全。

(2)加强安全责任教育。安全问题是工程活动中的首要问题,如果在工程实践中忽视安全问题,就可能导致危及公众生命财产安全的灾难性事件发生。因此,加强工程师的安全责任意识是工程师职业道德教育的重要组成部分。工程师不仅要承担技术责任,在工程活动中严格执行施工标准,不偷工减料,保证工程质量,而且要抵制工程实践中的腐败,保障工程产品质量,以追求社会效益,维护社会正常运转。

(3)加强生态责任教育。随着技术的日益发展和创新,工程实践过程中对自然环境的破坏也在增加。工程和环境已经成为一个相互依存的整体。工程师的职业责任不再只是"把工程做好",而是要"做好工程"。在工程师职业道德教育中,要提倡节约自然资源、保护生态平衡、促进人类社会可持续发展的理念。工程活动应努力促进人与自然的和谐共处,不仅要获得经济效益,而且要不损害环境效益,发展绿色工程。

4. 建立相关工程法律制度

1)提高工程活动的透明性

工程师仅仅依靠职业道德来确保工程项目的安全生产和工作质量是远远不够的,因此,我们必须明确与工程师相关的法律责任,用法律的方式规范工程师的行为。

透明性对现代工程活动来说非常重要。在法律层面,应规范工程师行为,告知公众与项目相关的具体细节,通过对话减少公众对未知工程环节的担忧和恐惧,确保公众的知情权,加强工程师与公众之间的沟通。明确项目各环节责任人,落实责任制。加强对各岗位工程师的培训,使每个工程师都能了解自己的专业职责。为了建立更详细的责任制,每个工程师都需要实现实名制,使设计和工程师紧密联系在一起。如果出现问题,必须确定责任人,并明确有效实施责任人和责任人之间的联系。还需要提高工程师的忧患意识,将社会责任纳入工程师的责任范围。

2)提升工程师的话语权

工程师的职业特点使其在工作中拥有独立自主的权利。但由于工程师与雇主之间是雇佣关系,作为公司员工,工程师与其他普通员工没有本质上的区别,只是相关岗位的专家。工程师在签订合同的基础上为业主工作,从而具有相应的权利和义务。工程师为雇主提供服务,双方都有权作出判断。为了更好地完成项目,双方需要考虑对方的判断。当前,工程师仍有很多相关的权利没有得到保障,工程师的职业伦理也没有发挥更好的作用。因此,必须重构工程师与雇主之间的关系,提升工程师的话语权。

▶ 3.4 工程师的职业伦理规范

3.4.1 工程师的伦理责任

1. 伦理责任内涵

从语义上看,伦理责任由"伦理"和"责任"构成。在中国,"伦理"指的是人与人之间的关系,有着"人伦关系"的含义;"责任"是指理性、法律和原则。"伦理"是指人们在相处时必须尊重的真理,或处理人与人之间关系的真理,关注人类社会生活中客观存在的各种社会关系。它是对人类社会关系的一种自然理解,可以理解为实质性的社会关系,"在这种关系中,关系的两部分都以'应该如此'的精神将彼此视为有意识的主体"。伦理责任是伦理关系中两方或多方之间的约定。简而言之,当一种关系发生或存在时,它会伴随着责任的出现,而这种客观关系可以成为伦理责任的内容。

从伦理责任形式的逻辑关系来看,伦理责任有两种形式,一种是"形式形式",即责任存在的形式,但责任主体并未真正实现;另一种是"真实形式",即责任主体有效履行和承担责任的方式。两者的关系是:第一种形式是第二种形式的前提和基础,第二种形式是第一种形式在实践层面上的发展。

从伦理责任所依据的原则来看,它不再局限于某一特定的伦理学派,而是需要整合各种伦理学派的思想体系来指导行动者的实践活动。总之,无论如何整合各种伦理流派的思想,都必须坚持以人为本的原则。

2. 工程师的伦理责任

工程职业的特殊性决定了工程师的伦理责任有其自身的特殊性,这是由项目的本质属性决定的。一般来说,工程活动显然是功利主义的,这往往与项目利益相关者的利益冲突交织在一起。工程师应该基于伦理责任对公众的安全、健康和福祉负责,有效地协调项目利益相关者的利益冲突,并对项目形成的后果负责。这不仅是一个理论问题,也是一个实践问题。

3.4.2 工程师职业伦理规范

1. 责任意识

工程职业伦理规范的首要原则是需要有责任意识,将公众的安全、健康和福祉放在首位,这基于两个因素:一是项目的风险;二是人类的生存需要。风险与工程相伴相生,这使得人们总是处在困境中。在任何情况下,个人都应远离危险,注意安全,保护自己不受项目及其活动可能造成的灾害的影响,尽可能地避免潜在的、未来的和可能对人类生命和财产造成损害的设计风险。工程师的责任意识与其在工程活动中的职业角色相对应,因而在工程活动中工程师或多或少地会做出自我牺牲。

2. 对安全的义务

风险和安全是密切相关的。一般来说,项目面临的风险越高,安全性就越低。因此,工程的安全规定往往与降低风险有关。当公众的安全、健康和福祉受到威胁时,工程师有责任通知其雇主、客户及其他有关当局。工程职业伦理规范中的风险控制不仅要求工程师通过自我反省实现伦理自觉,还需要实际行动。

3. 可持续发展

可持续发展着眼于人类发展的整体和长远利益,将自然纳入人类伦理调整的范围,通过"立法为己"的积极行动,对项目采取限制性发展措施。

工程师职业伦理规范中的可持续发展理念是基于人类在良好的前提下享有的整体发展权,要求工程师主动承担节约资源和保护环境的责任。它强调,项目不仅应关注当前的物质和经济需求,还应关注全球发展、良好生态、丰富生活和基于公众的安全、健康和福祉的和谐未来。

4. 忠诚与举报

举报涉及许多伦理问题,其中一个较为突出的问题是举报是否是工程师对雇主的一种背叛?马丁和辛津格认为,举报"不是医治组织的最好方法,它仅仅是一种最后的诉求"。在进行举报前,应注意以下几个方面:除特殊紧急情况外,首先应当通过正常的组织渠道反映情况和意见;遇到问题时迅速表达反对意见;以通俗易懂、深思熟虑的方式反映情况;通过正式的备忘录或非正式讨论,尽可能让上级了解自己的行动;陈述要准确,保存好记录相关事件的正式文件;与同事商讨,寻求建议,应避免将事情隔离于组织之外,并在此之前向职业伦理委员会寻求建议;向律师咨询潜在的法律责任等。

简而言之,工程师之所以选择冒着职业风险举报,正是因为意识到自己的社会责任。事实上,选择举报也是举报人的无奈之举,而该组织应该对举报负主要责任。

参考文献

[1] Beamon B M.Environmental and sustainability ethics in supply chain management[J].Science and Engineering Ethics,2005,11(2):221-234.

[2] Davis M.Defining "engineer":How to do it and why it matters[J].Journal of Engineering Education,1996,85(2):97-101.

[3] Davis M.Thinking like an engineer[M].New York:Oxford University Press,1998.

[4] 波塞,邓安庆.技术及其社会责任问题[J].世界哲学,2003(6):67-76.

[5] 曹凤月.企业道德责任论[M].北京:社会科学文献出版社,2006.

[6] 戴维斯.像工程师那样思考[M].丛杭青,译.杭州:浙江大学出版社,2012.

[7] 高宣扬.当代社会理论:下[M].北京:中国人民大学出版社,2005.

[8] 哈里斯,普里查德,雷宾斯.工程伦理:概念与案例[M].丛杭青,沈琪,译.北京:北京理工大学出版社,2018.

[9] 李伯聪.关于工程师的几个问题:"工程共同体"研究之二[J].自然辩证法通讯,2006(2):45-51.

[10] 李曼丽.工程师与工程教育新论[M].北京:商务印书馆,2010.

[11] 马丁,辛津格.工程伦理学[M].李世新,译.北京:首都师范大学出版社,2010.

[12] 美国机械工程师协会(ASME)协会政策伦理[EB/OL].(2016-06-30)[2022-01-27].https://www.asme.org/getmedia/9EB36017-FA98-477E-8A73-77B04B36D410/P157_Ethics.aspx.

[13] 美国土木工程师协会(ASCE)伦理准则[EB/OL].(2016-06-30)[2022-1-27].http://www.asce.org/code-ofethics.

[14] 米切姆.技术哲学概论[M].殷登祥,曹南燕,译.天津:天津科学技术出版社,1999.

[15] 苗雨晴.论工程师的职业责任[D].沈阳:沈阳师范大学,2019.

[16] 倪素襄.伦理学导论[M].武汉:武汉大学出版社,2002.

[17] 全国职业工程师协会(NSPE)工程师伦理准则[EB/OL].[2021-06-30].http://www.nspe.org/resources/ethics/code-ethics.

[18] 涂尔干.社会分工论[M].渠东,译.北京:生活·读书·新知三联书店,2000.

[19] 王海明.新伦理学[M].北京:商务印书馆,2001.

[20] 吴启迪.中国工程师史[M].上海:同济大学出版社,2017.

[21] 肖平.工程伦理导论[M].北京:北京大学出版社,2009.

[22] 张华夏,张志林.技术解释研究[M].北京:科学出版社,2005.

[23] 张应杭.企业伦理学导论[M].杭州:浙江大学出版社,2002.

[24] 张永强,姚立根.工程伦理学[M].北京:高等教育出版社,2014.

[25] 朱葆伟.工程活动的伦理问题[J].哲学动态,2006(9):37-45.

[26] 邹海林.专家责任的构造机理与适用:以会计师民事责任为中心[EB/OL].(2006-10-10)[2022-10-03].http://old.civillaw.com.cn/article/default.asp?id=28859.

第4章

安 全 伦 理

4.1 工程安全的内涵

安全,通常被认为是绝对安全,即事故或其他危害确定不会发生,所谓"无危为安,无缺为全"。在工程实践中,绝对理想化的安全很难达到,只能说相对安全或相当安全。马丁认为:"如果一个事物的风险被充分认识后,按照其既定的价值原则被一个理性人判断为是可以接受的,那么这个事物就是安全的。"在此,"理性人"指的是具有其所处环境的完备知识(即使不是绝对完备,也是相当丰富的)、充满理智的人,他既不会盲从、也不会感情用事,能够做出最优,至少是令自己"最满意"的选择;所谓的"充分认识"是指掌握充分的信息,有足够的理性能力来评价这些信息;"既定的价值原则"则是指当事人所持有的价值观。由此可见,对安全的判据,既有事实原则(风险被充分认识),也有价值原则(具有既定价值原则的理性人的判断)。安全被看作可以接受的风险,也就是所带来的损失是在接受范围内的。

所谓的工程安全,有一个简单的定义,就是指能够很好地预防和处理关乎未来的不确定性事件,使工程风险给工程活动的行动者带来的损失处于可容忍的状态。工程安全,可分为生产安全、公共安全和环境安全等。作为工程安全对立面而存在的工程安全问题,简单地理解,就是安全出了问题,处于不安全状态。工程安全问题,小到一般的危害、事故,大到工程灾难,既有潜在的、隐性的,也有现实的、显性的。工程活动是"人为"和"为人"的活动,关系人的安全、健康和福祉,而风险又是工程的内在本质属性。因此,任何工程都应该高度重视安全问题。陈昌曙也曾指出:"工程活动的过程和结果往往是不很确定的,工程有或然性和风险性,工程必须有安全系数的考虑和留有余地。"工程活动中,"用户及公众面临何种风险""谁来确定可接受风险""怎样规避不可接受风险"等,这些问题蕴含着复杂的伦理关系,都不是简单地运用科学技术手段就可以解决的。

4.2 工程安全问题的伦理成因

工程活动是利益相关者的组合。在工程活动中,工程师、投资者、管理者、工人以及公众等利益相关者围绕共同的问题、共同的利益和共同的目的结成联盟。其中,工程安全问题就是工程利益相关者要处理的主要问题。如何最大限度地规避风险,维护工程安全,使其符合工程利益相关者的共同利益,是他们共同的责任。探讨工程安全问题的伦理成因,既需要工程师维度的分析,也需要从其他利益相关者维度进行研究。

1. 工程师维度

工程师是经过特殊训练的专家群体,拥有专门知识。在工程活动中,工程师既是技术上的权威,也是道德上的领导者,在工程的质量和安全方面最有发言权。对于规避风险、解决工程安全问题,工程师应负主要责任。从工程师维度出发,工程安全问题的伦理成因主要有以下3点:

1)工程师狭隘的名利观影响工程安全

狭隘的名利观是功利主义影响下的价值观的一种表现形式。在经济活动领域以及在从事技术活动的工程师队伍中,功利主义也是最普遍、最典型的个人价值观,而且"在工程师的职业伦理中,功利主义的价值观发挥着重要作用"。对社会整体而言,功利主义主张综合效益最大化作为行为选择依据,但这种所谓"效益最大化"的计算和权衡是难以做到的,且容易遮蔽长远利益和整体利益,而只关注眼前利益和局部利益;对工程师个人而言,这种功利主义的计算方法,容易激起其对物质利益的片面追求,从而导致狭隘的名利观,扭曲工程师的价值理性,阻碍工程师之间的合作、交流。

(1)狭隘的名利观会扭曲工程师的价值理性。工程师的价值理性,是指工程师对于是否应避恶从善,是否应具备一种好的品格和好的形象等重大价值问题的选择能力。马克思曾指出:"人们为之奋斗的一切,都同他们的利益相关。"工程师往往受雇于政府部门或者企业,正是在"利益"驱动下,推动技术进步和展开工程活动的。工程师追求个人名利本无可厚非,但这种追求必须适度,过分追求社会名誉和物质利益,就会使物质欲望在人的价值观中占据主导地位,导致不正确的义利观,进而扭曲工程师的价值理性,在事关公众安全的重大价值问题上难以做出正确的选择。就工程安全而言,"灾难的避免并不仅仅在于职业人员履行了他们的责任,还在于他们做了多于所要求做的事情"。工程师不仅要履行自己的底线责任,合理关照工程的社会后果,而且最好能够有"善举"。所谓工程"善举",就是在工程活动中工程师做了高于或超出责任所要求的事情,即承担了超出职责的额外责任。正如美国哥伦比亚大学教授史蒂芬·安格尔所说:"过去,工程伦理学主要关心是否把工作做好了,而今天则要考虑我们是否做了好的工作。"只有做了"好的工作"(从某种意义上说,这就是工程师的"善举"),才能尽可能规避工程风险。然而,过度的名利追逐和扭曲的价值理性,不仅使工程师很难做出"好的"工程,甚至要求他们把工程"做好"都是困难的。一方面,一些工程师在工程实践中难以抵御各种物质利益的诱惑,可能做出违背雇主或公众利益的选择,违反诚实原则,接受贿赂或回扣,偷工减料,损害工程质量等。另一方面,工程师的技术知识是专门知识,普通人难以理解。技术知识的隔阂影响了人们对工程师职业利益获取的正当与否的判断。这就为一些工程师在工程实践中利用技术手段非法牟利提供了可能。为了狭隘的名利,他们可能会弄虚作假,而忽视工程活动中的安全隐患。近年来,我国发生的工程安全问题,开发商、承包商的利欲熏心和相关人员的腐败固然是其重要原因,但一些在名利面前妥协的工程师也难辞其咎。

(2) 狭隘的名利观会阻碍工程师之间的合作、交流。在现代社会中,工程活动不单是技术应用或技术集成的过程和结果,它还融合了经济、政治、文化、生态、伦理等诸多要素。工程的这种技术复杂性和社会关联性,使得工程师虽拥有专业知识,在进行决策、设计时也会出现错误。尽管工程允许出错,但错误的累积往往会导致重大工程事故的发生。通常情况下,成功的案例中或许看不到严峻的安全问题,但在失败的案例中,问题就会一目了然。因此,工程师不仅要经常总结过去的经验教训,不断地反思他们早期的工程设计和工程运行结果,善于从失败中总结经验教训,而且还要向同行学习。然而,现实总是不尽如人意。一般而言,工程师同行之间首先是竞争关系,其次才是合作关系,而合作的关键又在于正确地对待名利和地位。然而,在狭隘的名利观影响下,工程师总是对失败的结果避而不谈,彼此之间的利益冲突也难以协调,加之缺乏有效的对话、交流渠道,阻碍了技术、思想的自由交流,以致造成类似的安全事故重复发生。1970年6月2日,英国威尔士米尔福德港口大桥在建时垮塌,同年10月,澳大利亚墨尔本由同一家桥梁建设公司建造的类似设计的桥梁也发生了垮塌。

2) 工程师的责任、利益冲突引发伦理困境

在功利观上,工程师和科学家一样,既有狭隘的为个人求生计、谋财富的"小我"的功利动机,也有为人类谋福利的"大我"的功利追求。在工程实践中,不仅工程师与雇主之间存在着利益纠葛,而且工程师自身还存在着多重角色责任冲突。这种冲突和纠葛的激化,往往使工程师陷入两难抉择的伦理困境。

(1) 工程师面临与雇主之间的利益冲突。在工程活动中,由于工程师和雇主所处地位、价值观以及利益取向不同,对工程安全问题的关注程度也往往不一致。雇主作为商人,经济利益最大化是其首要的追求,在工程活动中更多地关注如何降低成本,而较少关注安全;而工程师更多地从技术角度关注工程质量和安全。雇主与工程师的伦理冲突难以避免,忠诚于雇主还是对公众的安全负责,往往把工程师推向两难选择的伦理困境,在实现"大我"的功利追求和维护"小我"的利益选择上陷入矛盾境地。美国学者肯尼思·D.

阿尔珀恩指出："工程师有责任做出个人牺牲,来唤醒公众对有缺陷的设计、有疑问的实验、危险的产品的注意……这使得工程师是一定意义上的道德英雄。"如果维护公众利益的决策总能带来个人回报,或者至少不需要工程师做一个"道德英雄",合乎道德地行事是容易的,工程师会积极、有效地促进"大我"的功利追求。然而,一旦雇主的行为危害公众安全,寻求"创造性的中间方式"无法解决,选择进行举报则意味着工程师为做出"正确决策"而丢失工作和损失财产的附带后果。毕竟举报将损害职业组织声誉,会遭到同行指责,意味着工程师对雇主的"背叛",影响其职业前途或失去工作,更严重的会威胁到自己的生命安全。2010年,广东穗监公司高级工程师钟吉章向公众揭发广州地铁三号线存在安全隐患。由此,他受到排挤,调离工作岗位,并且多次遭到恐吓、威胁。工程师布鲁德尔因揭发海湾地区快速运输系统存在安全隐患而被解雇,并被列入黑名单,后又被迫卖掉房子偿还贷款,并失去了原本幸福的婚姻。一些研究表明,在美国,大约有1/3的工程举报者遭受过严厉的批评,被惩罚性地转岗或失去工作,甚至被列入黑名单。

(2) 工程师面临自身的角色责任冲突。工程活动中,工程师往往身兼数职,承担多种角色,既是工程技术人员,又可能是投资者、管理者,肩负多种价值诉求,面临多重角色责任冲突。作为工程技术人员,工程师要按照技术标准、工程标准去设计、施工,要更多地考虑安全;而作为投资者、管理者,工程师可能较多地考虑节约成本,提高效率。"科学和商业有时要把工程师推向对立的方向。"1986年,在美国"挑战者号"悲剧中,作为莫顿-瑟奥科尔公司(Morton Thiokol)监理工程师和副总裁的罗伯特·伦德,在"挑战者号"航天飞机发射前就面临着这种角色责任冲突和伦理选择的困境。

3) 工程师职业伦理规范难以引导和调控工程实践

职业伦理规范不只是好的忠告或对好的愿望的陈述,它还是一种社会调控机制,一种协调日常职业行为的方法。然而,事实上工程伦理规范有别于法律及其他外部权威,没有约束工程行为的权力,也很难引导和调控工程实践。

(1) 工程伦理规范包含了许多人的经验和智慧,其运行具有相对独立性。从规范的形成和发展过程看,工程伦理规范总是随着工程实践的变化而处于不断的修订中。然而,工程伦理规范的发展变化并不能与工程实践保持同步,表现出了很大的滞后性。譬如,美国土木工程师协会(ASCE)的伦理规范是美国历史最悠久的伦理规范之一,它的制定和修订是一个复杂而充满艰辛的过程。1852年,ASCE即宣告成立。然而,正式规范的采用是近现代的事情,直到1914年,ASCE才出台了它的第一部规范。最早的ASCE规范和行业规章差不多,只是简单罗列了工程师之间以及工程师与客户之间的行为规则,不足以为工程师处理复杂的工程实践关系提供指导。此后,这一规范经过多次修订,但多次修订后的规范仍然淡化了土木工程对环境安全的影响,对可持续发展的规定也十分模糊,严重滞后于工程师的实践需要。

(2) 在美国,工程师有150多个专业协会和团体,而且几乎每一个协会和团体都为工程师制定了独立的伦理规范。然而,所有这些规范没有一个是"行业"规范。目前,在美国,美国国家专业工程师学会(NSPE)章程、美国工程技术鉴认协会(ABET)章程以及电子电气工程师协会(IEEE)章程普遍成为工程师的伦理基准。但是,过于复杂多样的工程伦理规范,增加了工程师按照规范行事的困难,往往使工程师无所适从。譬如,一个拥有注册工程师资格的IEEE成员,就要遵守上述3部伦理规范章程,那么究竟应当按照哪一个章程行事?尤其是当一个章程所允许的行为为其他章程所禁止时——如ASCE的伦理规范禁止工程师接受任何额外的报酬,而AIEE(美国电机工程师协会)的章程则允许工程师在取得客户同意的情况下接受额外报酬。在这种情况下,期望得到伦理规范指导的工程师,往往会陷入伦理选择的困境。

(3)职业伦理规范尽管其描述语言类似于法令,但事实上,这种规范还停留在启迪心智、唤起良知的层面,并最终导向道德自律。美国学者约翰·拉德认为:"规范的潜在目的是仿照法律对行为制定某种形式的控制。"然而,伦理规范缺乏像法律那样的制裁机制,不能运用惩罚手段来强迫行为主体遵守规则,只能通过鼓励、期待、表扬或批评的途径来影响主体。由此,工程师如果违背伦理规范,是不太可能被组织开除或撤销执照的。更何况在美国无论丧失ASCE的会员资格,还是失去职业工程师执照,都不会影响工程师在其专业技术领域继续工作。因此,缺乏制裁机制,很难保证伦理规范的遵守。

总之,在工程实践中,职业伦理规范只能提供普遍的、原则性的指导,期待规范能够精确地给出每一个工程师所遇到的实际问题的答案是不可能的。职业伦理规范只会强化诸如忠诚于雇主还是对公众负责的伦理困境,并不能给出解决伦理问题的答案。不仅如此,由于工程师职业伦理规范的标准较低,按照规范去行事,只能尽到最基本的责任,而不是尽其所能地做到最好。此时,职业伦理规范往往成为一些工程师掩盖其不道德或不负责任的行为说辞。

2. 其他利益相关者维度

由于工程活动内部技术的复杂性和外部关联性,工程安全涉及政治、经济、文化、社会等诸多因素。实践证明,任何一次工程事故,都绝非工程师的个体责任,而是利益相关者的集体责任。当安全受到威胁时,投资者、管理者、工人和一般公众等利益相关者也面临伦理困境,需要承担相应的伦理责任。

1) 投资者维度

任何工程活动都必须有一定的资本投入,投资者成为工程活动中必不可少的直接利益相关者。从工程伦理学的角度看,投资者是资本人格化的表现。一个多世纪前,投资者在某种程度上等同于资本家。今天,投资的方式已有很大改变,投资者的类型和数量也发生了很大变化,既有大的投资者,也有作为普通投资者的"股民"和"基民"。投资者尤其是大投资者对工程活动的决策、实施和管理起着主导性的作用。投资者不仅要对企业的生产、发展承担领导责任,而且对企业的生产安全和公共安全也负有责任。投资者既是一个追求利润的"经济人",又是一个"社会人""伦理人",要承担一定的社会伦理责任。投资者必须努力兼顾和协调"经济人"和"伦理人"两种角色,否则就会不可避免地沦为"单面人"。而在现实的工程活动中,投资者经常会置自己于弱势的"单面人"的境地。他们对工程活动投入了大量资本,因此,较其他的利益相关者,更关注工程经济利益的获取。对于工程目标的实现,他们看重经济目标,通常进行成本—效益分析。为了降低成本,获取更大的收益,投资者会挖空心思、千方百计地降低工程造价。一方面,他们会通过鼓励技术革新和加强工程管理等正当途径,来节约成本,提高效益。然而,使用新技术的高风险性,在某种程度上也增加了工程风险。另一方面,他们会以牺牲他人利益的途径来节约成本,人为削减工程的必要投资。"降低成本的含义被解释为使用劣质材料和使用技术差、设备差的廉价施工队伍,致使劣质工程泛滥成灾。"这样就无法保证工程质量和工人的劳动条件,也无法保障施工安全。国外发生的许多重大工程安全事故,都与人为削减必要投资、使用劣质材料和不良技术,甚至偷工减料以降低成本有关。我国发生的许多重大的煤矿事故,也大多是安全投入长期欠账造成的。

2) 管理者维度

管理者负责工程的组织、计划和实施,以保证工程目标的实现。管理者不仅要从组织制度上统筹安排人力、物力和财力,以解决工程活动中诸如利益分配等各种矛盾,保证工程的顺利开展,承担起相应的经济责任和社会责任,还要对工程活动进行安全监督管理,承担相应的安全伦理责任。他们应当熟悉并遵守国家有关安全生产的法律、法规,处理好安全与生产、安全与效益的关系,牢固树立"以人为本"的安全价值观,把保证工程质量、维护公众安全视为底线责任。然而,理想与现实之间总是有差距的,管理者习惯于视自己为组织的守门人,对组织的经济利益有很强的甚至高于一切的关注,很少能够超越他们对组织所认知的责任的职业忠诚,而认真地思考伦理问题。在工程活动中,管理者往往比较关注利益和收益,倾向于从宏观的角度考虑收益与风险、成本与风险的平衡,强调对企业组织的忠诚,而相对轻视工程安全。譬如,在"挑战者号"事件中,莫顿-瑟奥科尔公司高级副总裁杰瑞·莫森过分关注组织利益,对监理工程师罗伯特·伦德说:"摘下你作为工程师的帽子,戴上你作为管理者的帽子。"他要求工程师罗伯特·伦德从管理者的视角看问题,而对工程师关于"O形环"安全问题的判断不予重视,结果酿成灾祸。

3) 工人维度

(1) 工人在工程活动中,身处工程活动的第一线,是直接"在场"的整个活动实施的操作者。工人既是工程活动的主体,又是受工程师支配和控制的客体。工程师出于其自身知识的局限性,以及对安全问题认识的狭隘性和偏好性,往往会造成工程设计的不完善。技术史家莱顿指出:"从现代科学的观点看,设计什么也不是;可是,从工程的观点看,设计就是一切。"作为工程活动的具体实施者和操作者,工人最易于发现工程设计的缺陷。面对工程师的设计缺陷,考虑到工程师的个人名利,工人是勇敢地指出还是保持沉默?工人往往最早发现工程活动中的安全问题,他们最容易发现工程运行中的安全隐患和已经存在的安全问题。出于职业责任考虑,他们有义务将潜在和显在的安全问题向工程师和有关部门揭露。此时,工人们会感到:"这世界可能是残酷的,一个人可能已经倾其全力,但是他最后依然要在举报自己的组织或者保持沉默并使自己遭受良心的谴责之间做出某种选择。"

(2) 作为操作者的工人既是工程活动的主体,也是工程安全问题最直接和最严重的受害者。1907年横跨圣劳伦斯河的魁北克大桥倒塌,70多名工人被夺去生命。工人是在许多方面都处于弱势地位的利益相关者:他们在政治和社会地位上处于弱势,没有多少发言权;在经济上,利益得不到保护,如工资被拖欠的问题。更为严重的是,工人往往直接承担工程风险,其人身安全得不到保障。工程伦理章程一般"只保护工程师免遭不公正待遇,而并不包括保护所有工人合作者"。谁能、谁愿、谁应该帮助处于弱势地位的利益相关者的工人?谁来维护工人的权益?是我们亟待解决的现实问题。从当前中国工人的状况看,国有企业工人的安全意识和维权意识较强;而私营、民营企业雇佣的工人,尤其是农民工,其安全意识和维权意识较差。

4) 公众维度

普通公众也是工程尤其是大型工程活动的利益相关者。公众虽然没有对工程活动直接投入,却是工程安全问题的间接甚至直接受害者。许多公共安全问题都可能会对公众产生难以消除的危害和负面影响(如切尔诺贝利核电站事故)。公众要想保护自己免受工程安全问题的威胁,就应拥有对工程安全问题的知情同意的权利。对于受到工程风险影响的公众,工程师有义务告知他们相关的信息,使他们获得能够作出合理决定。在享有权利的同时,公众也有责任对工程活动进行监督,发挥舆论监督的力量,及时向有关部门和媒体揭露工程安全问题,以使安全隐患消灭于萌芽状态,防患于未然。然而,由于制度伦理匮乏,对话、协商伦理机制的不健全,导致公众的安全监督很难发挥实际作用,往往只能流于形式。

工程活动离不开工程共同体,而工程共同体是一个存在着多种复杂的经济利益和价值追求的利益共同体或价值共同体,由有着不同利益和价值追求的利益相关者组成。这些利益相关者之间,可能存在共同利益,形成合作、共赢关系;也可能存在利益博弈,构成矛盾、冲突。而且这些矛盾、冲突也经常导致伦理问题。

4.3 维护工程安全的路径选择

工程活动是一项广泛影响公众的社会活动,工程安全问题的频繁出现促使人们意识到,工程师不仅要有高超的知识和专业技能等实用理性,还要具备关涉伦理素养和道德水准的价值理性,而且,价值理性并不是依赖实用理性就可以得到提升的。维护工程安全主要包括以下4种路径:

1. 立足工程伦理教育,完善和提升工程师的道德素养和伦理意识

工程活动中,工程师是技术的创造者和监管者,对工程安全最有发言权;工程活动中的一切负面后果尽管不可能、也不应该由工程师全部负责,但工程师要负主要的、特殊的责任。要成为一个尽责的工程师,也就是(本质上)要成为一个有道德的工程师。工程师的道德素养,尤其是工程良心的内在信念及其对公众安全和环境安全的道德敏感性,是与工程安全成正比的。工程师要把工程的安全规范转化为个人的内在信念,并据此形成规范,约束自己的工程活动,就必须接受社会伦理教育,尤其是工程职业伦理教育。目前,工程伦理教育在西方社会,尤其是美国已经非常普遍。美国几乎所有的工科大学都不同形式地开设了工程伦理课程。近年来,我国也高度重视推进工程伦理教育。目前,国内高校已陆续在理工科硕士研究生中开设工程伦理课程,但对工科大学生的工程伦理教育还十分欠缺,只有为数不多的一些高校,如清华大学、北京科技大学、西南交通大学等开设有工程伦理课程,但其教育教学模式也有必要进一步创新。伴随着中国成为《华盛顿协议》正式成员国,我国的工程教育要与国际接轨,亟须完善和提高大学生工程教育质量,必然也会进一步加强和推进工程伦理教育。因此,当务之急,应结合教育部的"卓越工程师教育培养计划",切实贯彻工程伦理教育的目标和要求,不仅要培养一大批创新能力强的各种类型的工程技术人才,而且要注重培养他们的伦理意识和道德素养,以适应经济社会全面发展的需要。更进一步而言,也是更为重要的,我们要加强对已获得从业执照的工程师的继续教育,因为他们是工程实践的指挥者和直接操作者,与公众安全的关系最为密切。政府应该对从业工程师推行强制性的终身教育,使他们能够及时"充电",掌握变化之中的技术标准和安全规范。这种终身教育应增加工程伦理内容,融入"耻"感教育,使工程师"知耻""有耻",以完善其自身的道德人格,摒弃狭隘的名利观,有效规避工程风险。

2. 建立和完善维护工程安全的制度伦理环境

所谓的制度伦理环境,就是指通过一定的制度建设和制度安排为人们提供的道德养成和道德遵守的社会现实条件的总和。制度伦理环境为道德主体进行道德活动提供社会空间,它主要包括两方面内容:一是为人们提供道德选择和价值判断的各种经济、政治和文化的体制、政策、法规等本身所具有的道德原则和价值导向;二是为了以强制性力量保证人们对伦理规范的共同遵守而把一定社会的伦理原则和道德要求提升为制度乃至法律规定。要保证工程师道德自律意识的养成和工程伦理规范的遵守,就必须在道德教化的基础上强化制度伦理规约。只有通过法律和制度的手段对不道德或不负责任的行为实施有效的约束和制裁,把工程师的行为限定在制度所要求的道德范围之内,才能切实地保障工程师在追求个人利益时不损害公众的安全利益。

总体而言，建设和完善制度伦理环境是一项复杂的社会系统工程。维护工程安全的制度伦理环境建设，其根本任务是将工程活动中最基本的伦理原则和规范纳入制度建设的框架，使道德要求上升为制度要求，把主要依靠工程师自我德性和良心的力量来维系的行为自律转化为主要依靠制度的强制力来保证的社会控制。就此而言，建设和完善制度伦理是制度伦理环境建设的核心。所谓的建设和完善制度伦理并不是在法律体系之外再建立一套伦理化的制度，而是要求涉及工程实践的任何法律制度建设都必须体现工程职业伦理的道德精神和基本原则，使道德上的公平与平等得到法律上的肯定，在对工程师提出必须遵守的最基本的道德要求的同时，借助一整套带有强制性的制度措施来保证这些原则和要求的执行。第一，要建立健全工程法规和各个国家、地区以及各行业协会和专门组织的工程伦理规范，避免伦理规范与工程实践的脱节，克服不同规范之间的冲突。第二，要加大制度伦理规约的执行力度，通过"扬善"对工程师的"善举"和工程举报给予物质上和精神上的支持与鼓励；通过"惩恶"对工程师的不道德行为予以制度上的限制和制裁，使其为损害工程安全或公众利益的行为付出代价。

3. 健全协商、对话的伦理机制

尤纳斯认为："我们每个人所做的，与整个社会的行为整体相比，可以说是零，谁也无法对事物的变化发展起本质性的作用。当代世界出现的大量问题从严格意义上讲，是个体性的伦理所无法把握的。'我'将为'我们'、整体以及作为整体的高级行为主体所取代。"对于工程安全问题，不仅涉及工程师的个体性伦理，而且关系所有工程利益相关者的团体性伦理。由于不同利益相关者各自利益要求的伦理基础不可通约，在强调尊重各自伦理观差异性的基础上，可以以"交往理性"的"思"与"路"来克服"工具理性"的弊端，从而在没有内外制约之下达成相互理解的沟通。以"交往理性"为基础的交往行为体现着"主体间性"关系。正如哈贝马斯所言："有了主体间性，个体之间才能自由交往，个体才能通过与自我进行自由交流而找到自己的认同，也就是说，才可以在没有强制的情况下实现社会化。"在工程利益相关者之间，应建立起其目的不是控制和利用的自由、平等的协商与对话机制，以促进工程师之间以及工程师与其他利益相关者之间的协商与沟通。通过协商与沟通，工程的利益相关者在不牺牲自己利益的前提下，灵活调整自己的伦理理念以适应他者，公正分配工程活动中的利益与风险，协调彼此之间的利益关系。

4. 建立和完善公众参与工程决策的伦理机制

"工程直接关系大众的利益和社会福祉，工程绝不是、也绝不能成为一个被专家垄断的领域，工程活动必须得到公众的理解，也必须有公众的参与。公众作为重大工程创新的利益相关者，有权参与有关工程创新的决策和实施过程。"公众参与工程的决策和实施过程，不仅能以其"地方性知识"来弥补专家知识的不足，还能将工程师关注工程安全的信息和要求,传递给工程的管理者或公司的领导层,从而减少管理者和工程师之间的直接冲突。公众对于工程的支持和理解,将是工程活动的强大动力,而公众对于将承受的风险有知情同意的权利,工程师有义务告知受到风险影响的公众所需要的信息,使他们能够根据所获得的信息做出合理决策。这就需要在公众和工程师之间展开充分的对话。而要保证公众与工程师之间的对话与交流顺利进行,就必须建立共同的话语平台。对公众而言,必须提高自身的工程技术素养,因为工程知识是较为专业的知识。调查研究表明,工程信息较为复杂,公众听不懂,公众普遍认为了解工程知识很重要;公众对工程有自己的看法,但是没有反映的渠道。提高公众的工程技术素养可采取相应措施:从短期来看,加强工程职业协会的合作,以互联网为依托,实施媒体教育计划,制作电视宣传节目,举办高水平论坛,举行系列讲座和展览等;而从长期来看,则必须依靠学校教育,提高公众的知识水平和理解能力。公众理解工程达到一定水平后将激起其参与工程决策的兴趣。因此,要建立和完善公众以多种方式参与工程决策的伦理机制,保障公众通过网络、电视、报刊等传达交流信息,鼓励公众通过开展志愿活动、实地考察等方式,积极参与到工程建设中去。

参考文献

[1] Layton E T. The revolt of the engineers[M].Baltimore:The Hopkins University Press,1986.

[2] Martin M W. Creativity: Ethics and excellence in science[M].Lexington:Lexington Books,2008.

[3] 戴维斯.像工程师那样思考[M].丛杭青,译.杭州:浙江大学出版社,2012.

[4] 甘绍平.应用伦理学前沿问题研究[M].南昌:江西人民出版社,2002.

[5] 哈里斯,普里查德,雷宾斯.工程伦理:概念与案例[M].丛杭青,沈琪,译.北京:北京理工大学出版社,2018.

[6] 李伯聪.微观、中观和宏观工程伦理问题:五谈工程伦理学[J].伦理学研究,2010(4):25-30.

[7] 马丁,辛津格.工程伦理学[M].李世新,译.北京:首都师范大学出版社,2010.

[8] 米切姆.技术哲学概论[M].殷登祥,曹南燕,译.天津:天津科学技术出版社,1999.

[9] 王前,朱勤.工程共同体中的工人[M]//殷瑞钰.工程与哲学(第1卷).北京:北京理工大学出版社,2007.

[10] 肖平.工程中的利益冲突与道德选择[J].道德与文明,2000(4):26-29.

[11] 殷瑞钰,汪应洛,李伯聪,等.工程哲学[M].北京:高等教育出版社,2007.

[12] 张云龙.交往与协商:工程伦理的一个新向度[J].浙江社会科学,2008(3):69-74.

第5章

大数据伦理

5.1 大数据的特征与伦理挑战

5.1.1 大数据的基本特征

一般用3个特征来定义大数据：数量、种类和速度。如今存储的数据数量正在急剧增长。在2000年，全球共存储了8×10^5PB的数据。到2020年底，这一数字已达到35ZB，甚至很多企业每小时就会产生数TB的数据。

如今我们正深陷在数据之中，例如，打开你的智能手机就会生成一个数据；当你乘坐的地铁到站开门时，也会生成一个数据；检票登机、打卡上班、手机听歌、更换电视频道、缴纳高速公路通行费等，都会生成数据。现在的数据比以往更多，仅仅从个人家庭电脑的TB级存储容量即可看出。从术语"大数据"也可以看出，我们的社会生活正面临着过量的数据。不知道如何管理这些数据的组织会疲于应对它。但大数据技术使得我们可以通过使用正确的技术平台，分析几乎所有的数据。有关数据量的对话已从TB级转向PB级，并且不可避免地会转向ZB级，而其中很多数据都不能存储在传统的系统中。

1. 多样性

与大数据现象有关的数据量为尝试处理它的数据中心带来了新的挑战，数据的种类逐渐多样化。随着传感器、智能设备以及社交协作技术的快速发展，企业中的数据也变得更加复杂，不仅包含传统的关系型数据，还包含来自网页、视频、搜索引擎、社交论坛、电子邮件、文档、主动和被动系统的传感器数据等原始、半结构化和非结构化的数据。而且，传统系统可能很难对这些数据进行存储和执行必要的分析，因为我们日常所生成的许多信息并不适合传统的数据库技术。

简而言之,从传统的结构化数据,到包含原始、半结构化和非结构化数据,所有类型的数据已发生一种根本转变。传统的分析平台无法处理多种数据。但是,企业的运转离不开从各种类型的可用数据(同时包括传统和非传统的数据)中获取和洞察有效信息的能力。

2. 数据的速度

就像我们收集和存储的数据量和种类发生了变化一样,生成和需要处理数据的速度也在变化。对速度的传统理解通常考虑数据多快到达并进行存储,及其相关的检索速率。尽管快速管理所有数据没有坏处,并且我们查看的数据量会受数据到达速率的影响,但我们相信速度的概念实际上远远比这些传统的定义更复杂。

要理解速度必须从数据产生之时开始。不要将速度的概念限定为与人们的数据存储库相关的增长速率,我们建议动态地将此定义为数据流动的速度。毕竟如今的企业正在处理PB级数据而不是TB级数据,而且RFID(radio frequency identification,射频识别)传感器和其他信息流的增加导致了传统系统无法处理的持续的数据流。

有效处理大数据需要人们在数据变化的过程中对它的数量和种类执行分析,而不只是在它静止后执行分析。包括从跟踪新生儿健康状况到金融市场的各种示例,在每种情形下,人们都需要以新的方式处理不同数量和速度的数据。

3. 数据存储

当人们在考虑数据应该存储在何处时,不仅需要理解数据如今的存储方式,以及人们的持久化选项有哪些特征,还应考虑将数据存储在传统数据仓库中的体验。通常这些数据会经历严格的审查才能进入仓库。仓库的构建者和使用者总是认为他们在仓库中看到的数据必须具有很高的质量。因此,在准备用于分析之前,会通过清理、扩充、匹配、术语库、元数据、主数据管理、建模和其他服务来整理数据。显然,这可能是一个昂贵的流程。鉴于这一流程的开支,处于仓库中的数据显然不仅具有高价值,还具有广泛的用途,可以被传输到许多位置,如用于数据的准确性要求很高的报告和仪表板中。

经验表明,在当今的IT领域,特定的数据片段是基于所认识到的它们的价值而存储的,因此,除了这些预先选择的部分数据外,任何信息将不可用。Hadoop中的数据可能在目前看来价值不高,或者它的价值未得到量化,但它实际上可能是潜在的问题的关键所在。IT部门挑选高价值的数据,并执行严格的清理和转换流程,因为这些数据具有很高的字节价值。

大数据平台允许人们将所有数据存储为其原生的业务对象格式,通过可用组件上的大规模并行性获得其价值。为满足人们的交互式导航需求,人们可以继续挑选来源,清理该数据,或将数据保留在仓库中。人们可通过分析更多数据(甚至是最初看似毫不相关的数据)来获取更多价值,为所遇问题创设更可靠的情况。的确,数据可能在Hadoop中存在了很长时间,当人们发现它的价值,并且它的价值得到证明并可持续时,就可以将其迁移到仓库中。

我们还可以金矿进行类比来阐述本部分的要点。在很久以前,矿工可实际看到金块或金矿脉,他们能清楚地认识到它的价值,并且在曾经发现金矿的位置附近挖掘,希望发一笔横财。尽管这里地下可能埋藏着更多的黄金,但他们用肉眼无法分辨,这就成了一个赌博游戏。淘金者疯狂地在发现黄金的地方附近挖掘,但不知道是否会找到黄金。尽管历史上有许多"淘金热"的故事,但没有人会调动数百万人来挖掘每个角落。如今,大数据的运作与淘金的运作方式大不相同。对"金矿"的挖掘需要巨额资本的设备来进行,用于处理数百万吨无用的泥土。也就是说,现在金矿中的大部分黄金是肉眼看不到的。尽管所有高价值数据的"黄金"都在低价值的"泥土"数据中,但通过使用正确的设备,人们可以经济地处理大量"泥土"并筛选保留其中的"金箔"。然后将"金箔"集中在一起制成"金条",存储并记录在安全、受到严密监视、可靠且值得信赖的地方。这就是大数据的真正含义。

人们无法承担在传统流程中对所有可用数据进行筛选的成本,有太多的数据具有太少的已知价值和太高的冒险成本。大数据平台为人们提供了一种经济地存储和处理所有数据的方式,以便找到有价值且值得利用的信息。而且,因为我们探讨的是对静止和移动数据的分析,所以人们不仅可通过大数据平台获取有价值的实际数据,还可以实时、快捷地分析和使用这些数据。

5.1.2 大数据的伦理风险

随着大数据科学的发展,大数据伦理成为当前信息伦理学研究的热门领域。与数据本身相关的伦理挑战主要关注于数据收集和使用中可能出现的问题。随着数据的不断生成和存储,大数据科学面对的数据量急剧增加,大数据科学家经常通过加工多个不同的数据源以获得新的知识。但是,数据的收集和使用会带来许多潜在的伦理难题。其中,最核心的伦理风险包括以下4个方面。

1. 数据隐私风险

个人与群体的数据隐私是大数据领域最需要关注的伦理问题,这个问题之所以复杂,是因为其中涉及许多权利和义务问题,比如分享权、信息权、所有权,以及数据公开义务、保护责任等。这既包括个人具有选择与他人分享信息和数据的权利,也包括个人或组织应该向其提供特定数据的义务;既包括个人选择发布的内容,也包括他们控制与谁共享这些数据的权利。隐私问题牵扯许多方面,其中最重要的问题是个体是否应具有控制其数据的能力,以及控制的程度。对于所有权问题,其核心内容不仅关注谁具有数据的所有权,有哪些数据权利可以转让,还关注谁应该具有接收此类数据的义务。

聚合和链接数据的能力使人们能够合并多个数据集,并创造出新的分析能力,但是不同信息源的链接会损害到某些人的隐私。例如,通过利用公开使用的邮政编码、出生日期和性别等数据,就能够非常便捷地从匿名数据中识别个人的身份信息,其准确度可以达到87.1%。有大数据公司号称可以采集到任意指定网站或者软件的访客手机号,甚至宣称这里"有你所需要的一切"。可以想象得出,这种汇总和链接数据的影响,以及从该信息中产生隐私泄露的能力,远超过其他领域的影响。另如,许多学校在公布类似获奖名单数据时,并未认识到这种数据公开后有可能给诈骗分子提供据此重新识别身份信息的机会,很多时候也未理解这种重新识别的原因,这表明其缺乏对其中伦理问题的了解。可见,大数据从根本上改变了我们对数据的理解,(至少在理论上)它是无限可连接、无限可重复使用、可连续更新,并且很容易从收集环境中移除的。因此,有必要在个人隐私保护方面,对个人数据和大数据进行分类,设立隐私保护专家,确保数据开放过程中及时掌握和普及最新的隐私保护措施,同时执行个人隐私影响评估工作等。

2. 数据滥用风险

具有数据收集权并不代表具有其所有使用权,也就是说,能够访问或收集数据并不意味着使用该数据是合乎道德的。例如,当前许多软件在使用时通常会提醒用户允许软件获得其昵称、位置、账号等信息,这也许会有利于软件的使用和用户统计,但是为用户带来了隐私泄露的问题,各个程序的数据汇集会带来巨大的隐私泄露隐患。此外,还有"上游道德问题",例如对于以往的数据收集者,大数据技术会引入一些新技术,这些变化影响数据收集的方式,并进而影响数据的访问、使用和保存。不幸的是,收集到的个人数据经常被有意无意间用于超出其范围的途径,而这就侵犯了当事人的隐私。

虽然应用软件在获取用户数据之前,会让用户签署同意公开使用协议,并附有大段的法律约束文字以供阅读,其中包括同意软件商在一定范围内使用用户的某些隐私数据,看起来非常合法合规。但是,几乎没有人会认真阅读这些条款文字。一方面,因为人们普遍认为大家都认可、都在用的应用软件不会有什么问题。另一方面,在很多情况下,用户并不能够通过阅读真正地理解这些条款的含义,其中就隐藏着许多数据滥用的隐患。更加复杂的问题是,这种期望用户阅读并同意其相关数据的条款是不合理的,因为在使用软件的时候,只能同意这些条款,否则无法使用软件,实际上这种策略已经成了一种强制性的合约了。当前,许多手机软件都存在过度采集数据的情况,比如微信中的许多小程序在使用之前,会提醒用户需要同意获取其位置、昵称等个人信息,这一个"等"字,遗患无穷。因为通过用户在微信留下的信息完全可以确定用户的个人身份以及诸多隐私信息。即使使用数据进行分析是合乎道德的,也应该认真考虑如何在真正地征得个人的同意之后,才去收集数据,并且应当保证收集的数据用于特定的用途,而不是过度使用。实际上,这个知情同意还存在许多其他灰色区域。因此,由于许多伦理问题都产生于数据供应链中,我们需要检查行业上游供应商的数据供应链和下游数据的使用情况,与持续跟踪、汇总和使用消费者数据而导致的伦理问题,以及潜在的通过二级市场消费需求带来的破坏性需求。对此,可以通过一些高级设置,在获取个人数据使用权的同时,公开其数据合作商以使数据的供应链可见,从而能够安全地保证其中没有发生数据滥用。

另外一种可能存在数据滥用的情况是无利益关联数据的使用。例如,现在全国的供电公司都开始使用智能电表,部分供电公司或能源公司会基于大数据及物联网打造一个数据平台,通过对能源大数据的收集、分析、应用,为政府以及电力、水务、燃气等能源企业提供能源监管,此外还能够通过数据中心将数据进行转售获得收益。而这种转售和利用,并不会给个人带来直接的利益。这再一次印证了数据就是资源和财富,而且是数据收集者的财富,这种数据的所有权应归属于谁尚不清楚,但是对于个人来说,很可能包含隐私数据,而数据的转售和利用过程中,是否存在滥用数据也不得而知。在这样的情况下,就需要澄清哪些数据是属于用户的数据,哪些是能源公司的数据,在使用用户的数据时就需要告知用户其数据会在何种程度上被使用。

3. 设计偏见

算法伦理的重点在于建立和使用算法模型时所引起的道德挑战。它以算法结果的不可预测性和算法的价值负荷为其理论前提,以尊重性、安全性、预防性、透明性和友好性为其基本准则。算法模型其实是一种根据过去的数据对未来的情况进行模拟、解释和预测的数学技术,或者说,算法模型是一组数学函数,这些函数根据过去的信息开展对特定情况的预测。但是,"日益复杂且自主的算法引发了透明性、公平性、算法歧视、自主性、隐私安全以及可责性等诸多伦理问题"。

设计偏见源自数据模型设计者有意或者无意的主观决策,也可称之为主观偏见,虽然设计者经常无法预测到这种主观偏见带来的影响。大数据技术号称可以使决策具有客观性,但是大数据建模过程中会存在主观性。因为在设计的过程中,必须要考虑使用哪种算法、使用哪些数据源,以及如何选择数据节点做出决策,在这些选择的过程中,很可能会丢失许多关键数据。此外,在获得数据之后,如何对数据的结果进行解释,也依赖其主观偏见,同样的数据在不同的解释模型中,很可能会得出截然不同的结论,这可以理解成"数据渗透解释"。简单说来,数据解释中的偏见不仅存在于大数据科学使用的工具,还存在于大数据科学家自身。研究人员必须能够说明其数据解释中的偏见,为此,其首先要弄清楚自己的身份和观点,以此来帮助自己进行分析。主观模型设计的一个简单案例是在运动分析领域,数据科学家可能会创建一个模型,该模型会寻找一名运动员在运动场或球场上所扮演的特定位置。例如,在篮球比赛中,一名球员一般会担任5个明确的位置之一,通过开发特定的分析方法,以针对每个位置确定其所需的最佳球员。但是,这种模型具有很大的主观设计偏差,因为它过分简化了篮球运动员的技能。

设计偏见的根源来自"价值是可以被设计"的,这也是价值敏感设计理论的思想来源,既然价值观可以被设计进技术物种,那么也可以理解为在软件设计中必然会体现设计者的价值理念。

4. 算法滥用

基于不同算法模型的使用,会对某个人或某些人产生巨大影响。另一个令人担心的问题是,假设一开始使用有误差的数据来构建大数据模型,则该模型得出的结论也很可能会具有同样的误差。因此,其中所产生的有针对性识别身份的分组可能会导致严重的道德问题,这就是群体歧视,如年龄歧视、种族歧视和性别歧视等。例如,利用智能手机中的加速测量计和GPS数据对道路的坑洼情况进行预测,并将其报告给市政府以改善路况。然而,年龄大或经济条件较差的人不太可能有智能手机,这意味着采集智能手机数据,将会错失大量资源匮乏群体的数据。假如政府据此数据进行道路维修,必会产生政策偏见。因此,歧视和偏见可能会在不知不觉中通过使用算法模型而发生,在数据采集中应该集中精力避免歧视的产生。

算法歧视更常见的情况是,大数据分析允许形成一种新的算法组合,虽然旧的算法都是受隐私和反歧视法保护的内容,然而新的组合很可能会产生隐私侵害或歧视。在新的算法组合情况下,个人数据会根据离线标识符(例如年龄、种族与地理位置)和共享的行为身份标识进行链接,从而允许从群体级别而不是个人级别进行预测和决策。例如,某媒体经过大数据分析得出的"38~40岁的养狗的人经常运动"这一看似合理其实荒谬的结论。因此,被确定为某个群体的成员可能会受到各种自动决策的影响,从而对单个成员产生有害或有益的影响。

算法滥用主要指对算法及其结果进行的不正当的解释和使用。大多数的预测模型本质上是统计的,它们虽然不能保证结果的唯一性,但可以告诉我们存在各种结果的可能性,并指导我们针对不同的结果采取不同的行动。因此,大数据科学家的道德责任不会随着算法模型的完成而结束,而是还有更多的责任去解释他们的模型以及使用该模型的含义,以免造成算法解释的滥用。尤其重要的是,在解释中必须使用非大数据科学家可以理解的语言来解释模型,因为算法模型的结果大多是给外行看的,而且当前的算法还远远达不到可理解性和值得信任的要求。大数据科学家不仅要注意数据分析,而且还要注意分析结果的表述方式。这通常涉及通过图形和图表等对数据及其所呈现的内容进行可视化处理,并且这些可视化本身可能会将偏见有意或无意融合其中,这可能还会引导那些接收数据的人员以特定方式解读这些数据。正因为其统计性质,没有模型是完全准确的,所以,解释模型的准确性就显得格外重要。考虑到这一点,设计团队必须确保分析决策能够反映创建模型时使用的数据的规模和准确性,"将大数据分析用作决策系统是可行的,但是,大数据分析也有可能不是通过特定组织的有意识决策,而是在默认情况下成为决策系统的。如果决策者变得懒惰或被经验不足的人代替,则可能无法检查软件得出的推论的合理性"。因此,应针对其所选的决策方法做出合理的解释,并通过适当的监督和治理,定期对其合理性进行重新评估。

避免算法滥用的另一个方面是提高算法模型的透明性。即使是专家,对机器算法产生的结果也往往难以解释,而且无法通过易于理解的方式解释为什么需要采用这些特定决策。该算法模型实际上对每个人来说都是一个黑匣子,这就使模型的可解释性变得非常困难。"借助开发的算法做出此类决策,绝不暗示这些将以全自动方式进行,通常会存在多种可能性,并包括从以人为主的到全自动决策的各种层次。至于决定哪一个解决方案是最佳的,则取决于当前的特定语境。"在这种情况下,专家虽然可以提供算法准确性的相关技术说明,但无法提供选择某个建议背后的原因,透明性在此发挥的作用很小。可见,在一般的情况下,经验模型必须足够简单,以允许进行适当的解释,例如解释哪个协变量主导了特定推论或决策的产生,在这种情况下,必须严格限制算法模型的选择。因为在特定的结论面前,普通人关心的并不是哪些因素导致的这个结论,而是更想知道产生这个结论的关键原因是什么。例如,在根据城市交通大数据模型获得的结论中,城市管理者更关心的应该是造成某一段路的严重拥堵的关键因素。

5.1.3 大数据的社会挑战

现代数字数据收集行为大多是私下里偷偷完成的。通常,用来对数据进行分析、寻找其中规律的算法都是专属性的,即软件黑箱。而且,技术的发展已经远远领先于之前的规则与定义了。传统的网上隐私权标准是20世纪90年代的产物,目的是对新兴产业实施轻度监管以促进其蓬勃发展。其关键理念是"知情权与选择权":网站贴出隐私权政策公告,而用户则根据他们的隐私偏好,选择是否经常访问该网站。但是,很少有人会阅读用法律语言写成的隐私公告,而且这些公告根本不可能充分体现当今数据经济的复杂性。

大数据技术的快速发展也会导致公众理解的困难与政策的滞后问题。还有一个需要关注的问题是,如何界定可以识别人物身份的数据。不久之前,这个问题似乎还是非常容易回答的,这些数据自然就是可以确定我们身份信息或者与我们密切相关的信息,包括姓名、社保账号、电话号码、银行账号等。人们把这些统称为"个人身份识别信息"。一直以来,隐私权的相关规章制度在涉及个人隐私信息时,采用的都是这个定义。

然而,在当今世界,不同数据(大多是人们在社交网站上自我发布的数据)相互关联,弱信号相互结合之后信号强度会逐渐变强,最终变成一种非常详细具体的"社交签名",足以确定一个人的身份。所有这些数据甚至还可以逆向处理,得出可以直接确定人物身份的信息。卡内基-梅隆大学的计算机科学家亚历山德罗·阿奎斯蒂和拉尔夫·格罗斯,利用人们在社交网站上贴出的信息以及其他公开信息,试图推测1989—2003年新出生人口的社保账号,结果,他们成功地推测出其中8.5%的人(接近500万人)的9位社保账号。

尽管法律对于利用个人信息的行为规定了各种限制条件,但是一些企业可以在不触犯任何禁令的前提下准确地了解个人隐私。原因主要包括如下方面:

1. 数据资源盲目开发

准确翔实的客观数据是制定政策的基础,是政策实施的保障。传统的数据收集、整理和分析应用因统计样本的有限、统计分析的不足、数据分析应用者的价值偏向等主客观因素,在社会民众缺乏系统参与的情况下,往往导致政策质量不尽如人意。伴随着网络技术(有关存储的超大型数据库、模式识别化的通信、电子商务技术以及网络分析等)的飞速发展和广泛应用,生成了并正在时刻生成着多面而巨量的网络大数据。这些数据是千千万万使用网络的人随机产生的,既包括人们自己生产的信息,也包括人们使用网络技术时所产生的信息。

大数据挖掘系统所做的主要是数据收集、资料整理、工作反馈等,大数据管理的精髓是数据集成,其核心要素是数据平台的建设和数据的深度挖掘,通过数据管理系统把管理各环节集成起来,共享信息和资源。近10年来增长最快的网络数据,是最能反映网民价值观念和行为取向的各种非结构化或半结构化的数据。这些看似无序杂乱的数据正在成为一种新的社会资源类别,网络化的大数据能揭示出越来越多有关人们的身份、想法以及需求等各种信息。数据研究者一旦掌握了海量的大数据,再配合数据思维和数据技术的应用,便不难建立起能够自动更新的模型,基于数据模型的社会治理者就更加能预测网络用户的行为方式,通过对其价值取向和行为方式的合理引导和积极干预,就能实现社会发展的目标。

当一切皆可数据化的幻想成为现实,载有民众经济活动信息的数据便会被互联网企业搜集,把民众信息囊括到自身建立的数据库中。2017年2月17日,央视的一篇报道《"黑市"个人信息随意卖,只需手机号就能把你身份财产全部查清》再次把个人信息泄露问题推上舆论的风口浪尖。滴滴打车清单、通话记录清单、名下车辆和房产信息,甚至人们的实时位置信息都成了"黑市"贩卖的对象,而所有被贩卖的信息,无一例外的都是人们的生活数据。资本具有逐利性,当数据成为一种具有强劲增殖能力的资本时,这种数据争夺便演变成了一场无硝烟的战争。数据保有者不断觊觎着能带给其潜在利益的数据,此刻的民众就像提线木偶戏中的傀儡一般,透明且任人摆布。毫无隐私可言的人们,在网络经济活动中丧失了主体性,只能在数据保有者预先制定的游戏模式下被诱导前行,始终逃脱不掉由自身产生的数据编织的牢笼。数据保有者虽有人们的简单授权作为道德遮蔽物,但对个人隐私的侵犯已成事实,因为授权数据保有者获取信息并不意味着数据保有者可以反过来损害数据生产者的利益,而事实证明损害正在发生。

2. 数据话语权滥用

互联网企业(包括网络传媒公司、网络名人及其工作室等)凭借其深入民众的经济活动和自身的便利条件,汲取着民众的数据。数据本身虽然具有开放性、共享性、便捷性等特点,几乎不需要太大的代价,但数据的存储要投入较大的成本。普通民众即使能够搜集到部分数据,但在高昂的存储成本面前,数据信息的长久保有似乎并不可行。所以,越来越多的数据流向风险承担能力强的互联网企业,这些企业逐步垄断了数据的共享。缺少了共享的网络经济也就意味着民众无法直接参与到对数据的真实性、溯源性的监管中来,逐渐丧失了在网络领域内的话语权。用数据垄断诱使民众相信互联网企业的一切行为都是为了榨取群体中每个个体的利益,借此达到自己的目的。数据垄断之所以能够欺骗民众,与数据自身特性有关。低成本的数据篡改可以迷惑民众,诱导民众向符合互联网企业自身发展的道路上前进,以期从中获得高额垄断利润。在所谓的"预言家"面前,普通民众无法鉴别数据的真伪。在强势的网络话语权下,普通民众唯唯诺诺,毫无自主性可言。网络话语权的丧失,终将会使普通民众沦为互联网企业资本争夺战的棋子。缺少普通民众参与的网络经济,只能是一家独大的垄断经营模式,也是竭泽而渔的发展模式。

3. 社会生活碎片化

大数据技术对人社会认知的影响,首先在于对个体所能接触到的信息进行控制,进而导致其阅读习惯、思维习惯的改变。主导这一传播过程的关键问题不在于接受主体是否具有选择权,而在于传播主体在传播过程之前就决定了信息的范围及内容。正如费尔巴哈所言,在精神领域人就是他所吃的东西,而我们的精神食粮无疑正被"无形的手"精心挑选。这种对信息的优先处置权,得益于大数据技术庞大的分析和处理能力,具备针对个体而不再是群体的差异性处置的可能。从某种意义上来说,我们在享受大数据技术更好的个性化服务的同时,也正遭受其惊人的独裁。随着越来越多的人成为"低头族",注意力越来越长时间为手机所控制,越来越习惯于依赖手机的中介透视整个世界,逐渐从书本等获取信息、独立思考的传统阵地中抽离,碎片化、浅化、轻化阅读逐渐成为社会主流,而最终将可能导致个体的整体性被解构为碎片化存在。

随着"物联网"的兴起,人们与感应器、显示屏等数据收集设备的日常交流不可避免,以至于有人预言,感应器和互联网连接也在将"沉默的"设备转变为强大的预测和猜测设备。它们收集的数据可以与来自其他设备和数据库的数据整合在一起,从而创造出新的信息成果,这些成果的价值可能远远高于那些生成基础数据的设备的价值。按照马克思的观点,在创造大数据的历史过程中,每一个人既是历史的"剧中人",又是"剧作者"。人创造环境,同样环境也创造人。在创造网络大数据的同时,人们也为网络大数据所改造。

大数据正在因其独特的社会价值而触发社会道德治理的技术化创新潮流。尽管大数据存在着隐私安全、数据获取、数据准确性、数据利用与监管等问题,在目前的社会治理实践领域,大数据不仅是人们治理社会的技术路径,还是人们治理改造的可能对象,仍存在理论纷争和现实困境,但是大数据正在毋庸置疑地影响着人们的认知视野,并将进而改变人们的生活、工作和思维方式。网络社会的大数据化对社会治理创新提出了更高的要求,并在科学化、程序化、专业化、系统化等方面提供了更具技术性的支持。社会道德治理创新是一个观念变革、政策选择、政策实施与检测的完整体系。在此之中,大数据承担了数据挖掘、政策支撑、技术实施等功能。大数据管理及其应用的现状表明,通过掌握和利用大数据资源,可以有效地实现社会治理主体的多元化、治理过程的透明化、治理行为的数据化。重视大数据资源发掘和技术应用,以大数据实现社会道德治理的现代化,是"推动国家治理体系和治理能力现代化"的有效途径和时代要求。

5.2 大数据社会的伦理体系

5.2.1 大数据社会的伦理原则

从本质上讲,网络经济中存在的伦理失范现象,其成因之一是创新不足带来的内部恶性竞争;二是法律滞后带来的外在约束无力。恶性竞争势必导致互联网企业垄断数据,继而践踏民众权利;约束无力必然导致互联网企业肆无忌惮,进而侵犯个人隐私。因此,应对网络经济中的失范现象,也应从对数据创新性挖掘和道德法律约束着手。

1. 良性竞争原则

互联网企业彼此间都占有着数据,对数据的利用程度成了竞争中能否占据优势的关键。数据作为可以增殖的生产资料,投产比的大小取决于生产资料的利用率,而数据的二次开发则是数据利用的创新点之一。在充分保障数据生产者隐私和与数据生产者共享利益所得的前提下,数据使用的多样性为创新提供了无限可能。数据的二次开发改变了以往孤立对待数据,仅把数据当作静态的数字、文案、图表的弊端。"数据化并非数字化,数据只是表象,挖掘数据背后的意义才是数据的价值所在。"动态的数据联系在大数据时代成为不可回避的存在方式,也为数据价值深度挖掘提供了技术支持。云端的快速运算能力、相关关系的运用总能把看似毫无关联的二者联系在一起,虽然关联的精确度不高,但随着数据搜集的不断增加,这种现状也在不断改观。多样化的数据挖掘必然会产生关于数据组合的多种结果。在科学统筹的网络技术的支撑下,互联网企业的发展也将呈现出百花齐放的局面。因为互联网企业相互之间的数据不可能完全等同,根据自身掌握的数据,结合自身发展方向,数据深度挖掘后所带来的产品必然会有所不同,同质化下的恶性竞争局面也会因产品差异化有所缓解。

2. 互予性原则

美好生活是"个体性需要满足"与"互予性需要满足"的经纬之网共同编织而成的。从美好生活的社会伦理维度而言,个体性需要已然脱离了生物性和孤立性而获得了社会性,个体因此成为"伦理"之主体。由此,个体性需要便焊接到了互予性需要之上,共同赋予了美好生活以伦理的温度和厚度。美好生活的伦理蕴涵表明，满足"互予性需要"、追求和实现美好是每一个时代伦理学的责任。"伦理"即为"关系之理"，伦理学就是"关系之学"，伦理学的产生和发展基于人类生活经验，而生活经验的复杂多元反映了人类生活的多重性和生活关系的复杂性，其中，追求"美好生活"的主题和目标从未改变。综观伦理学的发展历程和发展形态，如何和谐人伦以追求生活美好，是伦理学一贯承载的历史使命。

3. 规范化原则

实现美好的现实愿望，将激励人们致力于认可和遵循伦理规范以化解矛盾、解决纠纷、达成共识。休戚与共的价值共契，通过伦理规范的构建、维系和作用，能够促进生活变得更美好。一方面，伦理价值经过共同的认可，将以规范的形式中立于特殊的利益和要求而获得普遍的价值效果，伦理价值的理念形式将转变为相对固定的规范形式，独立于具体的时间、地点或特殊情境而获得了普遍性和适用性。在此意义上，规范是价值观念的固化，在社会生活中发挥稳定而有力的规约作用。另一方面，具有稳定性的伦理规范，不断地将共同的价值观以经验的形式积淀于人们心中，在社会生活中发挥深沉而强劲的动力作用。对于一个社会整体而言，共同的价值观念及其价值共契，不仅是避免社会冲突和分裂的黏合剂，也是维系社会共同体发展的内在动力。

4. 价值引领原则

中国特色社会主义作为一种新型的伦理共同体，不仅为达成新的伦理共识提供了崭新的伦理价值目标，也为塑成价值共识，创造了宽松的社会环境，从而为实现美好生活提供坚实的伦理保障。中国特色社会主义应如何彰显社会主义之"特色"。特色即"出众"，"出众"则必然有其独特的"优越性"。中国特色社会主义的"优越性"即在于其作为一种新型伦理共同体的内涵和特征。中国特色社会主义的主要社会目标是实现社会共同富裕、促进人的全面发展、建设和谐社会。这些目标是马克思主义社会理想目标的当代化和具体化，其中"公平""公正""发展""和谐"等关键词构成了中国特色社会主义基本的伦理底色，并成为这伦理共同体展现强大吸引力和旺盛生命力的深沉基础。中国特色社会主义调和了作为政治手段的国家和作为目的本身的国家之间的矛盾，将实现政治、经济、社会、文化、生态的全面发展与以人为本、社会和谐、美好生活的价值目标有机统一起来。

5.2.2 大数据伦理的基本架构

1. 技术层面

提高技术水平，提供技术规制。技术因素是信息伦理向数据伦理转型的重要驱动因素，因此有必要从技术层面入手，运用技术手段对伦理失范行为予以规制。第一，要提高数据安全技术水平，加大对数据安全技术的研发和创新，确保数据的安全性和机密性。第二,要从被动转为主动,积极运用技术对尚未出现的数据伦理问题进行预防,对其数据的安全性等进行分析和判断,通过预警系统等保护数据的安全。第三,建立数据安全运行系统,运用数据加密、权限设置等对数据系统进行一定的控制,进而确保数据系统的安全运行。第四,要提高公民的数据安全意识,树立数据安全理念,并养成一定的数据安全习惯,掌握简单的数据安全防护技术,注重维护个人数据的隐私和安全。同时,也要完善数据隐私基础设施。数字版权管理的原则十分简单:在版权的范畴中,信息是指音乐、电影、游戏、数字图书,而在以往的范畴中,信息可以是任何个人信息——信息与关于使用者与使用方式的元信息相匹配。媒体播放器检查这些元信息,并拒绝播放未获得适当授权的信息内容。为防止这些内容被未经授权的设备播放或复制,内容和元信息常常被加密,需要一个只有获得授权的设备才能"识别"的特殊密钥。因此,同信息隐私权不同,DRM维权几乎完全建立在技术上。

2. 伦理层面

数据伦理的原则是构建数据伦理体系的根本,而数据伦理体系的构建要关注数据生命周期的整个过程,即要体现在数据的采集、管理、应用等整个过程中,只有对其整个生命周期的伦理进行关注才能推动伦理体系的构建,遵从数据治理的规律,促进多学科跨学科发展。因此,数据伦理体系的构建应将人机关系纳入新的规范之中,其最根本的就是制定秩序规则:一是技术向善。大数据技术的发展根本上是为了提高人们的生活水平和幸福指数,因此,数据的采集、处理、应用等环节都应秉持有益于人的宗旨,并以此作为构建数据伦理体系的重要伦理规则。二是尊重隐私。对于数据的使用要尊重人的隐私。对于数据的采集,要坚持知情同意的前提,同时要求不得侵犯个人的隐私,并对隐私权进行保护。三是公正共享。共享是大数据时代新技术的重要特征之一,数据只有在共享的时候才会产生新的价值,为尽力缩小数字鸿沟,促进数据资源的合理分配,必须坚持公正共享,保证每个人对数据的使用权利。

数据隐私权形态各异,但具有共同的核心原则:向个人提供法律认可的个人信息权利,从而赋予他们维持信息控制的权利。这样看来,信息隐私权似乎是对数字化记忆侵蚀信息控制权的适当回应。信息隐私权最基本的形式是给予个人选择是否分享信息的权利。如果某人不经他人同意而通过窥探获得他人信息,他(她)就触犯了法律,将要面临法律制裁。

3. 政策层面

完善数据安全保护的政策,健全数据伦理的相关法律法规,推进顶层设计的建立与完善。为了应对大数据时代产生的伦理问题,应将伦理制度与技术发展相结合,制定符合我国数据伦理特点的政策和法律法规,将伦理从政策和法律的层面融入数据的全生命周期过程中,切实做到有法可依。

加快制定数据伦理的相关政策、法律法规,具体规定对数据伦理失范行为的策略,借助法律对侵犯隐私、数字鸿沟、数据安全等问题进行规制。大数据技术的迅猛发展及其带来的相关伦理问题不仅需要政府部门,还需要企事业单位、专家学者和公众的共同参与治理,尽快完善数据安全的相关法律法规,同时建立行业自律机制,提高公众的数据素养。但是,目前相关法律法规还存在空白和欠缺,不健全的法律成为制约数据伦理转型的短板,只有建立和健全完善的法律法规,加强政策引导,才能确保数据的安全。

4. 构建数据伦理体系

(1) 加强数据伦理教育,提升数据素养。传统的伦理结构核心在于协调人与人、人与社会之间的关系,"大数据时代给伦理学带来新的命题——'人机关系',因此,要完善数据伦理结构,实现科技与人文的统一,根本上就是要注重技术伦理与行政伦理并重的格局"。由于大数据、人工智能技术的发展,人机交互原理使得数据伦理由单纯的技术伦理转变为技术伦理与行政伦理并重的格局,所以对伦理体系的构建必然有所不同。伦理体系的构建要结合实际情况,符合传统伦理的规律,这就要求展开融合性的研究,一方面要注重技术,另外一方面还要注重伦理,将理论与实证相结合。在完善数据伦理结构的基础上,提升数据素养。这就要求提升数据伦理意识,并进行数据伦理教育,对数据伦理风险有清晰的认识,并能自觉遵守数据伦理。要开展相应的教育和培训,提升数据素养,加强交流与合作,也可以学习借鉴其他国家的经验和做法,并贡献中国智慧。

(2) 加强数据伦理机制建设,提供机制保障。伦理调控机制的不完善,往往会带来伦理失范问题。因此,要加强数据伦理机制建设,提供机制保障。伦理规则仅仅靠自主遵守是远远不够的,还需要将伦理原则上升到机制层面,通过良好的机制建设,塑造数据伦理意识和数据素养。例如,可以采用鼓励激励机制,强化遵守数据伦理的行为;当出现伦理失范现象时,进行负面的惩戒。还可以建立数据伦理的审查制度,明确数据伦理审查的内容,细化操作规程等。

(3) 建立相关职能机构,提供制度保障。制度是构建数据伦理体系的重要保障,因此,在数据伦理体系构建的过程中,应在职能机构和制度方面做出相应的调整,以适应由信息伦理向数据伦理转型的要求。建立专业的职能机构,例如,在新一轮的机构改革中,一些省份设立了"大数据管理局",这对数据伦理的相关研究和实践具有积极的意义。同时,要建立配套的制度,为信息伦理向数据伦理转型的完善提供制度保障,促进大数据的健康发展。

信息生态是一种有意的约束,规定了什么信息能够被收集、存储,并且能被谁记忆、记忆多久。回想一下荷兰在纳粹统治时期人口登记的悲剧,其可怕的结果提醒了我们:虽然对政府在人口登记中的行为加以限制并不能防止不确定的未来;但是,一开始就不收集和存储信息是能做到的。如果人口登记中没有关于信仰和种族的信息,纳粹也不可能对其进行如此令人憎恶的滥用。对数字化记忆进行限制不仅能确保其日后免于外来入侵的危害,还可以在一些人利用数字化记忆的信息宝库进行不正当记录、歧视和威胁不认同主流价值偏好的人时,保护人们免受伤害。正如当前许多数据陷阱报道所提示的,收集个人信息天然就带有风险,因为我们不知道它们在未来会被用于什么目的。信息生态规范是应对不正当信息使用的一剂良药。

▶ 5.3 大数据社会的伦理治理

如果说数据伦理维度和算法伦理维度更多的是理论层面的探索,那么道德实践则是大数据伦理的应用与对策。对于大数据科学的行业实践,当前最为缺乏的是与之相适应的通用道德框架,以及能够在具体行业领域中应用的伦理规范,比如医疗健康大数据、金融大数据、购物大数据等。有了框架和规范,就可以以此为基础,进一步完善大数据治理体系,从管理、教育、培训等方面,全面开展大数据伦理的实践举措。

1. 通用道德框架

在当前的计算机和信息科学相关的行业准则中,并没有一个能够充分涵盖大数据科学中可能遇到的所有的潜在的道德挑战。在信息技术领域,广受推崇的价值敏感设计理论在大数据领域遇到了许多难题,因为仅从软件设计开发的角度考虑使用一定的道德框架,在复杂多变的大数据科学领域是远远不够的。虽然,一些大数据科学家已经开始认识到这个问题,并通过组建大数据科学协会提倡大数据伦理研究,然而该组织在整个大数据科学领域并未得到普遍认可,甚至不为人所知。社会、政府以及更重要的法律体系都尚未适应即将到来的大数据时代,这表明,为当今应用大数据制定道德框架至关重要。

当前的首要任务是能尽快研究出台《大数据科学通用道德框架》,这个框架的目标是确保大数据的道德实践既能促进大数据科学的进步,又可以保护个人或群体权利。对于如何确立这个道德框架,目前的研究主要集中在3个方面:一是道德框架的主要内容。这个道德框架应该重点关注并解读与大数据伦理相关的关键词,选择哪些关键词值得仔细研究。二是道德框架的有效性问题。这个道德框架应该尽可能实现一致性、整体性和包容性,才能在不同的文化背景中解决伦理问题。因为大数据从业者来自不同的环境,并在不同的环境中工作,既没有相关的专业行为准则,也没有特定的正式的伦理培训。此外,在面对现有的大数据伦理问题方面,没有任何框架可以完全满足需要。同时,通过使用较为一般的原则性的道德规范,会因为缺乏针对性难以实施。因此,如何构建一个通用的道德框架,显得尤为重要。三是道德框架的约束力问题。使用这个通用框架可以帮助解决有关大数据科学的流程、战略和政策负责人员的责任和义务等问题,并且数据科学领域的每个参与者都能够提出有关其工作的潜在问题,并有机会研究和讨论其他参与者的观点。

其他学者则提出应该关注数据端的具体流程方面,例如通过规范数据治理的流程来定义如何捕获、存储和使用数据、大数据,依赖于从多个来源收集到的可用数据,同时,必须保护这些数据。如何收集和存储数据都会引发安全问题,类似于内部员工遵守的机密性政策。理想状态是通过设计一个信息系统来确保道德框架的约束力,尽管这个方案目前看来非常难以实现,但可以将其作为大数据伦理建设的长远目标。

2. 完善行业规范

当前信息伦理的研究成果已经开始被纳入标准课程或专业认证中,从而使得计算机领域的专家在工作中能够关注社会和道德方面,例如美国计算机协会(ACM)早在1992年就颁布了《ACM道德和职业行为准则》和相关课程指南,英国计算机学会(BCS)与英国工程技术协会(IET)也有类似的行业规范,然而这些规范依然过于宽泛。"这种对专业精神的关注对于帮助将道德规范纳入专业实践很重要,但是哪些技术、哪些道德问题需要特别关注,或者如何在实践中识别与解决这些问题,很少被提及。"因此,需要制定针对具体领域的行业职业道德规范。此外,从事大数据科学研究的组织,应该为科研人员和从业人员提供相应的道德培训,帮助其应对今后可能会遇到的道德问题,当前缺少开展类似道德培训的机构。如今大数据行业对伦理学的需求非常迫切,很多领域,如生命医学大数据领域亟须建立安全的隐私保护措施,大数据的广泛应用必然会给相关人员带来许多新的伦理风险,从业人员需要一套指导工作的从业规范。

建立大数据从业人员行业规范的重点,应该涉及数据和算法中的主要道德问题,通过尝试解决这些道德问题来建立行业规范,并最终将这些规范融入大数据行业的具体操作中。当前有关大数据的项目通常是采用以任务为中心的方法,尽管这些过程在细节上有所不同,但从总体上看是相似的。因此,可以构建一个典型的大数据程序,其中包括获取、信息提取和清理、数据集成、建模、分析、解释和部署等。这个程序尽量涵盖大数据生命周期的各个阶段,因为许多人只专注于分析/建模的步骤。尽管这一步骤至关重要,但如果没有数据分析流程的其他阶段,它就没有多大用处。这个过程类似于CRISP-DM,可以使用该模型将道德规范与大数据生命周期中的特定阶段相结合。CRISP-DM包括6个大数据技术的高级阶段:业务理解、数据理解、数据准备、建模、评估和部署。与数据伦理相关的问题对应数据理解和数据准备阶段,与算法伦理相关的问题则对应建模、评估和部署阶段。

3. 强化大数据治理

当前,大数据成了土地资本能源等传统资源之外的一种新资源,这种新资源已成为新时代的标志,也成为煤炭、石油之后的新宝藏。因此,数据的所有权、知情权、采集权、保存权、使用权,以及隐私权等,就成了每个公民在大数据时代的新权益。为此,解决大数据科学带来的伦理问题,需要提出"大数据治理"的概念。大数据治理突出了大数据科学的复杂性和影响力,由于其"伦理学与处于社会之中的科学技术紧密相连,解决这些问题单单靠决策者或科学家、伦理学家都有局限性,需要多元部门、多个学科共同参与,研讨科学技术创新提出的新的伦理法律和社会问题,并提出政策法律法规和管理方面的建议"。这一概念可以用来表示与大数据相关的管理和政策,大数据治理的内容包括成立专门的管理机构、进行道德教育、管理与培训等多方面的内容。其中,管理机构类似于"互联网研究人员协会的道德委员会",以及英国的数据伦理委员会。

此外,还需要强化对相关机构的监督管理,虽然数据伦理和算法伦理都能对应到相应的大数据阶段,但是,目前还缺乏与业务理解阶段相关的道德规范。此阶段应该包括如何确保问责制等内容,尽管这些内容很重要,但可能不是当前大数据伦理问题研究的重点。对于业务理解阶段,应该包括两个道德上的新考量。第一,在项目开始时,团队应从概念上考虑潜在的人身伤害和群体伤害。第二,研究团队还应探讨团队对潜在道德状况的责任。虽然业务阶段的道德考虑严格来说并非大数据伦理的关键问题,但的确是大数据技术得以顺利进行的基本伦理条件。

然而,仅将关键的道德主题映射到大数据技术项目中的不同阶段可能还是不够的,与价值相关的技术治理也是非常重要的内容。还应该在大数据技术项目中加入3个与价值相关的规范内容:一是如何面对竞争价值;二是如何确定价值观倡导者的作用;三是如何确定价值框架的合理性。这些问题表明,在将道德规范整合到大数据项目中的同时,还需要探索该大数据项目中利益相关者的价值观和驱动力。例如,最近在一些大数据项目中有关道德操守的负面标题,可以用来帮助激励利益相关者认识到应当认真面对这些关键因素的责任感,以及思考如何适当地考虑这些因素。

▶ 5.4 大数据伦理的社会管理

积极开展社会道德的大数据挖掘,以大数据管理方式推进社会治理现代化,就是要实现社会道德思维的数据化,就是要做到治理结构的协同化、社会政策的证据化,以大数据确立社会治理的选择依据,就是要实现道德治理的技术化。

1. 全面提升社会道德治理的数据化思维

道德既是社会借以治理的手段,也是社会现实的价值反映。传统的社会治理理论认为,社会公共事务是基于中心控制与等级制度的权力组织方式,传统社会控制的核心问题往往以含糊其词的是非尺度或似是而非的内容解构摧毁清晰明确的社会善恶道德标准。建立在信息技术支持之上的网络大数据,具备驾驭各种复杂情况的能力,能够通过各种规模、各种复杂程度的网络来协调各种社会功能,完成各种任务。大数据顺应社会从熟人社会向陌生人社会的转变,关注社会成员匿名化生存状态下的疏离和无着感,通过各种正式、非正式的组织形式或活动载体,把社会成员再组织起来,努力让每个社会成员都能找到其在社会结构治理中的位置,形成合理参与社会治理分工的联结点,提高社会治理的组织化水平。积极挖掘、存储和掌握事关社会公共道德的基本信息和数据。大数据思维不同于传统的逻辑推理思维,而是对数量巨大的数据做统计性的搜索、比较、聚类、分类等分析归纳,用支持度、可信度、兴趣度等参数发掘数据间的相关性或规律性,找出数据集里隐藏的相互关系网。只有通过掌握、引导、传递和管理事关社会道德的海量大数据,才能准确反映与把握社会道德现状,才能有助于社会道德治理的现代化与系统化。准确把握相关数据就是要做到重视大数据信息的舆情分析和功能预测。

2. 依靠大数据逐步实现社会道德治理结构的协同化

大数据代表着一种新的社会信息状态和认知发展思维。要有效针对既往治理中存在的社会道德个体化倾向和混淆个体道德与公共道德的种种问题,就需要调适性地发展出新的道德治理结构。针对以往国家政府、社会组织和公民个体之间在道德场域中出现的主体孤立、交往隔阂和信任递减等状况,发展出社会道德治理结构的协同化势在必行。这是因为,大数据可以揭示道德治理的运行体征,它通过对人的行为习惯、价值观念、社会舆论等相关大数据的采集、处理,可以做出行为特征分析、舆情分析、社会资源是否合理配置与均衡发展等预测分析,评估和判断在微观方面个体成员的价值取向和行为特征。这为国家、社会与公民之间的道德信息交互与行为模式的选择提供了依据。十八届三中全会确立的创新社会治理宏伟目标充分揭示了服务民生的社会需求构成社会道德治理创新的现实时代语境与价值依据。社会需求决定社会治理创新的方向和内容,社会需求的转变决定了社会道德治理创新模式的转变。社会道德治理创新的体制、机制、模式必须与社会需求吻合,对复杂多元的社会需求进行客观公正的揭示与有序有效的安排,以更开放有序、更理性合作的治理结构来实现社会道德治理的新发展和新突破,以此来匹配正处于快速转型期的国家治理,从而全面构建国家全面现代化的观念基础和价值世界。

3. 建立健全大数据驱动的社会道德治理决策机制

国家道德政策的制定与实施需以客观数据为支撑,据此实现治理政策的理性化。为了使公共政策制定更加合理、公正和有效,并使政策内容更能反映社会的公共利益和价值取向,在公共政策制定过程中,应该坚持理性化、规范化和民主化的基本原则。在大数据时代,任何采用这些新的信息技术的系统或关系集都具有网络化逻辑。"大数据将推动网络结构产生'无组织的组织力量',人们借助于社会性信息交流工具一起分享、合作乃至展开集体行动。互联网的开放性、交互性、虚拟性和信息海量,促进了政府与民众、领导与群众之间的互动,形成了全员参与、自由表达的场所。"对互联网信息的发掘与分析为大数据驱动政策决策提供了现实依据。从以政策制定者为中心到以大数据参与者为中心,通过收集与分析网络社会属性生活习惯等主要信息的数据,完整地抽象出一个社会道德的全貌,可以看作社会道德治理应用大数据的基本方式,更是实现社会治理领域的一些技术突破与应用创新。通过大数据掌握人们道德生活的基本信息数据,来分析理解其个性化层面的道德状况,建构社会"价值分析系统",便于相关职能部门将决策依据建立在对社会成员更多、更好、更精确的了解之上,从而为依托于数据收集、分析和使用的"数据驱动决策"模式创造条件。直面社会道德问题本身比断然试图解决问题更为迫切。只有深入把握和准确了解道德现实,才有可能避免贝叶斯推理等类似政策抉择的主观性,而大数据所展现的决策机制更新潜能,无疑应受到决策部门的高度重视。

4. 发展完善社会道德治理的技术化支持机制

建构一种基于大数据模式基础上的技术化社会道德治理系统,有助于解决社会成员的观念冲突,避免信息混乱。所谓社会道德治理的技术化支持机制,是建立社会道德案例系统,即运用群众关心易懂的网络案例说明较为晦涩的社会问题。这种技术化系统机制通常由4个部分组成:一是描述性机制,就是道德信息的挖掘与整理,需要整合内部、外部、结构化、非结构化的大数据,用于报告过去;二是预测性机制,使用模型分析过往的数据来预测未来;三是规定性机制,就是利用分析模型给出新见解,使用数据模型来确定最优行动方式,并能明确地指导公共道德治理实务有效开展工作;四是解释性机制,就是道德政策的制定与实施,需要解释机制的配合与支撑。按照查尔斯·蒂利的分析,道德解释的依据分为4种:惯例、故事、准则与技术性解释。在传统社会道德治理方式遭到挑战的今天,惯例与个体化的道德典型故事因社会转型而逐渐丧失其解释力,社会亟须建立一种全新的道德解释机制,而准则和技术性解释则发挥着越发重要的价值。其中,准则是基于妥切性而非因果充分性的解释,它通过对某种程序上的法律或准则来解释某种行为或现象;而技术性解释要求特定的知识与权威。实现国家道德治理大数据化,通过数据化的准则与技术性解释,能够进行有效的政治沟通与道德交流,从而促使社会道德治理实践的有效实施。

参考文献

[1] de Laat P B.Big data and algorithmic decision-making:Can transparency restore accountability?[J]. ACM SIGCAS Computers and Society,2017,47(3):47.

[2] Fuller M.Big data,ethics and religion:New questions from a new science[J].Religions,2017,8(5):6.

[3] Stahl B C,Timmermans J,Mittelstadt B D.The ethics of computing:A survey of the computing-oriented literature[J].ACM Computing Surveys (CSUR),2016,48(4):2.

[4] 安宝洋.大数据时代的网络信息伦理治理研究[J].科学学研究,2015(5):641-646.

[5] 陈进华.大数据时代社会道德治理创新的伦理形态[J].学术界,2016(1):75-84,324.

[6] 陈进华.大数据时代社会道德治理创新的伦理形态[J].学术界,2016(1):83.

[7] 董军,程昊.大数据技术的伦理风险及其控制:基于国内大数据伦理问题研究的分析[J].自然辩证法研究,2017,33(11):80-85.

[8] 冯启思.数据统治世界[M].曲玉彬,译.北京:中国人民大学出版社,2013.

[9] 刘星,王晓敏.医疗大数据中的伦理问题[J].伦理学研究,2015(6):119-122.

[10] 陆伟华.大数据时代的信息伦理研究[J].现代情报,2014(10):66-69.

[11] 罗宾斯,韦伯斯特.技术文化的时代:从信息社会到虚拟生活[M].何朝阳,王希华,译.合肥:安徽科学技术出版社,2004.

[12] 洛尔.大数据主义:一场发生在决策、消费者行为以及几乎所有领域的颠覆性革命[M].胡小锐,朱胜超,译.北京:中信出版社,2015.

[13] 邱仁宗,黄雯,翟晓梅.大数据技术的伦理问题[J].科学与社会,2014,4(1):36-47.

[14] 舍恩伯格,库克耶.大数据时代:生活、工作与思维的大变革[M].盛杨燕,周涛,译.杭州:浙江人民出版社,2013.

[15] 舍恩伯格.删除:大数据取舍之道[M].袁杰,译.杭州:浙江人民出版社,2013.

[16] 宋晶晶.由信息伦理向数据伦理转型:溯源、驱动与路径[J].图书馆学研究,2020(3):35-39,60.

[17] 孙保学.人工智能算法伦理及其风险[J].哲学动态,2019(10):93-99.

[18] 唐永,张明.大数据技术对社会心理的异化渗透与重构[J].理论月刊,2017(10):44-49.

[19] 韦斯特.下一次浪潮:信息通信技术驱动的社会与政治创新[M].廖毅敏,译.上海:远东出版社,2012.

[20] 肖祥.美好生活与马克思主义伦理学生活化[J].浙江社会科学,2019(6):97.

[21] 张爱军,刘姝红.大数据:新政治文明时代抑或政治裸体时代[J].探索与争鸣,2017(3):75-82,89.

[22] 赵丽涛.网络空间治理的伦理秩序建构[J].中国特色社会主义研究,2018(3):85-89.

第6章
人工智能伦理

在当下人工智能科研领域中,最受关注的应该是自动驾驶的研发,因此,本章首先将重点概述自动驾驶研发中的伦理问题,然后介绍人工智能科研中的另外两个被普遍关注的专题,即科研数据共享中的伦理问题以及医疗人工智能中的伦理问题。

▶ 6.1 人工智能技术可控性挑战:自动驾驶的潜在社会价值

自动驾驶汽车,又称轮式移动机器人或无人驾驶汽车,作为一种智能自动化载具,能够实现在不需要人类参与操作的情况下,借助智能车载系统、机器视觉、GPS、高灵敏雷达等技术的协同合作,感知和监测周边环境并根据人工设置的行驶目标,在完全没有人为主动操作的情况下,实现自主导航和操作机动车辆。随着人工智能技术的日渐成熟,特斯拉、谷歌等各类巨头企业纷纷开始部署自己的自动驾驶汽车项目,各类金融资本迅速涌入自动驾驶汽车市场。同时,因其本身"无人"的技术特性,自动驾驶已经成为全社会最为关注的人工智能落地应用之一。智能汽车将像智能手机一样,给我们的价值理念和生活方式带来开创性、颠覆性和革命性的影响。

正如所期待的那样,自动驾驶所具有的社会价值方面的潜力是十分明显的:

(1) 大大降低交通事故发生的概率。人类在操纵汽车的时候,受到驾驶员主观生理、心理和外界环境等多重因素的影响,只能具备有限的环境感知能力,一旦遇到突发情况,若反应不及时很容易出现事故危机,但自动驾驶汽车可以通过主动和被动传感器、监测器以及控制器,精准且不间断地对周围的行驶环境进行全方位的识别、感测和预判,相较于人工操作,可以及时地对潜在危机或事故做出有效的安全反应。

(2) 提升交通运输系统运作效率。自动驾驶汽车置于统一交通系统的智能协同下,能够最优化行驶路径,设置固定的车辆安全间隙,最大化道路的交通流量,避免交通壅塞情况,提升道路通行能力,实现交通运输系统运作效率的整体提升。

(3) 优化公共资源的配置效率。自动驾驶汽车的应用和推广,可以更加有效地配置车辆使用资源,提升汽车的共享率,优化停车所需的物理空间,其安全性和系统性的秩序标准能够降低交通警察的工作强度和压力,直接通过网络进行驾驶信息的传输,可以减少不必要的实体道路标识,甚至减少交通信号灯。

(4) 给公众生活方式带来变革。自动驾驶汽车的普及可以使得公众出行更加方便,提升生活舒适度。

6.2 人工智能技术可信性挑战:自动驾驶的发展历程

智能化的自动驾驶概念源于1969年,这一年人工智能创始人麦卡锡(McCarthy)发表题为《Computer Controlled Cars》的文章,认为可以设置自动化的汽车操作系统,通过摄像机接受外界信息来实现对车辆控制,并提出一些关于自动驾驶汽车的其他有现实意义的设想。到了20世纪80年代,美国国防部高级研究计划局(DARPA)资助麻省理工学院(MIT)、斯坦福大学和卡内基·梅隆大学(CMU)等研究机构相继开展ALV(Autonomous Land Vehicle,自主式地面车辆)计划,其中以卡内基·梅隆大学NavLab系统智能车辆最具代表性,如1986年NavLab-1是全球第一辆计算机驾驶的汽车,此后还衍生出经典的NavLab-5和NavLab-11系列。我国自动驾驶研制虽然相对起步较晚,但于"八五"规划期间,在6所高校共同合作下,研制成功ATB-1(AutonomousTestBed-1)测试样车,总体已达到当时的国际先进水平。尽管不少专家预测无人驾驶汽车在短期内无法实现商业产品化,但并不影响奔驰、奥迪、通用汽车和谷歌等各大汽车和信息公司开始积极部署自动驾驶汽车计划,虽然完全自主驾驶的技术目标暂时还未能实现,但各类驾驶智能辅助类产品已经逐步成熟并投入实际使用当中。按照美国汽车工程学会(SAE)和美国国家公路交通安全管理局(NHTSA)提出的自动驾驶L0~L5的6个阶段分类标准,目前3级自动驾驶辅助控制汽车产品已经实现商业化,如瑞典沃尔沃汽车公司的City-safety智能系统。2020年3月9日工业和信息化部发布《汽车驾驶自动化分级》(GB/T 40429—2021),为我国自动驾驶汽车商业化奠定制度标准,并为后续我国自动驾驶各类相关法律法规的制定提供支撑(如表6.1所示)。

表6.1 《汽车驾驶自动化分级》(GB/T 40429—2021)信息概览

分级	名称	技术要求
0级	应急辅助	驾驶自动化系统不能持续执行动态驾驶任务中的车辆横向或纵向运动控制,但具备持续执行动态驾驶任务中的部分目标和事件探测与响应的能力

续表

分级	名称	技术要求
1级	部分驾驶辅助	驾驶自动化系统在其设计运行条件内持续地执行动态驾驶任务中的车辆横向或纵向运动控制,且具备与所执行的车辆横向或纵向运动控制相适应的部分目标和事件探测与响应的能力
2级	组合驾驶辅助	在1级的基础上,驾驶员和驾驶自动化系统共同执行动态驾驶任务,并监管驾驶自动化系统的行为和执行适当的响应或操作
3级	有条件自动驾驶	驾驶自动化系统在其设计运行条件内持续地执行全部动态驾驶任务
4级	高度自动驾驶	在3级的基础上,增加执行动态驾驶任务接管的功能
5级	完全自动驾驶	驾驶自动化系统在任何可行驶条件下持续地执行全部动态驾驶任务和执行动态驾驶任务接管

必须承认的是,技术发展的过程肯定不会是一帆风顺的,特斯拉Model S和沃尔沃XC60在2018年相继发生致人死亡的交通事故,引发了社会关于自动驾驶汽车的众多争论,其中就包含相关伦理问题的探讨。自动驾驶汽车不仅仅是一项人工智能技术的现实应用,技术本身及其应用过程涉及社会经济、文化理念、风险感知和法律规则等一系列复杂社会因素,技术产品与这些社会因素共同构成自动驾驶汽车的社会技术系统。在这个协同系统中,仅仅依靠技术创新是无法保障自动驾驶汽车能够真正为社会公众所接受的,还必须考虑许多棘手的非技术性问题。自动驾驶汽车作为一类颠覆性创新技术,伦理和道德这一类"软规范"问题是最为特殊的影响范畴,伦理道德上对技术的共识,将直接影响相关法律法规的制定,还能够在一定程度上影响消费者对自动驾驶汽车的接受度。因此,不论是出于技术本身"以人为本"的可持续创新视角,还是出于技术发展对社会效益最大化的角度,再或者是出于公众在汽车消费市场中购买意愿转变的视角,自动驾驶汽车的伦理与道德问题都是无法避开的重要话题。

6.3 自动驾驶人工智能的伦理挑战

6.3.1 自动驾驶汽车的危机处理与抉择

自动驾驶汽车在面对突发性危机情况时的应急处理方式,是自动驾驶汽车商业化所必须解决的第一个重要问题,也是自动驾驶汽车技术能力的重要体现。要想实现自动驾驶汽车真正走向大众消费市场,就必须认识到消费者购买自动驾驶汽车最基本的前提要求——安全性,即自动驾驶汽车的事故率要远小于驾驶技术优秀的人类驾驶员的事故率。在正常行驶情况下,可以通过智能的交通指挥系统来实现对道路上自动驾驶汽车的协调以保障驾驶安全。这一点在本质上其实与人类驾驶员在面对突发道路问题时采取适当的操作是相似的,只不过自动驾驶汽车可以在智能化的交通运作体系加持下,实现面对突发情况时第一时间采取更加准确和灵活的处理方式。从行车安全性的角度来看,与自动驾驶汽车相比,人类驾驶员可以在短时间内综合考量多方面因素,并根据"潜意识"及时地做出有效判断,而自动驾驶汽车则是依靠大数据和人工智能算法计算出最佳方案。但是如若遇到了不可避免的致命性碰撞,自动驾驶汽车又该如何抉择?比如,选择撞到谁或撞到什么东西,或者是否应当更重视车内人员的安全而忽略车外人员的安全?这不仅是伦理观念的问题,同时也直接关乎产品的社会接受度,在学理上和实践上都必须深入探析,以寻求最优的解决方案。

1. 从"电车难题"经典案例出发

"电车难题"是英国哲学家福特(Foot)于1967年在其论文《堕胎问题和教条双重影响》中提出的一个经典的伦理学思想实验,这个思想实验可以追溯到威廉姆斯(Williams)爵士提出的枪决原住民问题。作为一个经典命题,其在哲学、心理学、伦理学和社会学等诸多学科领域引发长期热烈的讨论,以下是4个比较具有代表性的"电车难题"类案例:

(1)一辆失控的有轨电车沿着轨道飞驰而下,在前面的轨道上有5个人被捆在铁轨上无法动弹,而电车无法刹车径直向这5个人加速驶来。而你站在离电车有一定的距离的地方,旁边是一根操纵杆。如果你拉动这个操纵杆,电车就会转向另一边的轨道,原来轨道上的5个人就会获救。然而这时,你发现有一个人在另外一边的轨道上,若电车转向,这个人根本无法逃脱。

(2)吉姆作为一名植物学家来到南美洲某一国家进行实地研究,而这个国家由一名残暴的独裁者统治。一天,吉姆在广场上遇到了20名被抓起来的"反叛者"。押送"反叛者"的头目对吉姆说,只要他随机杀死其中一个人,其余人都可以被释放,如果他不愿意这么做的话,那么所有的"反叛者"都会被处死。

(3)警局内,一名恐怖分子正在接受审问,据线人提供的情报,这名恐怖分子知悉一场恐怖袭击的相关信息,这场恐怖袭击会造成很多人员伤亡,现在这个恐怖分子被当局控制住了,只有在遭受酷刑的情况下,他才会披露有关恐怖袭击的必要信息,那么应该以酷刑折磨他吗?

(4)器官移植外科诊室现在有5个病人,每个人都需要不同的器官移植,不然就会死去。不幸的是,目前并没有可供移植的器官供体。现在,有一位健康的年轻人旅行路过这座城市,来医院做例行体检。在做检查的过程中,医生发现这个小伙身上的器官正好可以对应那5个垂死病人的器官需求。再设想一下,如果这个年轻人消失了,没有人会怀疑医生。你支持医生杀死这个年轻的旅客,并把他健康的器官用来拯救那5个垂死的病人吗?

以上哪个案例更符合道德的选择？或者更简单地说，你认为正确的做法是什么？

以上4个案例，同样都是牺牲或伤害一个人换取更多人存活，但为何在不同情境下，不同人会有完全不同的选择呢？

隐藏在这些思想实验背后的问题，是探讨以边沁和穆勒为代表的结果最优的功利主义与以康德为代表的原则至上的道德义务论对待同一问题的不同见解：

(1) 功利主义，又称效益主义，是结果主义伦理学理论的一个分支，认为判断一类行为是否正确的标准就是看受这类行为影响的个人或组织能否获得最大化福祉。边沁将效益描述成"一个行为所产生的快乐的总和减去参与此类行为所有的人的痛苦"。与其他形式的结果主义不同的是，功利主义立足于客观的视角，平等地考虑受到行为影响者的利益，而并非像利己主义从主观视角出发，仅以自身利益为优先。从功利主义的视角看，为追求对最大多数人来说的最大效益，可以牺牲或伤害少数人的利益。

(2) 康德义务论，强调行为的评判标准应当来自理性和责任，而非感性和结果。认为所有的行为应当给予某种共同认可的道德标准作为评判原则。通俗地说，就是用行动的动机和理由来评判行为的善恶，并提出"绝对命令"来检验一个原则是否能被标准化和普适化：想象世界上所有的人都完全按照此原则来采取行动的后果，由此判断该原则是否具有可接受性。道德建立在必要的责任原则上，若将不可以杀人作为一种一般化的道德义务，就不可以杀掉或虐待任何一个人。

对"电车难题"的质疑与反驳主要集中于两个方面：第一，设想情境太过极端和理想化，已经与现实道德状况完全脱节，因此，相关讨论既没有实际用处，也没有教育意义；第二，对待死亡这种严肃问题，所采用的还原性分析方法，会变相支持简化的功利主义权衡方式，忽略了公正性而只关心更大的利益。

总体来看"电车难题"的意义在于运用二分的手段，讨论在同一境域下道德难题的不同回应，虽然与现实情况可能相差甚远，例如恐怖分子可能即使在酷刑条件下都不会招供，但作为一个条件简单的思想实验，引发了伦理与道德领域如此热烈的争论，同时还引出了关于道德实证心理、自动驾驶汽车道德决策等相关前沿问题的研究，无疑具有里程碑般的重要意义。

2. 自动驾驶的"隧道难题"

"隧道难题"是经典"电车难题"的一个延伸，目的是关注自动驾驶汽车的道德规范，以及谁来决定车辆在"生死关头"的反应：您作为乘客坐在一辆自动驾驶的汽车上，这辆车正沿着单行道行驶，在车辆即将行驶进入一个狭窄的隧道入口时，一个孩子试图穿越车道，但在路中间突然摔倒，正好倒在车辆进入隧道的必经点上。现在自动驾驶车辆有两个选择：继续按照既定路线行驶撞向孩子，或者转向撞上隧道两侧的墙壁，但乘客会因此身亡。这种情况下自动驾驶的汽车该如何反应？

"隧道难题"的核心问题聚焦于设计者和用户两个方面：从设计者来看，汽车该如何反应？做出此反应的根本逻辑是什么？从用户来看，谁将在此情境下有汽车反应方式的最高决定权？

"隧道难题"凸显的是车内乘客与路人之间的利益冲突，将困境的伦理抉择指向车内乘客是否选择"自我牺牲"。有学者认为虽然"隧道难题"将选择的主体引向乘客，但并不承认"舍己为人"是此类困境的最高原则，因为没有人会愿意购买一辆出厂就设定自我牺牲的汽车产品。

3. "电车难题"与"隧道难题"的不同点

第一，决策主体不同。传统"电车难题"中，行为主体都是人，而"隧道难题"中最终决策者是自动驾驶汽车。人作为决策主体时，其最终的决策受到外部和内部多种复杂因素的影响，例如不同的道德偏好、不同的评判认知和标准，甚至是面对危机当天的心情都有可能影响最终决策。而自动驾驶汽车决策所依据的算法程序是出厂就内置于汽车系统当中的，自动驾驶汽车会遵循一套汽车本身无法更改和变动的伦理原则，也就意味着在其行驶过程中不论遇到多么复杂的情况，都会按照出厂时就设定在系统中的伦理原则进行判断和抉择。这就是将面对危机时的伦理责任从汽车使用者转移到程序设计者身上。由于技术属于人工产物，因此，技术本身就含有研发者和设计者的价值理念。对于自动驾驶汽车来说，从其最初研发就需要伦理和道德因素的介入，只有嵌入合适的伦理原则才能使得自动驾驶汽车能够真正作为一类商品实现市场化推广。由此可见，伦理设计是自动驾驶汽车研发的重要环节，但这也带来了很多棘手的难题，例如，如何将伦理嵌入机器以及判断所嵌入的伦理原则是否合适的标准是什么。

第二，决策主体的所处环境不同。"电车难题"中，决策者并非电车事故的直接危害者，即决策者自身不是决策结果的直接利益相关者，而"隧道难题"中乘客是决策的直接利益相关者，是决策的直接受益者或受害者，对于决策结果来说既是"裁判员"又是"运动员"。一般在面对危及自身生命安全的情况下，车主购买汽车的初衷肯定不是希望自动驾驶系统导致自己因事故丧命，一般情况下肯定是希望自动驾驶汽车能够优先保障自己的生命安全。

此外，"隧道难题"与"电车难题"相比，在受害者与决策者之间增加了"自动驾驶"这个中介因素，将自动驾驶汽车的程序设计者引入伦理决策的众多相关方中，使得相关责任分配问题变得更加复杂。

6.3.2 自动驾驶汽车发生事故时的责任归属

与自动驾驶汽车危机问题紧密相关的就是责任归属问题。人类驾驶员驾驶的汽车发生责任事故时，人类驾驶员作为责任主体，责任归属始终是围绕涉事者展开的，根据相关法律法规可以清晰地将责任认定为事故中的某一方或多方。但如果是自动驾驶汽车发事故,那么事故的责任归属问题就会变得复杂起来,因为自动驾驶汽车具有商品属性,事故的发生可能与商品质量是紧密关联的,如果要对因为商品质量原因产生的事故进行责任认定,势必会牵扯到一系列包括乘客、制造商、算法研发者在内的多元利益相关方。在这些利益相关方之间如何进行责任的具体划分?各方应当承担多少份额?这种责任界定的合理性和划分标准何在?

1. 区分"自动"与"自主"的概念差异

这两个概念的本质差异在于机器能否实现完全自主的决策或选择。在"自动"的概念框架下,一辆汽车能够在不需要乘客介入操作的情况下,遵守速度限制,避开障碍物,接受和处理来自传感器的许多道路信息,预测或识别危险状况,发出警告并停止移动。这种意义上的自动驾驶是将驾驶员对车辆的控制权,移交给自动化系统,并非真正的智能。而"自主"则是指在知情的条件下,总体上能够意识到信息的性质以及促成该行为的动机或目的,不是由某种外部的、有动力的力量所引导的,是一种做决定的能力,目前看来只有生物体才能够实现真正的"自主"。"自主"也就意味着可以做出真正的选择,机器实现"自主"也就意味着机器自身是自我所有、自我调节和自我管理的主体,需要对自己的行为负责任。

2. 自动驾驶汽车的责任主体性质

亚里士多德在责任主体的认定上,提出了3个原则要求:第一,承担责任的能力应当在主体能力可实现的范围内;第二,责任行为应当是主体在自愿非被迫的情境下发生;第三,主体在起始因是无知的状态下无法产生责任行为。在此基础上融入对责任对象的考量,就可以认为所谓的责任主体能够控制自身行为,且知晓其行为,并在原则上能够知晓其行为给他者造成的影响与后果。任何不满足以上预设条件的,都不具备完整承担其主体责任的能力。目前来看,人工智能在可预见的未来并不具备与人类等同的主体概念,一旦自动驾驶汽车出现类似"隧道难题"的交通事故,司法体系难以为自动驾驶汽车的行为后果指派责任归属。因为,自动驾驶汽车并不是能够体验情感的自主体,就其机器的本质来看,自动驾驶汽车只是一种无生物特性的创造性技术工具,就目前来看人工智能并不具备类人的"心智",也就无法实现和人类等同意义上的认知与决策。

6.3.3 自动驾驶汽车的道德设计

道德算法,是指以代码的形式将伦理原则或道德规范嵌入人工智能机器中,让智能机器自身能够做出符合普遍道德预期的判断和决策,即要求能够设计出一套"伦理程序",智能机器将现实中所面对的抉择问题或行为通过传感器输入到内置的"伦理程序"中,在程序中经过一系列道德运算后得出一个符合一般人类伦理的判断,并依据判断的指引行动。

要想实现自动驾驶汽车真正的商业化推广和在日常生活中的应用,就必须要解决好自动驾驶汽车中的"道德算法"相关问题,包括如何嵌入算法、算法附属有怎样的道德价值以及最关键的如何实现的问题。

目前,智能机器的"道德算法"主要有3种实现进路:

1. "自上而下"的进路

运用道义逻辑将道义论的义务和规范转换成逻辑演算,同时通过净利益的计算实现功利的算计与权衡,使机器人能够从一般的伦理原则出发对具体的行为做出伦理判断,目的是将抽象化的一般性伦理原则转化成道德代码,嵌入自动驾驶汽车的行驶程序中,以应对在道路上可能遇到的各类具体情形。但这种进路有两个难以克服的问题:第一,即使是人类驾驶员也无法将道路行驶中的所有因素都纳入决定驾驶操作的考量体系当中。人类驾驶员在行驶过程中依靠的更多是直觉判断和对器械形成的肌肉记忆,这一点人类驾驶员与自动驾驶汽车的操作模式是完全不同的,尤其是出现异常复杂的行驶状况时,仅仅靠一般性的伦理原则是无法进行有效应对的。第二,一般性的伦理原则其本身就具有多样性,甚至还有互相冲突的原则标准,人们对选择何种伦理原则一直无法达成一致意见。此外,不论是功利主义还是义务论,都会不可避免地掉入"情境复杂化"的陷阱中,功利主义的道德算法需要进行繁重的优先性对比与衡量,所遭遇的抉择情境越复杂,机器承担的运算量就越大,这些假设缺陷也反映出"自上而下"进路更多只是一种理想化的分析框架,在实践操作上并不具备很高的可行性。

2. "自下而上"的进路

借助人工智能的机器学习以及复杂适应系统的自组织发展与演化,使得智能机器能够从具体的情境中归纳生成出普适性的伦理原则,并通过自主学习演化出面对道德冲突的感知与抉择能力,这种进路的核心思想是智能机器的学习与进化,与技术层面的深度学习发展目标相匹配。采用"自下而上"进路的优势在于,不需要预先设定固定的伦理原则,让自动驾驶汽车通过在不同场景下自主学习,更加贴近人类自身道德判断能力的塑造过程。这种思路最早可以回溯到人工智能之父——艾伦·麦席森·图灵,"与其试图制作一个模拟成人思维的程序,为什么不尝试制作一个模拟儿童思维的程序呢?给予其适当的学习和训练,就能够使其达到成人所具有的思维水平"。随后"遗传算法"的发明,就是希望能够通过模拟自然进化过程以搜索近似最优解,这种算法模式能够摆脱"自上而下"进路中的复杂化和绝对性的限制。但目前面对复杂的现实行车环境和各类突发性的交通事故,自动驾驶汽车仅在少部分地区进行了小规模的试验,所积累的数据并不足以保证汽车能够面对复杂的实际道路情况,对这类数据库平台的建设以及数据共享机制的完善仍然有很长的路要走。

3. "混合"进路

"混合"进路希望能够综合前两种进路的优势,寻找一种更具现实性和可操作性的自动驾驶汽车道德推理模式,期望将亚里士多德美德伦理学应用在人工智能领域,将前两种进路整合起来,使得自动驾驶汽车本身能够具有表达美德属性的能力,同时又涵盖"自下而上"的自我学习进路。如同人类的道德属性,一部分源自先天禀赋,另一部分来自后天学习,两部分共同叠加才是一个人目前所有的道德能力,即使是这样,每个人在具体道德场景中的道德决策能力仍然具有一定的不稳定性。与人类驾驶员不同的是,自动驾驶汽车的道德决策原则很大程度上是人为预制的,在"混合"进路的设想中,构建一种"自上而下"的美德原则嵌入模式,同时在实际情境中不断让自动驾驶汽车的操作系统自主学习。目前来看,"混合"进路应该是解决未来自动驾驶汽车伦理问题的最优路径方法。

6.3.4 自动驾驶汽车伦理困境的起因

1. 对"直觉"与"习惯"的先天信任

随着技术的进步,自动驾驶的判断失误和发生交通事故的概率可以无限趋向于零,而人类驾驶员不论驾龄多久、驾驶技术娴熟程度多高,依旧存在一定程度上难以克服的失误概率。但在这种情况下我们依旧可以对人类驾驶员做出错误决定的概率表示理解,而质疑失误比率远小于人类的自动驾驶技术,这主要是源自我们潜意识的"习惯",在紧急状况下所依据的"直觉"或"习惯"其实在本质上依然是比较,这种比较受到决策主体自身所处的社会文化环境、社会群体的价值观念以及个人心理因素的影响。我们大部分的行为都是出于习惯而进行的,也经常将"习惯"等同于"合理"。因此,我们更倾向于将公众普遍认可的"习惯"作为最优决策标准,在发生危机时依据直觉做出判断。

2. 基本的伦理原则难以确定

在伦理学界,功利主义、义务论或美德伦理等多元化的伦理理论各自有其理论的合理性,但同时又都存在实践上的争议性,很难确定最具普适性的伦理标准。有部分学者认为,在自动驾驶汽车中置入何种伦理原则的决定权应当归属于汽车车主,但这可能会与自动驾驶汽车厂商对产品的期望冲突。自动驾驶汽车具有商品的属性,汽车厂商将产品制造并投入市场,最主要的目的还是盈利,此外还要确保产品不会出现因技术失误而导致的交通事故,否则将会大大影响企业的名声,影响到企业的未来发展。正如梅赛德斯-奔驰公司的高管斯托夫·冯·雨果所说:"奔驰公司未来的自主汽车将优先拯救汽车的驾驶员和乘客,即使这意味着牺牲行人的生命。"即在面对车内外人员都存在生命威胁的情况下,优先保障车内乘客人身安全。

3. 无法避免的碰撞事故

很多对自动驾驶汽车持乐观主义态度的人认为,可以通过持续发展自动驾驶汽车技术和优化道路交通系统,进而实现自动驾驶汽车的"零碰撞",也就可以避免所谓伦理抉择问题的产生,但碰撞事故是无法完全避免的。首先在技术层面上,当前人工智能的机器视觉和探测系统还存在很大局限性,想要实现真正的360°全方位监控识别还较难,同时自动驾驶汽车需要依靠识别道路的汽车和交通标识才能决定如何驾驶,一旦遇到道路标识出现错误,对人类驾驶的汽车并不会有太大影响,但是人工智能一旦识别错误其后果就会大不一样。不难想象,如果这类识别系统遭受来自系统内部的恶意干扰,所造成的负面后果将不堪设想。此外,就算自动驾驶汽车能够装配有最精准可靠的探测、监控、识别和制动系统,但在现实复杂的道路环境中仍旧无法保证不会因行人、动物或人工驾驶汽车突发意外情况而导致自动驾驶汽车发生交通事故。

▶ 6.4　科学数据共享的伦理问题

　　科学数据,是指在具体科学知识的指导下,对学科所指向的研究对象进行解析和抽象,而后概念化形成,以量化的科学证据形式存在的关于各类科学研究活动的最原始、最基础的数据信息。近代科学体系形成的标志,就是量化方法的引入,数据的方法较以往思辨的方法更能精准地对研究对象进行描述和预测,随着量化方法的推广,数据也就被认为是实证研究的基础,用以挖掘自然科学与社会科学的事实与证据,并成为科学推理的必要条件,甚至在某种意义上成为划分自然哲学与科学一种模糊的界限,即"无量化,不科学"成为科学发展的必然趋势。随着科学与技术一体化进程的不断推进,科学研究所采用的技术器械的不断精细化,数据存储容量的不断扩大,数据分析和处理能力的不断提升,科技的研究与发展也逐渐走向以海量数据为基础的科学大数据时代。以1998年英国帝国理工学院托尼·卡斯教授在其论文《A Handler for Big Data》中首次在生物信息学领域提出"大数据"概念作为标志,科学大数据已经成为科学研究的一种新的范式,并迅速衍生出一批以数据为基础的新兴交叉学科。

　　开放与共享,一方面是科学共同体认可的,实现科学持续发展的必要条件,是科学伦理精神中共有性和无私利性的体现;另一方面作为科研工作的基本理念,科学数据的开放与共享,也是科学研究成果可证伪性的保障,确保科学共同体内部的可监督性,是学术圈良好生态的必要保证。因此,对于公共资助的科学研究数据开放的呼声愈发强烈。在此背景下,很多研究单位和组织机构开始提倡科研工作者将其研究过程中所产生的有价值数据以统一的标准和规范的格式,在科学共同体内公开发布,以实现科学数据价值的最大化,实现数据资源能够在多个科学团体之间有效利用。同时,开放存取、大数据、云平台等技术方式的成熟,使得科学数据共享的硬件条件逐渐完善。但在科学数据开放与共享形势"一片大好"的同时,数据阉割、数据垄断、数据滥用、数据泄露、产权模糊等一系列问题层出不穷,这些问题无疑使得数据开放与共享的进程备受阻碍。究其根本,这些问题是新兴技术对传统伦理原则的挑战,能否设定公认可靠的科学数据共享伦理标准,将直接决定在大数据时代,科学数据能否安全并有效地传播和被使用。必须要强调的是,单纯依赖强制性的法规是不充分的,因为法律面对新兴技术领域具有一定的滞后性,即便制定严苛的法律来框定科学数据共享进程,法律仍然存在被"钻空子"的风险。因此,必须要将共享伦理纳入科技工作者的职业伦理当中,以"软"文化的方式与法律法规这一类"硬"制度形成互补,这是大数据与人工智能时代,科学数据共享政策与科技数据管理发展的必然方向。

6.4.1 科学数据共享伦理问题的内容

1. 科学数据共享的信息安全

与大数据信息的隐私保密不同,科学数据的原始所有者是科技工作者及其所在的科研机构,而科学数据共享的根本来自科学本身的无私性与开放性。相对来说,科学数据可以通过共同体之间的合理共享而在某种程度上回避恶意的数据窃取和泄漏,但从细分学科领域的视角来看,因为学科的不同,隐私保密问题也仍然无法避免,例如医学、生命科学、社会学、经济学等学科所涉及的统计数据,都有可能涉及被试或被调研个体的隐私问题。这些数据很多都包含有敏感的隐私信息,一旦发生泄露或被窃取,所造成的后果也同样是十分严重的。即使科学数据的范畴与日常隐私数据在属类、收集方式和应用目的上不尽相同,但因为同样会涉及个体隐私,不免会引发社会舆论的重点关注,从而造成严重的风险事故,带来公众质疑,给科研活动和科学数据共享产生不必要的社会压力。因此,部分科研机构要求,虽然科学数据应当有尽可能广泛和自由的获取渠道,但对于参与者的隐私、社会文化敏感性内容、专有和机密数据的保护机制和措施必不可少。

2. 科学数据共享的权益保护

因为数据产生方式的不同,科学数据所面临的权益保护问题也与个体隐私数据不同。个体隐私数据多来源于其社会生产或日常生活的过程,更多的是以被动的形式收集,而科学数据大多都是科研机构通过科学实验、实地勘探、社会调查等方式获取的。这些科学数据本身就带有研究人员的劳动属性,研究人员作为科学数据的拥有者,也需要对数据的真实可靠性负责。在科学数据流通和多次利用过程中,也涉及一系列复杂的利益相关问题。而且科学数据作为重要的资产和资源,在开放共享的过程中,其必将牵涉一系列新的知情与同意、收集与保存、使用与拥有权等新的数据权益问题等,这些都需要有关部门和组织进行合理协商。科学数据的产权保护应当引起足够的重视,以保护科技工作者的劳动成果。随着开放存取的不断推进,科学数据的公开性和可获取性逐渐增加,相关的版权保护机制亟须跟进落实,与OA(Open Access)期刊可以通过参考引文和学术不端检测来保护著作权不同,数据在使用过程中可能会出现通过数据拆解和刻意修改等方式而将数据"据为己有"的问题。

3. 科学数据的"数字鸿沟"

一般意义上的"数字鸿沟"是指在大数据时代中,不同国家、地区、行业、企业、群体、个人之间由于技术设备与应用能力的落差,所造成的数据拥有方与数据被采集方之间关于数据信息使用能力的差异问题。在科学数据的共享与开放过程中,也同样存在着类似的信息"鸿沟"问题,主要来自两个方面:一是对数据的使用能力,这点与一般性"数据鸿沟"问题类似,但不同群体之间存在学科专业知识上的差异,使得科学数据的共享使用也仅局限于专业的学术研究共同体的"小圈"内,因为共享数据缺乏较多分析与解释,导致更多的受众因为专业"差距"而放弃对数据的使用。因为科学数据涉及较多学科研究的专业内容,专业的研究人员没有义务要对公开共享的数据进行完整详细的标注与解释,这并不是回避科研工作者的科学普及责任。因为对于专业数据本身来说,开放和使用的对象应当具有一定的专业素养,这样才能发挥科学数据共享的最大价值,更不至于因专业知识匮缺造成对数据所包含的真实信息的误读与歪曲。二是科学数据的标准端口与格式之间的差异使得各方在获取开放数据后因为不同的标准化格式而造成的阻碍,这在自然科学领域相对容易处理,对于特定研究对象的数据标准随着学科本身的发展与演化已经基本形成一套标准的格式要求,但社会科学类的数据由于各地区政府机构的要求、区域文化的差异等因素,要想统一数据含义和格式是一个相当复杂的过程,需要多方协同对不同含义的数据指标进行同义转换,提倡在保留区域特点的基础上,完成公认一致的数据标准制定。

4. 原始科学数据的"污染"问题

要实现真正意义上的科学数据开放与共享,在某种意义上也标志着科学研究数据的所有权的"迁移"。传统认为科学研究数据,作为研究者的自主劳动,其所有权应当归资助方或研究者所有,这一点是无可厚非的,因此,即使是实现科学数据的完全开放与共享,使用者在获取和二次使用数据后,应当明确标准引用或以合作者的身份声明科学数据的所有权,这是尊重科研劳动和学术道德的应当表现。科学数据作为科研活动成果,应当遵循与"科学无国界"类似的开放共享传统,进而也成为公共数据资源的一类,在某种程度上也标志着资助方与科研工作者对其资助或从事的科研活动所产生的科学数据垄断权力的瓦解。但是不论是资助方还是科研工作者,共同体的伦理准则或道德公约作为一种"软"规则,是不具有强制性的法律执行意义的,也就是说,共享与开放的公约理念并不能强行规制到所有资助方和科研工作者的主观性抉择,部分科学数据所有者可能会出于保持既有竞争优势的动机,甚至是出于个人主观因素,对数据进行"非必要"处理,进而可能蓄意造成原始数据的"污染",最典型的就是数据造假,这种数据造假行为的目的也可能与共享无关,而更多的是与学术不端行为相关联,为了能够达到理想的实验结果,刻意篡改数据或者图示,导致这部分数据无法真实反映研究事实。一旦这类数据进入流通平台,很有可能会以"以讹传讹"的方式造成一系列错误结果。

5. 数据开放与共享引发的异化问题

数据至上主义过分强调科学的量化研究,在本质上就是科学主义在大数据时代的延伸,认为研究对象只有被量化为数据才能被准确描述,数据成为认识和描述事物的唯一标准,进而将数据作为"信仰",虽然量化形式的数据的确可以实现更精准有效的科学研究,但"物极必反"的道理告诉我们,任何事物都有其局限性,过分强调数据会造成数据所附含价值属性的模糊和缺失。而对任何一个事物来说,数据仅仅只是一种描述外在关系和事物表象的方式,而不可量化的质也是事物不可分割的组成部分。过分强调数据,就如同"唯GDP论"一样,在信任数据能力的同时忽视了数据化的弊端,进而陷入了另一种片面、偏执的"泥坑"。尤其是在学术研究的理论创新方面,虽然可以从数据中进行归纳和总结,进而对理论进行有效佐证和补充,但过分强调科学数据可能会引发经验主义的还原论与理性主义的系统论之间的矛盾,还原论语境下的数据方法难以完整且有机地还原研究对象的本质属性,系统化与逻辑性的思辨方法仍是科学研究重要的组成部分,两者在形成优势互补的基础上才能实现真正意义上的学科发展与创新研究。此外,科学数据的开放共享还可能会使得很多科学研究工作者以避免重复试验为理由,过分依赖共享的科学数据。这导致的后果包括:一方面,不利于科研工作基本能力的培养和训练,研究者可能会刻意回避部分基础试验设计与操作;另一方面,一旦共享的数据存在错误,则会造成相关研究成果出现连锁式错误。而在社会科学领域,很多调研数据的共享的确有一定的益处,但社会科学类研究强调采集数据的同时,要更加贴近研究事实的现实环境,在特定的语境中才能实现对很多社会问题的有效感知和认识,共享数据依赖则会在某种程度上让研究者与现实语境脱节而不利于对现实状况的描述和学术研究的发展。

6.4.2 科学数据共享伦理问题的成因

1. 科学数据的定义模糊化

要想给科学数据下一个整体性的定义是不难的,但在看待具体科学数据的问题过程中,仅依据"笼统"的定义是不够的,因为科学数据本身是以多种实体和形式存在的,不同学科领域所涉及的数据种类,以及数据背后所包含的科学意义都是不同的。国务院2017年印发的《科学数据管理办法》中将科学数据定义为:在自然科学、工程技术科学等领域,通过基础研究、应用研究、试验开发等产生的数据,以及通过观测监测、考察调查、检验检测等方式取得并用于科学研究活动的原始数据及其衍生数据。这一定义承认了科学数据具有广泛的来源,并有多种获取方式以及数据种类。但随着量化方法在社会科学领域的普及与应用,以及大数据时代新拓展的数据来源和收集方式,科学数据的边界逐渐发生新的变化。社会科学研究数据的来源方式与自然科学不同,主要是通过问卷设计、走访调查、社会普查以及政府相关统计机构的发布,所研究的对象也主要是与人、组织和群体相关,社会科学数据相较于自然科学和技术科学,具有更大的主观性和概率性,但随着量化研究的不断深入,社会科学研究数据的科学性也在不断提升,例如经济学、管理学领域中量化研究已经成为主流,而且社会科学数据的开放与共享能够减轻社科工作者的研究负担,避免不必要的重复调研和信息采集。此外,大数据时代也拓宽了科学数据的来源渠道,包括以前被忽略或较难收集到的日常健康数据、个人移动轨迹、个人在社交网络发布的信息等。这些数据类型按照以往我们对于科学数据的认知和定义,应当是不在科学数据所涵盖的范畴内的,但管理学、心理学、社会学等很多学科已经开始运用这些数据进行相关科学研究,而且能够对研究对象描述上更加精确化和内容上更加深度化。综上可见,数据种类的增加引发科学数据概念的拓展,若不加以合适的定义和分类,那么针对各种类型数据实施一般性管理模式就会存在不适用性和不兼容性,进而有效的科学数据共享模式也就无从谈起。

2. 科学数据共享的利益相关者问题

科学数据在实现共享的过程中所涉及的并非仅是"研究者(数据所有者)－共享平台－数据使用者"这样的单线模式,所涉及的利益关系也不仅只有数据所有权和知识产权问题。这种理想化的模式或许在技术上是成立的,按照"提供－储存－获取"的逻辑运作,但现实意义下的科学数据共享过程将涉及许多复杂的非技术因素,而科学数据开放共享的各类法规制度的设立也离不开包括科学界在内的利益相关者的广泛参与。科学数据的开放获取并非一个简单的技术过程,数据的所有权、数据获取的正当性、数据的可靠性以及数据使用的社会后果等一系列问题,仅依靠政府和学术机构是无法有效解决的,科学数据共享过程中所涉及的一系列异质性参与者应当参与到共享机制治理的活动中来。目前,有学者基于确保信息安全,建构了一套较为完整的科学数据共享流程,从科学研究的初始端——研究设计开始,科学数据采集后,储存至共享平台,然后由需求方申请,进而对数据进行分析或对研究进行验证,以实现科学数据的共享传播,根据整个共享机制设立适当的管理办法。在这个共享机制中,已经涉及数据的生产者、科研机构、平台提供方、立法单位、数据使用者、第三方监督机构等一系列相关方,再将科研活动进行细分,若研究是由企业等社会机构资助的,所牵涉的利益相关者的范围就会更广。一般情况下,都是将科学数据作为一种知识产权将其所有权赋予受资助者,但也有国家规定受到公共资金资助的研究机构其科学数据的所有权属于国家财产,其衍生作品或产物归发现或发明者所有。

虽然已经明确要求,数据获取者要以引用或合作者的方式来表现对生产者版权的尊重,但针对这一方面具体的可操作性监督方法仍需要各利益相关方进一步的协商研讨。

3. 科学数据共享伦理素养的差异性

科学数据的共享伦理素养是科研数据伦理素养的一个分支,其主要强调的是数据获取的合法性、传播过程的合规性以及在使用数据过程中方法的合伦理性,是科研数据生产者和共享后的使用者应当持有的基本数据价值观,以及与观念对应的一系列行为准则,其核心就是强调在数据共享过程中涉及的相关方,要自觉遵守相关数据伦理规范,一方面不能逾越法律边界,一方面也要恪守对应群体匹配的伦理要求。科学数据共享过程中各相关方能否恪守其伦理原则,将直接影响科学数据共享机制能否有效地持续推进和发展下去。针对共享过程所涉及的各相关方,每一类相关方在整体上遵循"自由、平等、开放、共享"的共同理念,但依据相关方的不同职能和群体特点,所对应的具体伦理素养要求也会有所不同。首先,科学数据的原始所有者,也就是科学数据的生产者或资助机构,能否保证所发布的科学数据的有效性和真实性?相近研究方向的数据生产方,能否做到"互有往来",而不是一味地汲取和享受他人共享数据的红利,自身却不愿意将其所拥有的科学数据公开?能否将共享的伦理规则以一种文化教育的形式,有效地纳入职业道德教育体系?对应的业内规则该如何设定和推广?这些都是原始数据所有者应当面对并解决的问题。其次,数据平台方作为科学数据传播的重要枢纽,能否确保科学数据在储存与流通过程中,在保证便捷性的基础上,不会受到非技术因素的影响而导致数据失真或质量受损?能否制定统一的数据格式或标准要求?能否在一定程度上跟踪和监督数据的二次使用,从而确保数据的版权得到应有的尊重?这些具体的运行机制,其本质都是来源于平台作为数据共享枢纽的伦理责任,如果仅作为单纯的存储空间,那共享平台存在的意义也就丧失了一半。最后是使用方,其伦理责任在上面已有叙述,其伦理问题的关键核心就是对版权的尊重,以及可能存在的有意歪曲或无意错误的滥用数据行为。当然,数据共享的相关方也并非只有上述三者,还有对应的政府职能部门、相关的社会组织等,不同相关方之间在伦理责任上的差异性,以及相关方中个体主观的伦理素养和职业道德的不同,都是对设立统一有效的科学数据共享伦理规范重要且复杂的挑战。

6.4.3　科学数据共享伦理问题的对策研讨

1. 以一般性伦理原则推进科学数据共享法规的制定

想要建设跨区域和跨国别的科学数据共享平台的伦理准则,首先就得面对不同文化视域下的伦理原则差异,只有在差异的基础上进行协商,才能制定出具有普适性的伦理原则。从整体上看,科学数据在总体上,秉承既有的大数据时代"自由、公开、共享、开放"的基本要求,但这种宏观性质的理念只能为具体的伦理准则或细则提供大方向的指导,而由各地区不同的文化背景所形成的伦理认知,才是影响到具体伦理标准制定的关键因素。欧盟发布的《通用数据保护条例》(GDPR)被公认为"史上最严格的数据管理条例",这种严苛的规则一方面是为了应对复杂的数据安全问题,另一方面与欧洲特有的文化背景是紧密相关的。伦理差异问题若得不到协调,即使科学共同体达成数据格式与标准的统一,在共享和流通过程中一旦涉及跨区域或国别问题,很有可能遭遇不同区域或国别法规"适配性"与"兼容性"的问题,增加数据共享的成本消耗,严重影响科学数据的开放与传播。因此,需要跨地区的相关学者就不同文化影响下的伦理差异进行研究,以初步探索出可供相关方参考的一般性伦理咨询意见。

2. 建立由利益相关者组成的协商与沟通网络

学界关于新兴技术治理相关问题的研究,为了确保治理机制的最大有效性,一直都在强调相关方的协同与合作。同样,科学数据共享的伦理也离不开利益相关方的参与,在"政府—科研机构—公众"的大框架下,以"(研究资助)—数据生产—数据平台—数据传播—数据使用—数据监管"为关系网络,以政府部门为主导,建立由科研工作者、研究资助方、平台建设者、数据使用者、社会公众代表组成的协商机制,围绕科学数据伦理问题为议题中心,发挥各主体对共享伦理认识的主观能动性,广泛调研和收集民意,由政府综合采纳其中有现实价值的意见信息,推出相关政策指引,供相关立法职能部门参考。在国际层面上,积极参与相关国际组织关于数据开放与共享的相关研讨,与世界科学数据共享机制协同,推动一般性科学数据开放伦理原则的统一。

3. 加强科学数据伦理素养的专业教育

要将伦理教育正式纳入数据素养培养体系内,从道德教育的角度入手,将一般性伦理原则作为专业培养体系的重要知识部分,从一开始就将基本的伦理原则植入相关方的职业道德中,能够在最大程度上以"软"文化的方式,让各相关方铭记基本的伦理原则,并以此指导自己在共享过程中的所作所为。将相关法律法规以"硬"制度的方式,与伦理"软"文化形成互补,作为对相关方的约束。

6.5 医疗人工智能的伦理风险

世界范围内,社会医疗与保健供需不平衡的问题愈发严峻,造成这种问题的原因是复杂的。虽然各类新型医疗技术的研发成果层出不穷,以往不能解决的疑难杂症也逐渐被攻克,但是这并没有有效降低医疗成本问题,新药或新器械的研发需要相关厂商投入巨大的资金支持,且研发的时间周期也较长,但与之相对的专利保护期限并不协调。换句话说,厂商只有20年的盈利期,这期间还包括了新药临床实践的数年时间,这将直接导致厂商将研发药物所需要的成本转嫁给消费者承担。在环境层面,生态污染问题的不断加剧以及现代人的亚健康生活状态,再加上病毒本身具有的突变性,导致各类由病毒引发的传染病也在不断增加,针对性的药物较难跟上新病毒的变化,需要追踪各类新病症的发病特性,这也会直接导致医疗成本的提高。此外,还有必须要面对的人才成本问题,以美国为例,一名医学生在理工科4年的基础教育结束后,进入专业医学院培养4年之后,还需要3~8年的临床实习与住院培训,才能选择就业意愿成为正式雇员。我国医学生的培养模式也是以临床医学本科为起点的"5+3+3"医学博士教育。不仅仅医学人才培养所需要的时间周期长,医学本身的培养难度也高,导致医学人力资源的培养成本不断增加。总的来看,社会成本、人才资源以及不断变异的疾病等综合因素导致整体医疗成本的迅速上升,既有医疗保健领域的供给能力难以满足实际的公众需求。

公众对高质量和高水平医疗体系的标准也在不断提高。生产力水平的提高使得人民生活水平逐步提升,对更高质量医疗需求随之上升,公众对于医疗卫生体系的态度也随之发生变化。既有医疗过程的核心主体是医生,患者按照医生的指导接受治疗,医生根据患者需求按照既定统一的治疗方案进行救治。但随着大数据与人工智能技术的兴起,个性化与精准化的诊疗开始被运用于医疗实践后,传统的以医生为主导的诊疗模式开始转向以大数据为基础的精细化医疗模式,针对特定个体的现实身体状况和过往相关数据信息以实现具有个体独特性的诊断路径,继而达到医疗效果的最大化的同时尽可能地实现副作用的最小化。同时,医疗人工智能还可以"未雨绸缪"地对个体潜在的各类疾病做到有效的预防,可以通过个体的大数据信息与数据库中已有的相关病例信息对比预测,逐步实现以病前预防代替病后治疗的新型健康管理模式。

此外,不同地区的医疗资源分配也存在着较大差异。时任卫生部长陈竺就曾指出我国城乡医疗卫生存在资源配置不均衡,城乡卫生服务体系分割且不健全,人才流动存在单向性导致乡村地区人才匮乏等问题。2017年每千人口卫生技术人员数,城市为10.9人,而农村仅为4.3人;乡镇卫生院的卫生技术人员研究生以上学历仅占0.1%;每千人口医疗卫生机构床位数城市地区是农村地区的两倍还多,医学相关人才资源分布不均衡以及学历水平的参差不齐已经成为制约我国整体医疗水平的严峻问题,少数地区还出现医疗资源配置和服务供给短缺与浪费并存等问题。同时,人口老龄化、空巢老人问题也是对医疗资源配置的重要挑战,按照目前的人口状况我国在2050年将会有近4.5亿的老年人口,老年人口健康状况下降,对医疗资源的需求急速增加,多样化和多层次的老年人护理与陪伴需求愈发紧迫。数量庞大的患者群体的医疗资源需求与现实能够提供的资源配置不协调将会导致严重的社会矛盾。由此可见,医疗资源配置的不充分与不协调问题将会成为社会发展不可忽略与回避的阻力之一。

基于医疗大数据的人工智能技术,在电子健康技术和"互联网＋"医疗的基础上,人工智能与医疗领域的深度结合,带来的将不仅仅是医疗信息化技术的再一次颠覆性创新,也是医疗技术体系与服务模式的一次整体性转型和升级。世界各国,尤其是发达国家都意识到了医疗人工智能所蕴含的社会价值和创新潜力,积极推动和布局医疗人工智能的发展规划。2016年是医疗人工智能发展的重要节点,美国连续发布《为人工智能的未来做好准备》《美国国家人工智能研究和发展战略计划》《人工智能、自动化与经济报告》,报告中都着重强调要加速人工智能在医疗领域的应用与发展。2017年日本在《人工智能技术战略》中寄希望于人工智能技术优势来解决社会医疗问题。我国在2016年国务院发布的《关于促进和规范健康医疗大数据应用发展的指导意见》中就开始重视医疗大数据的社会价值,并将其列入国家级大数据规划当中。2017年《"十三五"卫生与健康科技创新专项规划》直接界定了医疗人工智能技术具体的发展方向,同年《新一代人工智能发展规划》的发布更是直接将医疗人工智能的发展上升至国家战略层次。目前,人工智能在医学影像、药物研制、医疗管理、虚拟助理、临床治疗等方面均已取得有效成果,与技术相关的一系列社会问题也逐步开始受到关注,要确保技术能够持续发展,并能真正走向临床实践和现实应用,就必须平衡好技术的效益与风险,将技术可能引起的社会风险问题发生的概率降至最低,其中最为复杂的就是技术伦理以及衍生出的法律问题。伦理问题包含技术使用过程中的安全性、医疗信息的隐私保护、社会医疗公平以及可能引发医疗事故的责任划分与归属,这些问题如若无法得到合理限定和解决,则会成为技术发展的重大阻力。医疗人工智能技术目前还处于新创阶段,很多领域的技术产品还未落地应用,因此,尚未有足够可供参考的实证资料来精确地判断技术的社会结果,但依据"预先性"原则,从技术伦理的视角,能够广泛地预估技术可能产生的风险问题,并做好预期准备。

6.5.1 医疗人工智能的伦理问题

1. 医疗人工智能的安全性问题

随着医疗人工智能技术的落地与产业化,患者或消费者与技术产品的交互会愈来愈紧密,技术产品会直接作用于人体。目前,人工智能还处于"弱"阶段,智能化医疗产品的成熟度还不够,技术本身在复杂的现实应用环境中可能会出现与理想化预期不一致的不可控性和不确定性问题,例如2015年发生在英国的用医疗机器人进行心瓣修复手术的事件,机器人不仅出现严重的操作失误,还干扰人类医生的正确操作,结果这位患者在术后不久就去世了。此类事件不仅导致严重的医疗事故,而且可能触发社会恐慌和患者对医疗机构的信任危机,导致"断送"智能医疗机器人的临床应用。要想实现医疗人工智能技术产品的持续发展,安全隐患问题就成了必须要重点关注的内容。其实,医疗人工智能在很多方面的失误率要远远低于人类医护,但还是难以被接纳推广,一方面是因为责任划分问题不明确,另一方面则是情感上的不接受和不信任。

此外,医疗大数据的信息失真或失信情况也不能忽视,在医疗数据收集过程中,甚至还可能存在有人提供虚假或错误数据来"玩弄数据系统"的情况,数据储存与传输过程也可能会导致信息差错率增加,严重影响既有医疗体系对医疗人工智能技术的接受度,进而导致各类智能化信息平台建设受阻。同时,医疗人工智能还存在被生物恐怖主义者滥用的风险。人工智能能够降低药物挖掘的成本和周期,可能会被不法分子用于研制禁忌药物,还能被用来破译基因信息,以研制生化武器等。能否有效处理和解决技术可能涉及的安全性问题,将直接决定技术能否持续发展下去。

2. 医疗大数据引起的隐私保护问题

大数据是人工智能发挥技术功能的基础,没有足够体量的医疗大数据资源,医疗人工智能技术产品的运作也就成了"无本之木",技术社会价值的发挥也就无从谈起。医疗大数据是由各类医疗信息组成的集合概念,包含了个人健康、日常生活、既往病史、生活环境,甚至是个体基因等各类敏感数据。一方面,这类医疗数据越"齐全",医疗人工智能的技术功能就能越有效精准地运作;但另一方面,技术本身的商业属性以及医疗大数据本身所包含的巨大经济价值,使得医疗大数据的采集与使用很有可能"僭越"科研用途的范畴,造成患者医疗信息的外泄,像基于深度学习的智能诊断和基于大数据的健康管理,都需要海量数据信息的支撑,完全禁止获取个人医疗数据是不可取的,但一旦允许采集个人医疗数据就会难以避免滥用与泄漏风险。

其实,医疗大数据收集与平台建设工作,要早于医疗人工智能。因为在医疗人工智能兴起之前,"互联网+"医疗和电子健康技术的发展就已经推动了医疗信息化的进程,患者的个人医疗信息已经逐渐以个人电子病历(EHR)和医疗信息系统(HIT)元数据的形式保存起来,随着云储存技术的成熟,大量的医疗信息也就转存至云端,这样医疗大数据的隐私保护的难度就又会增加。

医疗大数据的隐私保护贯穿于数据收集、保存和使用的全过程。医疗信息的监测设备、日常陪护的机器和医疗信息储存的云端,都可能出现数据被泄露和贩卖的情况。个人隐私数据的泄露事件在近几年已屡见不鲜,很多日常生活中使用频繁的社交软件,都被曝出数据泄露和贩卖的案件,新成立的中小型信息公司的信息丢失风险则可能更大。2018年葡萄牙Barreiro医院因未将临床数据的访问权限分开,导致医院的医生可以不受限制地访问所有患者档案,因而被处以40万欧元的罚款。

3. 医疗大数据知情同意权的保障

医疗大数据的收集还会涉及另一个棘手的问题——知情同意权。由于相关规范和标准的缺失,虽然确保信息被收集者的知情同意权,在某种程度上已经成为业内公认的准则,但就现实来看,确保知情同意权会增加信息采集的成本,也会牵涉各种复杂的法律问题,很多组织机构并未完全履行保护知情同意权的职责和的事件义务。2018年奥地利就发生某医疗公司不遵守收集信息告知义务,侵害病患群体的知情同意权。同时,各相关方就如何保护知情同意权达成统一意见,一般认为数据采集方应当与信息被收集者签署知情同意协议,并要确保信息被收集者知悉协议中所有条款的具体规定,而条款的制定则由法律机构负责,也有部分地区有其他的规定,例如欧盟《通用数据保护条例》就认定个人有权利按照自主意愿删除已收集的信息数据。

4. 医疗责任的归属与界定

医疗人工智能的责任问题发生的情境一般有以下两种:一种是医疗人工智能诊断软件在就病情给出诊断结果和治疗意见后,其结果的可行性和采纳治疗方案的决定权是否归软件或机器所有,还是参与诊断的医生具有最终决定权,如果是归人类医生所有,那么则与医疗人工智能的发展目标相悖,医疗人工智能追求的是智能化软件或机器能够以自主的形式开展活动,如果归原来人工智能产品所有,则产品本身是否具有承担责任的能力?是否具有独立承担责任的主体性质?另一种是医疗人工智能的实体产品,例如手术机器人和护理机器人,一旦出现医疗事故,谁应当承担责任?责任划分方式的依据是什么?技术产品是否有承担责任的主体资格?

在传统法理中,认为除人以外的不具有精神和意识的生物归属于物,但这种主客体之间不可逾越的观念随着智能化时代的推进而逐渐发生动摇。例如,2016年欧盟发布的《就机器人民事法律规则向欧盟委员会提出立法建议的报告草案》中,就将智能化器械赋予其"电子人"特定的义务与责任,这种做法不仅是对传统法理体系的破坏性创新,同时拓宽的概念范围无法用传统的法律规则来解决,导致一系列责任不确定问题的出现。尤其是应用于医疗过程中,智能化技术产品的自主性、独立性和拟人性动摇了既有责任主体划分和规范原则的适用性。

按照目前公认的对医疗人工智能责任认定的追溯性和前瞻性原则,需要在承认医疗人工智能存在安全性风险的前提下,做好技术应用的预期评估,尽最大可能消除可能出现的各种隐患和风险。目前,学界对以上伦理困境提出的主要解决方案,是将医疗人工智能的技术产品视作"次主体""人工道德体"(AMAs),并将一般性的伦理准则和道德规范嵌入程序当中,以确保技术产品能够依照和遵守人类共同认可的道德原则。

5. 护理机器人涉及的个体自决权与机器情感问题

现行设想的护理机器,如日本的老年人护理机器人RI-MAN,与被护理者之间更多倾向于"家长式"的互动方式,即在护理过程中仅依据病患身体状况而忽略其自身实际意愿,这与已被摒弃的代理决策权是同等性质的,在道德上是不可取的,甚至可能使被护理者失去对自己身体的控制权和道德偏好权。这种"家长式"的程序设定或许出于良善的初衷,即为病患的健康着想,但忽略了病患自身的决定权与选择权。此外,护理机器人再完备也仅仅只是金属制成的机器,与人始终无法完全相同,冷冰冰的金属是否能产生和人一样的"温度",让被护理者以最舒心的状态接受照顾,仍然还是一个疑难问题。

在长期人机交互的过程中,使用者是否会对医疗人工智能产品产生过度信任和情感依赖?尤其是护理机器人更加"类人化"的设计与外观,逐步赋予技术社会化和角色替代的功能特性,在老年人口"空巢化"和青年人口"独行"现象愈发显著的社会背景下,将机器作为有意识生命个体的可能性会与智能机器"拟人化"水平成正比,但是机器是否能够具有理解人类情感和共情的能力还很难说,这种单边性的情感寄托是否会阻碍使用者的正常社交范围及其是否会对使用者的心理健康造成影响,这些都会对护理机器人的使用造成巨大的伦理困境。

6. 对社会公平造成的挑战

精确的智能诊断所基于的是海量专业数据的训练,目前就医疗数据统一性的通用标准尚未设立,医疗大数据作为一种商业化资源,想要实现其在各个不同的医疗机构的共享可能性较低,这就会导致严重的"马太效应",即拥有更多医疗大数据的医疗机构因为能够实现更加精准的诊断和治疗,会持续吸引病患,继续扩大其数据优势,导致对数据资源较匮乏机构的排挤,进而导致医疗系统中的两极分化,引发医疗资源分配的不公平。此外,医疗人工智能本身也是一种医疗资源,作为资源就肯定会面临分配问题,虽然医疗人工智能发展的目的是实现更好的社会医疗,但技术的发展若不加以引导和管控,是不可能自动履行"全民原则"的,这也就意味着即使医疗人工智能已经足够发达,但仍可能沦为技术、经济和政治等方面强者独占的乐土。

同时,技术产品运用智能算法实现的最优推荐,其实本质是"黑箱技术"。"黑箱"即意味着运转体系内部不可见,而算法在设计之初本身就为了实现设计者的设计目的,不同的算法逻辑如价格优先、效率优先等,都会影响到对患者的治疗方案,且算法的开发与迭代过程也属于商业内部机密并不需要向外界开放,"技术中立"会发生异化,患者在治疗过程中就无法与医疗机构处于平等地位。与此类似的还有如果大规模医疗大数据被作为商业资源,制药公司就可以精准推销药物,严重影响消费者利益;保险公司会将医疗信息作为保费设置的标准;公司招聘会把医疗档案当作是否录用的评判标准之一,这些行为都会造成严重的商业道德败坏和社会不公正问题,甚至与现代生物技术结合起来,电影《千钧一发》中的剧情就可能会从银幕走向现实。

6.5.2 医疗人工智能技术应用的伦理规制

医疗人工智能的兴起,为生命科学与医学伦理学的价值决断拓展了新视角,为既有生命伦理的尺度引入了更多共享与健康的范畴,从根本上推进了医学道德和法律形态的革命性重构。可以预期到的是,随着医疗人工智能技术创新与发展的不断深入,上文所提出的伦理问题可能会演化成具有现实风险的社会问题,与传统的法律法规产生严重冲突,技术将陷入失控的困境。因此,反思医疗人工智能的伦理风险并最大限度地降低和规避其风险是正确处理技术与人类发展之间关系之道。

1. 以道德价值作为技术发展的引导理念,实现技术的负责任创新

医疗人工智能作为一种技术人工物,是研发者或设计者个人理念的具象化,因此,其本身内化有研发者或设计者的价值观念。根据科技伦理对科技人员的道德约束,各类科技工作者对人工物产品负有道德责任,每个人和科研机构在生产和使用人工物产品时都要牢记自己所肩负的责任。

同时,要认识到法律这类强制性规范具有一定的滞后性缺陷,面对风险危机,立法流程严苛与长周期的特点,更多只能够"后知后觉"而造成对被伤害主体无法采取及时有效的保护措施,因此,伦理与道德这种软性规制和文化体系就成了法律体系的有效补充。此外,以道德价值作为制定医疗人工智能技术的软性管理体系的根本出发点,可以对潜在的技术风险进行更为广泛的预设以有效的应对。

为此,负责任创新的理念的重要性就愈发突出。任何一项技术的创新不能仅仅关注经济效益,其相关的社会、伦理和道德价值也需要重视,并将技术的可接受性、可持续性与社会期许性融入技术研发与设计的过程中,在研究与创新中优先考量技术受众的相关利益和以人类福祉为最高道德原则,最大限度减少和规避技术可能产生的各种可能风险。

2. 建立弹性的技术治理机制,根据技术发展的变化及时调整管理模式

实现对技术风险的有效治理,不仅是确保技术按照"以人为本"的发展路径持续创新,同时也是实现国家治理能力和体系在科技管理领域现代化的必然要求。要实现对技术的"善治",其本质就是在相关决策和管理过程中引入利益相关者的参与,研发与制造方与社会各界应当就技术应用的风险问题进行多方面的合作,充分考虑创新过程和其产品伦理的可接受性、社会的赞许性和发展的可持续性,并对利益相关者之间的利益纠葛进行协调平衡,使各方利益相关者组合成稳定的利益共同体,实现技术所能达成的最大效益的同时,降低预期可能产生的各类风险发生的概率。要实现医疗人工智能技术的最优化治理,各方利益相关者的参与必不可少。

在多方利益相关者之间建构有效的沟通机制,使得各相关方能够就自身的实际诉求进行表达,并求取各方需求的合理公约,交付相关决策机构参考,以达成研发方、产业界(相关企业)、社会群众(病患群体)权益的一致性。这种机制能够充分发挥社会各主体在技术管理中的主观能动性,有效推动前瞻性立法,对既有法律体系进行有效补充,配合医疗技术临床应用"禁止清单"机制,最大范围内防止技术风险问题的发生。

3. 切实保护医疗大数据与公众安全,发挥技术的最大社会价值

医疗人工智能发展过程中的关键问题之一就是要加强医疗大数据安全与隐私保护。由于医疗大数据的敏感性特征,数据信息中几乎包含了患者或消费者的所有个人信息,我国目前多部法律法规都要求医护人员严格遵守保密义务,但因为这些数据附含的经济价值,针对医疗大数据的犯罪行为很难完全禁绝。因此,不论是出于保护隐私还是数据安全,数据信息的匿名化是必然趋势,为了实现数据脱敏后的完全不可逆和数据分享的安全性,与区块链技术的结合可能是最有效的方法之一。

"安全"属性必须时刻作为技术发展的核心价值,这就是在保护个人隐私权的同时,也必须要确保个人健康权得到保护。为了实现医疗人工智能技术的安全属性,一方面,要不断提升技术产品的可靠性,制定更加有效的技术标准;另一方面,相关法律的制定也要与技术发展的速度相匹配。不能确保安全的技术,无法成为社会认可的技术,不以安全为核心的法规体系,是没有社会价值的。任何技术发展的根本逻辑与终极目标都是以保护个体乃至整个社会的安全为主线,医疗人工智能所涉及的医疗与保健领域更是如此。

参考文献

[1] Awad E,Dsouza S,Kim R,et al.The moral machine experiment[J].Nature,2018,563(7729):59-64.

[2] Bonnefon J F,Shariff A,Rahwan I.The social dilemma of autonomous vehicles[J].Science,2016,352(6293):1573-1576.

[3] Borgman C L.The digital future is now:A call to action for the humanities[J].Digital Humanities Quarterly,2009,3(4):1-30.

[4] Datteri E.Predicting the long-term effects of human-robot interaction:A reflection on responsibility in medical robotics[J].Science and Engineering Ethics,2011,19(1):139-160.

[5] Dietrich S,Der Ham J V,Pras A,et al.Ethics in data sharing:Developing a model for best practice[J].IEEE Symposium on Security and Privacy,2014:5-9.

[6] Floridi L,Sanders J W.On the morality of artificial agents[J].Minds & Machines,2004,14(3):349-379.

[7] Foot P,The problem of abortion and the doctrine of the double effect[M].Oxford:Oxford Review,1967.

[8] Goodall N J.Machine ethics and automated vehicles[M]//Road vehicle automation.Berlin:Springer International Publishing,2014:93-102.

[9] Harris J.Who owns my autonomous vehicle? Ethics and responsibility in artificial and human intelligence[J].Cambridge Quarterly of Healthcare Ethics,2018,27(4):599-609.

[10] Hayes C,Artificial intelligence:The future's getting closer,AM[J].LAW,1998:115.

[11] Levinson D.Review of "Gridlock:Why we're stuck in traffic and what to do about it" by Randal O'Toole[J].Journal of Transport & Land Use,2011,4(3):67-68.

[12] Luetge C.The German ethics code for automated and connected driving[J].Philosophy & Technology,2017,30(4):547-558.

[13] Matthias A.The responsibility gap:Ascribing responsibility for the actions of learning automata[J].Ethics and Information Technology,2004,6(3):175-183.

[14] McGuire A L.Ethical and practical challenges of sharing data from genome-wide association studies

[J].The eMERGE Consortium experience,2011(7):1001-1007.
[15] Millar J.An Ethics evaluation tool for automating ethical decision-making in robots and self-driving cars[J].Applied Artificial Intelligence,2016,30(8):787-809.
[16] Millar J.Technology as moral proxy:Autonomy and paternalism by design[J].IEEE Technology and Society Magazine,2015,34(2):47−55.
[17] Miller K W.Moral responsibility for computing artifacts:The rules[J].IT Professional,2011,13(3):57-59.
[18] Mitchell M.An introduction to genetic algorithms[M].Cambridge:MIT press,1998.
[19] Nyholm S,Smids J.The ethics of accident-algorithms for self-driving cars:an applied trolley problem? [J].Ethical Theory & Moral Practice,2016,19(5):1275-1289.
[20] Pilat D,Fukasaku Y.OECD principles and guidelines for access to research data from public funding [J].Data Science Journal,2014,17(6):OD4-OD11.
[21] Saxton G D,Oh O,Kishore R,et al.Rules of crowdsourcing:Models,issues,and systems of control[J]. Information Systems Management,2013,30(1):2-20.
[22] Smart J J C,Williams B.Utilitarianism:For and against[M].Cambridge:Cambridge University Press, 1973.
[23] Spino J,Cummins D D.The ticking time bomb:When the use of torture is and is not endorsed[J].Review of Philosophy and Psychology,2014,5(4):543-563.
[24] Thomson J J.The trolley problem[J].The Yale Law Journal,1985,94(6):1395-1415.
[25] Trappl R.Ethical systems for self-driving cars:An introduction[J].Applied Artificial Intelligence,2016, 30(8):745-747.
[26] Turing A M.Computing machinery and intelligence-AM Turing[J].Mind,1950,59(236):433-460.
[27] Wallach W,Allen C.Moral machines:Teaching robots right from wrong[M].Oxford:Oxford University Press,2008.
[28] Wood W,Quinn J M,Kashy D A.Habits in everyday life:Thought,emotion,and action[J].Journal of personality and social psychology,2002,83(6):1281-1297.
[29] 白惠仁.自动驾驶汽车的"道德算法"困境[J].科学学研究,2019,37(1):18-24,56.
[30] 杜严勇.人工智能安全问题及其解决进路[J].哲学动态,2016,38(9):99-104.
[31] 段伟文.机器人伦理的进路及其内涵[J].科学与社会,2015,5(2):35-45.
[32] 和鸿鹏.无人驾驶汽车的伦理困境、成因及对策分析[J].自然辩证法研究,2017,33(11):58-62.
[33] 罗定生,吴玺宏.浅谈智能护理机器人的伦理问题[J].科学与社会,2018,8(1):25-39.
[34] 潘宇翔.大数据时代的信息伦理与人工智能伦理:第四届全国赛博伦理学暨人工智能伦理学研讨会综述[J].伦理学研究,2018,17(2):135-137.
[35] 孙保学.自动驾驶汽车的伦理困境:危急时刻到底该救谁[J].道德与文明,2018,37(4):34-39.
[36] 孙伟平.关于人工智能的价值反思[J].哲学研究,2017,52(10):120-126.
[37] 王晓娣,方旭红.医疗机器人伦理风险探析[J].自然辩证法研究,2018,34(12):64-69.
[38] 温亮明,张丽丽,黎建辉.大数据时代科学数据共享伦理问题研究[J].情报资料工作,2019,40(2):38-44.
[39] 于雪,王前."机器伦理"思想的价值与局限性[J].伦理学研究,2016,15(4):109-114.
[40] 余露.自动驾驶汽车的罗尔斯式算法:"最大化最小值"原则能否作为"电车难题"的道德决策原则 [J].哲学动态,2019,41(10):100-107.
[41] 张晓强,杨君游,曾国屏.大数据方法:科学方法的变革和哲学思考[J].哲学动态,2014,36(8):83-91.

第7章
AI 与新媒体伦理

▶ 7.1　AI 与新媒体

在人工智能技术影响下,传媒业从新闻线索发掘、新闻采集、制作到分发及反馈各环节,均发生巨大变化。机器写作、算法新闻、AI 新闻主播、虚拟新闻、全景新闻、游戏新闻等各种新形式、新样态层出不穷。随着公共信息生产领地边界模糊、媒体渠道边界的侵蚀、媒体产品与市场边界的模糊,传媒业边界正在消失。鲍曼曾在《流动的现代性》一书中提到"现代性"时用了这样一个比喻——"液化的力量",意味着将一切重新解构。而当下的传媒业正在不断被"液化",转向液态新闻业。

7.1.1　新闻采集环节——大数据新闻

20 世纪 50 年代就已经有美国记者尝试利用政府公开的数据库发现新闻线索,调查新闻事实。之后,计算机辅助报道逐渐兴起。各种公开、非公开的数据,成为记者发现新闻选题、拓展新闻深度的重要资源。

随着人工智能技术的发展,通过对与事件相关的海量数据进行算法分析,发现新闻线索,追踪新闻动态并揭开事件背后的真相,已经成为媒体人的常态工作方式之一。2016 年《华盛顿邮报》开发的人工智能机器人 Heliograf 就已经能够收集、整理与整合各方信息,预测新闻事件的走向,挖掘大数据所反映出的事件全貌。2019 年底,我国新华智云推出 8 款涉及新闻采集的媒体机器人,其功能有人脸追踪、数据标引、文字识别等,从图像、声音、文字等多方面助力新闻采集。

利用 AI 技术对社交媒体上的内容进行扫描,进而发掘新闻线索是新闻业的新趋势。社交平台本身就是新闻线索来源的富矿,但是由于信息量太大,人工筛选效率低下,几乎不可能展开地毯式筛查,而AI技术则可以做到。英国一家体育媒体GiveMeSport就对推特上的推文按照关键字词进行智能筛选,经过核实验证的推文将会成为丰富的原始素材供记者们使用。

7.1.2 新闻生产环节——自动化新闻

目前新闻生产环节常见的是人机互助式和以机器为主的自动化新闻。人机互助式机器人主要有智能会话、配音、直播剪辑、视频包装等功能。新闻机器人如上面提到的Heliograf,一问世就参与报道2016年8月的里约奥运会。当时,Heliograf只能进行三两句的新闻报道,而在紧随其后的美国总统选举期间,它就已经可以针对选举情况做出含有分析、评论等内容的报道,甚至可以和人类记者媲美。雅虎用智能机器Wordsmith进行商业报道,路透社也有一套叫Open Calais的系统,编辑可以借此对稿件关键词和重点部分进行比对。2017年谷歌投资新闻协会通讯社,开发AI协助写作新闻的功能。在国内,腾讯的梦作家、今日头条的AI机器人Xiaomingbot、新华社的快笔小新都已在新闻报道方面有着出色表现。叙事科学公司创始人之一的哈蒙德预测,到2025年,90%的新闻将由计算机撰写,而且新闻机器人很可能某一天因为挖掘讲述隐藏在数据背后的故事而获得普利策新闻奖。

从新闻机器人报道的体量和总体发展趋势来看,哈蒙德的预言正逐渐变为现实。美联社的Wordsmith平台每周已经可以写出上百万篇文章,系统每秒生产2000多篇文章。该平台还允许个人或者机构上传数据表格,体验人机互助式"半自动"新闻写作。这也意味着每个人都将有可能拥有自己"私人定制"的智能记者。自动化新闻的优点不只是用时少、数量多,还有精准性、个性化服务。

自动化新闻使"私人记者"成为可能。普通记者很难根据用户需求、兴趣与爱好,撰写定制化新闻,但"人工智能记者"可以做到。因此,有人认为,未来机器人获得普利策奖,也许并非因为它所生产的内容,而是凭借在报道重大事件时,能生产出的一系列高质量文章,并针对不同用户创造出成千上万个定制化版本。未来的新闻报道会清楚地告诉你,政府减税对你个人会有什么具体好处,政策法规的颁布对你个人又会产生哪些影响等。另外,新闻机器人能够在一定程度上提升报道的真实性、客观性与中立性。人类无法避免错误和偏见,但机器可以实现一定程度的客观性。2014年10月开始,美联社启用"编辑机器人"来审查由软件自动生成的新闻报道,也就是说,机器新闻可以不经过人类编辑审核就能自动上线,最大限度避免了人为因素干扰。

7.1.3 新闻播报环节——AI虚拟主播

2001年,英国PA New Media公司推出世界上第一个虚拟主播,名叫阿娜诺娃。阿娜诺娃是一个2D虚拟人物,只有头部动画,脸部表情有些僵硬,不过可以24小时不间断播报。2016年,第二代虚拟主播绊爱问世。绊爱是一个3D模型,由真人穿戴动捕设备,控制其面部表情及动作,再由声优配音。2018年11月,新华社推出全球首个"AI合成男主播",2019年3月,全球首个"AI合成女主播"亮相。随后国内各大媒体开始纷纷推出自己的虚拟主播,如《人民日报》的"小晴",北京电视台的"小萌花""小萌芽"。与第一代虚拟主播相比,二代虚拟主播的发音与唇形、面部表情等与真人几乎完全吻合。有人认为,未来第三代虚拟主播,将实现全面AI化,走入千家万户。

截至2018年底,全球各大平台上的虚拟主播已经超过6000个。在中国,AI合成主播开始逐步走向普及应用。2020年新型冠状病毒疫情期间,新华社、人民日报以及多家省级卫视和媒体纷纷启用虚拟主播,24小时不间断播报疫情相关新闻,大大降低了真人主播特殊时期感染病毒的风险,展现出虚拟主播的巨大优势。

7.1.4 新闻推送环节——算法推送

相较于传统新闻的多对多传播,算法新闻更强调个性化定制。目前常用到的算法新闻策略为内容推荐、协同过滤推荐与热门推荐3种。

内容推荐指算法根据用户平时的网络浏览、搜索记录、关注的话题、感兴趣的领域等要素来对用户进行精准画像,再根据用户喜好进行新闻推送。协同过滤推送先将目标用户根据兴趣爱好进行分组,再将组内其他成员关注的热点新闻推送给目标用户。热门推荐则是根据新闻的点击量与转发量向用户进行推送。

个性化算法推送的目的是实现信息与用户的高度匹配,过滤掉算法认为用户不需要的信息。

7.1.5 新闻反馈环节——智能反馈、广告投放与舆论监测

智能反馈通过大数据分析拓展用户分析广度与深度。过去的受众分析通常有4种:测量仪测量、填写日记卡、面访以及电话访问。这些方法很难确保数据的精准性与结论的可靠性,只能得出较粗略的用户群体画像。而现如今眼动追踪系统、可穿戴设备等人工智能技术,可以从用户的观看时长、心跳、脉搏等全方位收集用户的反馈信息和行为习惯,能更科学清晰地绘出用户画像,以便为其提供更精准的个性化服务。比如Affectiva公司推出的情感识别技术,可以对用户的面部表情进行扫描,来了解他们的情绪。在智能化时代,用户在信息消费过程中的生理反应,将通过传感器直接呈现,这意味着用户反馈将进入生理层面。生理层面的反馈,不仅可以更真实地反映信息在用户端的作用过程与效果,也可以使反馈更实时地作用于信息的生产过程。

大数据还可以帮助商家在特定媒体平台精准投放广告。同时,基于大数据技术,人们可以进行舆论监测、分析甚至预警。舆论指的是社会大众关于社会现实以及各种社会现象、问题所表达的信念、态度、意见和情绪的总和,其具有以下特点:观点上的相对一致性、程度上的强烈性以及时间上的持续性,包括理智和非理智成分,并会对相关事态的进展等产生影响。新闻事业的基本功能之一是引导舆论并监督社会。新闻媒体是"社会瞭望塔",也是"舆情预警器"。而掌握大数据,有助于媒体正确掌握舆情,特别是在应对重大突发性公共危机的时候,能够恰当地处理好舆论安全问题。目前已经有学者运用机器学习、智能机器人辅助的定性分析等多种手段来进行舆情监测。

7.1.6　AI + 直播

AI与视频直播的结合主要体现在大数据标签和个性化推荐服务两方面。

大数据标签技术指的是系统通过对已标注过的数据进行学习,根据主播的个人特点,如性别、年龄、风格等,自动为其设立标签。例如,一个喜欢表现自己可爱一面的女孩,将会获得"萌妹子"的标签。个性化推荐技术包括人脸识别、场景识别、物体识别等各种图像、视频的识别,用以推荐符合用户心理预期的内容。

AI还能助力直播内容审核。如今主要利用机器识别结合人工审核的模式进行审核,机器识别依赖于深度学习算法,通过模拟人脑神经网络,构建具有高层次表现力的模型,能够对高复杂度数据形成良好的解读。通过大数据持续训练、频繁迭代,不断提高审核网络非法信息传播等内容的精确度,降低人工复审的工作量。

7.1.7　智媒体特点

人工智能形塑了传媒业,其主要的产物是智媒体。所谓智媒体,是指基于譬如AI、VR(虚拟现实)、人机交互等高新技术的自强化生态系统,实现信息与用户需求二者智能匹配的媒体形态。智媒体有三大特点:智慧、智能与智力。智慧指的是智媒体可以甄别虚假新闻,提高信息供给的质量与数量;智能,指的是实现信息与用户需求的高效率智能匹配,以此来确保信息的个性化、精准化与定制化;智力指的是基于深度学习等技术,媒体能够不断发展与自我演化。随着物联网技术的发展加之AI、云技术的运用,智媒体时代出现万物皆媒、万众皆媒的趋势。泛媒化趋势首先表现为物体的媒介化,如传感器、智能家居、车联网技术等。泛媒化的另一个表现是人体终端化。泛媒时代,人机共生、协作,甚至会出现人机合一、共同进化的可能。2022年7月,马斯克旗下脑机接口研究公司Neuralink发布首款产品——"脑后插管"的新技术。通过神经手术机器人在脑袋上穿孔,向大脑植入比指甲盖还小的芯片,然后通过USB接口读取大脑信号。脑机接口技术目的是实现人与人之间、人与机器之间自由传输思想、下载思维。该项技术已经在老鼠身上进行了测试。而一旦技术日臻成熟，将会大规模商用，人机合一、人机共同进化也将从科幻小说变成现实。

与此同时，智媒体的主导权由专业媒体转移至技术方、平台方。技术的赋能让包括专业媒体在内的媒体从业者、生产机构逐渐失去主导权。技术方、平台方由于利用大数据、算法精准生产、推送信息，逐渐拥有更大的话语权。这是智媒体时代媒介生态最重要的特征之一。然而技术方并不了解新闻传播规律，专业传媒人士又甚少精通 AI 技术，同时 AI 又降低了传媒业准入门槛，人人既是传者，又是受众，多种矛盾之下，伦理问题日趋严重。

7.2 AI 与新媒体伦理

AI 技术是一把双刃剑，人工智能在深度改变传媒业的同时，也带来很多伦理问题，尤以虚假新闻最为突出。

7.2.1 虚假新闻

"Truth"一词来源于希腊语"aletheia"。"alethes"（真实）、"alethos"（真实地）和"alethein"（说实话）是与其含义相关的单词。哲学中真相的概念可以追溯到柏拉图，他（通过苏格拉底）警告对知识的错误主张是很危险的。苏格拉底认为无知是可以补救的：如果一个人无知，他可以被教导。更大的威胁来自那些自以为是地认为自己已经知道真相的人，因为那样的人可能会冲动到做出错误的行为。从这一点来说，给真相一个至少最低限度的定义是很重要的。最著名的定义是亚里士多德的那句经典名言："非而是，是而非，为非；是而是，非而非，为是。" 2016 年，"后真相"（post-truth）现象引起公众关注，《牛津词典》将其评为 2016 年度词汇（该词在 2015 年的使用量激增 2000%）。这是因为在这一年，在英国脱欧公投和美国总统大选中，假新闻泛滥。许多人认为"后真相"是一种国际趋势，事实总是可以在一种政治背景下被遮蔽、挑选和呈现，这种政治背景更倾向于某种对真相的解释，而不是另一种。

根据《牛津词典》的解释，"后真相"是指"诉诸情感与个人信仰比陈述客观事实更能影响民意的一种情形"。"后真相"与其说是一种声称真相不存在的说法，不如说是一种事实从属于观点的现象。《牛津词典》对"后真相"的定义侧重于"'后真相'是什么"，即感觉有时比事实更重要。

麦金泰尔在《后真相》一书中指出，目前的问题不是我们是否有关于真相的正确理论，而是如何理解人们颠覆真相的不同方式。作为第一步,重要的是承认我们有时会犯错误,说一些没有意义的、不真实的事情。在这种情况下,一个人说的是一个"谎言",而不是一个谎言,因为这个"谎言"不是故意而为的。超越这一步的下一步是"故意的无知",也就是我们不知道某件事是不是真的,但我们还是说了,而不花时间去确认我们的信息是否正确。在这种情况下,我们可以合理地指责说话人的懒惰,因为如果事实很容易鉴定,说假话的人似乎至少对任何无知负有部分责任。接下来是撒谎,当我们说谎的时候,我们的目的是欺骗。这是一个重要的分界点,因为我们在这里试图欺骗另一个人,即使我们知道我们所说的是不真实的。我们的意图是操纵别人相信我们知道不真实的事情时,我们就已经从对事实的单纯"解释"变成了对事实的歪曲。这就是后真相的意义。

7.2.2 假新闻

假新闻自古有之,最早可以追溯到人类早期的传播活动。虚假新闻包含"假新闻""虚假信息""误传""错误消息""假消息""谣言"等多个种类。它是一种伪造的信息,在形式上模仿新闻媒体内容,但在传播渠道上缺乏新闻媒体的编辑规范和流程,从而无法确保信息的准确性和可信度。假新闻虽然不是新闻,但有着新闻所要求的"新",利用了人们对新奇事物的好奇心,再加上严密的逻辑、近乎完美的形式,有时显得比真的新闻还要真。由于人们的猎奇心理,假新闻有时比真新闻传播得更远、更快、更深、更广。

《新闻记者》杂志每年会推出年度虚假新闻报告,迄今已经坚持20年。其筛选出的2019年年度"十大假新闻"有"辟谣'易会满或任证监会主席'""部分字词改读音""中美贸易战停火""水氢发动机在南阳下线""孙小果等9人恶势力犯罪团伙被逮捕""百度新闻发布章子欣去世消息""中国建筑师巴黎圣母院重建方案夺冠""送避孕套晚了8分钟""徐州女子状告外卖小哥""荷兰改名为尼德兰"。相较以往,2019年虚假新闻呈现出新的特点与趋势。自媒体的强势而起,社交媒体的活跃,算法推送的助推,导致虚假新闻的边界变得更为模糊,很难区分新闻与信息,以及专业与业余的区别,且专业媒体与自媒体往往会有意无意变成共谋。根据路透研究院2019年新闻报告,55%的受访者都担心自己不能分辨出网络上的假新闻。

对待虚假新闻可以一分为二地看。首先,假新闻是客观存在的。假新闻是新闻工作与生俱来的一种伴生现象,从假新闻中可以看到社会心理和某种真相。假新闻在国际政治中常常被作为一种战术,作为权力机制在进行心理战或信息战的一部分,其功能在于维护某个国家或国家内部大部分公民的利益,它并不像商业性假新闻那样直接触犯公众的切身利益,并未引起公众的明显反对。在信息开放的社会,假新闻的出现是不可避免的现象。马克思曾提出"报刊的有机运动",即事实是动态变化的,对其进行揭示需要一个过程。换言之,假新闻是一种常见现象,不能完全禁绝,但可以将其控制在一个合理的范围之内。

很显然,当下人工智能的赋能,新媒体(特别是自媒体)的加入,培育了假新闻快速生长繁殖的土壤,其所造成的危害已经超出一个健康的社会舆论生态环境所能承受的范围,特别是2020年初的新型冠状病毒疫情期间假新闻的负面效应尤为明显。

(1)新媒体乱象。最初"新媒体"一词更多指向电子媒体中的创新性应用。20世纪80年代,计算机技术的发展使"新媒体"成为热词。在Web 1.0时代,该词主要指网络媒体。在Web 2.0时代,随着微博、微信等社会化媒体以及智能手机的出现,新媒体的内涵又有了新的变化。手机被认为是除报纸、广播、电视、互联网之外的新兴媒体——第五媒介。Web 3.0兴起后,智能机器人被认为是"第六媒介"。从该词的发展轨迹看,新媒体概念经历了一定的演变过程,在不同阶段它指向不同技术。彭兰认为,要界定该概念,需关注其源流以及演变过程,并在一定程度上兼容未来发展。因此,彭兰将"新媒体"名词概念的定义表述为"主要指基于数字技术、网络技术及其他现代信息技术或通信技术的,具有互动性、融合性的媒介形态和平台"。现阶段,新媒体主要包括网络媒体、手机媒体及两者融合形成的移动互联网,以及其他具有互动性的数字媒体形式。这是2016年的定义。现在看来,定义中至少还需要加上人工智能技术。

新媒体,特别是社交媒体平台上的自媒体乱象频出,通过无中生有、移花接木、洗稿等手段赚流量变现。"无中生有"是指毫无事实胡乱编造;"移花接木"是指在片段事实的基础之上随意发挥想象;"洗稿"就是对别人的原创内容进行篡改、删减,使其好似面目全非,但其实最有价值的部分还是抄袭的,通过变换表达方式掩盖抄袭行为。2019年的社交传播圈被两篇自媒体爆文刷屏。一篇是前媒体人黄志杰在自己旗下的自媒体"呦呦鹿鸣"微信公众号刊发的题为《甘柴劣火》的文章,还有一篇是咪蒙团队的《一个出身寒门的状元之死》。这两篇文章,一篇的事实取自传统媒体,被扣上了"洗稿"的帽子;而另一篇则是靠合理想象杜撰出来的。对于《甘柴劣火》是否涉嫌洗稿,舆论场各有看法,侧面反映出洗稿认定难的现象。而《一个出身寒门的状元之死》引发非议后,咪蒙宣布公司解散。不过一个"咪蒙"倒下去,并没有阻挡千万个"咪蒙"站起来。2020年初,微信公众号"青年大院"的一篇推文迅速走红,文章发布后阅读量很快超过2300万,但引发巨大争议。文章将澳洲山火和1987年中国大兴安岭大火进行比较,提出将人祸造成的大兴安岭火灾简化并美化成消防员勇敢牺牲的英雄故事,"是对历史事实、常识的无知和扭曲"。"青年大院"所属公司旗下曾有公众号"今夜'90后'",因对上海卢浦大桥跳桥事件进行了"推测式"描述,引发舆论谴责被封号。该公司目前运营的公众号包括"青年大院""野火青年""地球上所有夜晚""姨母来了"。这些公众号定位各不相同,甚至观点彼此矛盾,但发布的文章阅读量经常超过10万。有人认为,"青年大院"开创了一个新的自媒体时代:"全方面、多维度收割读者情绪和立场……如果你用中性客观的态度做自媒体,那么你只会收获以下争吵不休的评论以及两头的同时鄙视;但是你如果用两个对立的观点做两个自媒体,那么你就会收获两个百万级粉丝的大号和无数打赏。"

"咪蒙"和"青年大院"并不是个别现象。为了收割流量,不惜编造故事、贩卖焦虑,这是很多自媒体的生存逻辑。平台的游戏规则是获取流量和用户,以便赢得更多的广告收入和更高的估值,内容生产者自然也能分得更多的收益。由于缺乏有效的监督、惩罚机制,点击量就成了最高写稿准则,所以催生了自媒体界的各种怪胎。自媒体现阶段有点类似19世纪末西方新闻史上的黄色新闻时期。为了增加发行量,赢得广告主青睐,获得商业利益,以赫斯特创办的《纽约日报》为代表,报刊业开始倾向煽情性、刺激性的"星、惺、性"报道,甚至制造事件、随意编造新闻。但是,相比黄色新闻,自媒体推文危害更大,算法推送,即时传播,覆盖面广,能够在较短时间内挑动社会大众的敏感神经。

(2) 除了自媒体,专业媒体也加入新媒体阵营,迫于生存压力,专业意识变得淡薄。时间就是生命,谁先发稿谁就能赢得话语权和点击率。有的假新闻从自媒体曝出,专业媒体甚至都没来得及核实,就开始转发或加入报道阵营;还有的直接成了假新闻的制造者和传播者。例如,2019年12月29日,环球网、南方都市报微信公众号等相继刊出报道称荷兰要改国名了。环球网的消息来自《美国新闻与世界报道》,称其网站于12月27日刊发了文章《"尼德兰"不想让你再叫它"荷兰"》。文中表示,"自2020年1月起,'荷兰'这一名称将被停用。据报道,这是荷兰政府重塑国家形象计划的一部分,预计耗资22万美元(约合人民币154万元)"。而12月30日,一个荷兰微信公众号刊文对上述信息进行了辟谣,所谓的"改名"只是荷兰外交部更换了一个徽标而已,并未涉及国名的更改。

(3) 社交机器人制造传播假新闻。在智能传播技术和市场利益的双重驱动下,"智能洗稿"现象大行其道。通过点赞、分享和搜索信息,社交机器人(模仿人类的自动账户)可以将假新闻的传播覆盖面放大几个数量级。David M. J. Lazer等人指出,2017年的一项评估显示,基于可观察到的特征如分享行为、联系数量和语言特征等,有9%~15%的活跃推特账户是机器人。这些机器人账户在2016年美国大选期间发布了大量的政治内容,一些同样的机器人后来被用来试图影响2017年法国大选。事实上,脸书的一份白皮书中报告了在2016年美国大选期间广泛存在机器人账户实施操纵的情况。然而,由于缺乏在给定平台上获得具有代表性的机器人和人类样本的方法,因此,对机器人流行率的任何点估计都必须谨慎解释。机器人检测将永远是一种猫捉老鼠的游戏,其中大量的类人机器人可能不会被发现。任何成功的探测,反过来,将启发未来的对策机器人生产者。因此,机器人的识别是一个正在进行的研究挑战。

7.2.3 AI对假新闻的双重作用——放大与隐蔽

一方面,机器写作以及算法个性化推送在一定程度上助长了假新闻的滋长,扩大了假新闻的影响范围及危害;另一方面,AI又使假新闻变得以一种更加隐蔽的方式进行生产和传播,让人难以辨别。

1. AI的放大作用

虚假新闻泛滥有多种原因,如资本介入、权力阴谋论、新闻从业者专业功底不扎实等,还可能是社会心态大众群体心理的缩影,折射社会现实。譬如2月底,脸书开始撤下用新闻外表包装的任何承诺治愈新型冠状病毒感染的广告,网络盛传的还有日本"花岗岩"防新冠病毒、伊朗民众亲吻圣墙、俄罗斯吃野生韭菜预防新冠病毒等虚假信息。这些虚假信息很大一部分原因是人们处于恐慌之中,很希望有"方法"来对抗病毒。但这些原本传播属于个人或一部分人的观点通过新媒体渠道流传至大众信息舆论圈,影响之大超过想象。

2. AI的隐蔽作用

利用AI造假,一般人是很难发现的。如果原初大数据被污染,存在篡改现象,那么由此产生的新闻自然真不了,譬如社交网络机器人污染数据。2016年美国总统大选,社交媒体机器人因为虚拟身份难以被发现引发争议。有人指控称,大量网络机器人被部署在社交媒体上,为特朗普在选举中造势。"网络机器人被设计成像真人一样上网,"洛杉矶南加州大学的社会科学家乔恩·帕特里克·亚兰说:"如果研究人员想要描述公众的态度,就必须确保他们在社交媒体上收集的数据确实来自真人。"人机共谋,篡改数据,截取事实片段,混搭场景,蹭热度、诉诸情感、媚俗化,让人们在感性之中失去理性。技术的遮蔽,变技术在场为缺场,使假新闻更加具有隐蔽性,而且更为严重的是,技术助力,使得假新闻有了更隐蔽的生产渠道链条和新的表现形式,更具迷惑性。炮制者经常选择庸俗的、具有轰动效应的内容来生产假新闻,这些内容能引爆公众的兴趣点,让公众产生共鸣,容易产生"劣币驱逐良币"现象,即假新闻获得更多关注,严重挤压高质量真实新闻的生存空间。而在这个过程中,公众有意无意之间成了制造传播假新闻的共谋。同时,因为技术的隐蔽作用,维权困难、著作权侵权认定难,进而造成惩罚机制的缺位,而这又降低了假新闻的生产成本,形成了一个恶性循环。自媒体的惩罚目前最常见的是两种形式——删帖和封号。而技术降低了准入门槛,或者说削平了准入门槛,删帖和封号之后,还可以轻轻松松、从头再来。

7.2.4 假新闻的危害

有学者指出,人工智能开始有取代专业媒体从业者主体性地位的趋势,通过制造虚拟情景强化在场感,看似具有建设性,实则颇具破坏力。假新闻严重损害新闻真实性,继而侵害公众知情权,妨害大众对真善美的追求。媒体内容生产者(不仅限于专业新闻工作者)应该"以探究事实,不欺阅者为第一信条"(邵飘萍语)。操瑞青提出"假设真实"概念,认为新闻信息可以无限逼近真实。雷跃捷认为,新闻真实是具体真实与总体真实的统一。

具体真实指真实反映新闻事实的相关细节,总体真实指客观反映事物变化过程及未来发展趋势。

泛媒时代,新闻真实是被建构的真实。假新闻满天飞,侵害了公众知情权。知情权是公民基本权利之一,指从官方或非官方渠道知悉、获取信息的自由与权利。虚假新闻迎合了部分人的口味,而牺牲的是大众的知情权。而如果接收到的大都不是真实的信息,又谈何对真善美的追求呢?且假新闻生产模式之一的"智能洗稿"不仅侵犯权利人的著作权,也严重破坏了著作权保护生态。但目前建立于传统著作权保护环境中的网络自治模式、司法诉讼模式和专项整治模式,难以完全适用于智能著作权保护工作,从而致使"智能洗稿"法律规制陷入窘境。

7.3 社交与伦理

7.3.1 算法偏见与歧视

算法偏见指的是算法程序在信息生产与分发过程中失去客观中立的立场,造成片面或者与客观实际不符的信息、观念的生产与传播,影响公众对信息的客观全面认知。算法偏见存在于算法生产的每一个环节中,具有人为与非人为、有意图与无意图、必然性与偶然性等多重矛盾属性。

1. 算法设计者的偏见

算法设计者的偏见是指由于算法设计者自身有意或无意的偏见造成算法设计出现偏差。即便设计者主观上力求做到公正、公平,但客观上无法克服自身固有的、无意识的认知偏见。而这种偏见能通过代码的形式进入算法设计环节。

2. 输入数据的偏见

在智媒时代,大数据先行,大数据思维已经成为专业、业余媒体人的基本素养。但是,"和大脑一样,每种技术也有自己内在的偏向",大数据存在着固有缺陷,数据只是对世界的简化,并不能镜子式呈现客观世界真实的全貌。同时,世界已经打上人的烙印,带有人的意志。即便数据真实反映了世界的某一面,仍不能确保"人化"的世界是完全中立的。"机器学习的程序是通过社会中已存在的数据进行训练,只要这个社会还存在偏见,机器学习便会重现这些偏见。"此外,数据本身有可能是错误的、片面的或者被有意篡改过的。基于数据运行的算法自然而然也就带有偏见。

3. 算法局限——算法黑箱

算法的运行有赖于复杂的机器学习能力,算法的决策过程具有天然不透明性,因此,算法经常被描述为"黑箱"。目前为止,人类尚不完全清楚算法自动化决策原理。而且算法处在不断迭代升级之中,更加大了人类试图理解算法黑箱的困难程度。

4. 偏见的结果与解读

偏见引发的问题之一是算法歧视。算法歧视指的是算法依据风险评估结果或相关分类,来决定是否提供一些机会,或将他人无须承担的成本强加于某客体。鉴于算法的设计理念、用途及标准设定等都带有设计者与使用者的主观色彩与价值追求,算法歧视具有普遍性。算法工程师将自身的歧视或偏见编码嵌入算法设计与决策系统,而用户则根据自己已有的认知偏见进行个人化解读。算法歧视将会加剧现存的社会不平等现象,使弱势群体更加弱势,造成社会撕裂。

人机互动也会造成算法偏见习得。人工道德智能体(Artificial Moral Agents,简称AMAs)的研究发现,机器学习人类语言能力的过程,也是习得种种偏见的过程。完备的AMAs并未诞生,现有的机器无法针对偏见采取"有意识的抵制"。早在2002年,韩国软件开发工作室ISMaker推出了一款很有意思的Simsimi聊天机器人软件。这款聊天机器人的造型是一只小黄鸡,用户可以教Simsimi学习新的句子。然而问题是,随着词汇量的增长,Simsimi开始给出很粗俗的回复,有时甚至带有种族歧视色彩。微软也遇到过类似问题,它推出一款类似的聊天机器人Tay,可以通过和网友们对话来学习怎样交谈,但是不到一天Tay就因为满嘴脏话,被紧急下线。

5. 传统"把关"机制的失效

算法偏见的产生与信息流通过程中传统"把关"机制的失效也有密切关系。"把关人"一词最早由美国的库尔特·卢因提出。他认为在群体传播过程中,存在着一些扮演把关角色的人,他们根据群体规范或个人的价值标准,来对信息内容进行筛选。1950年,怀特明确提出新闻生产流通过程中的"把关"模式。大众媒体会根据机构定位、经济利益、专业主义等多重标准对大量新闻素材进行取舍,通过传媒组织这道"关口"到达受众那里的新闻只是众多新闻素材中的少数。

把关模式中的主体常常指的是在媒介组织中处于战略决策位置的人员,如编辑。把关机制是一种本质上机械化的模式的一部分,这种模式将新闻视为原始信息通过了新闻机构的选择性过滤或"大门","流动"而成的结果。在这个模型中,根据专业传播者在生产过程中所处的阶段,他们被分为"新闻采集者"和"新闻处理者"。第一阶段,记者和新闻工作者收集"原始"新闻;第二阶段,这些材料由"看门人"进行挑选和改写,"看门人"通过选择控制生产新闻。换句话说,他们为一些自己认为有新闻价值的信息"打开大门",而对其他信息"关上大门"。他们的主要职业职能是做出对最终新闻产品至关重要的客观、公正的决定,且把关关系是单向支配的。但是,算法对传统把关理论范式进行了结构性重建。算法时代的信息把关,从某种程度上演变成一种传播权力的无形转换——从人工编辑向智能算法让渡,把关标准从新闻专业主义(如"看门人"的主观价值体系、法律、商业、政治等因素)演变为迎合受众,以点击量为最高准则。

综合以上几种因素可以发现,算法偏见与歧视是无法避免的现象。

7.3.2 信息茧房与拟态环境

1. 信息茧房

互联网发展的早期阶段,尼葛洛庞蒂就曾在《数字化生存》一书中预言"the Daily Me"(我的日报)的出现。这是一份完全个人化的报纸,每个人都可以自主挑选喜欢的主题和看法,"the Daily Me"是一个完全个人化设计的传播包裹,里头的配件都是事先选好的。

"the Daily Me"满足了个人对信息的个性化需求,然而带来一个严重的问题,当筛选的力量没有限制时,人们能够进一步精确地决定什么是他们想要的,什么是他们不想要的。他们设计了一个能让他们自己选择的传播世界,即信息茧房。美国学者桑斯坦在《信息乌托邦》一书中指出,当人们只听他们自己选择的且能愉悦自己的东西时,他们也就亲手搭建了一个自我的信息茧房。

信息茧房产生的最根本原因是对信息进行过滤。桑斯坦认为,信息过滤自古有之,和人类本身一样古老。每个人每时每刻都在对周围大量的信息进行过滤筛选。而随着技术的进步,信息超载,人们面对太多的信息、观点、话题与无数的选择,超载危机和过滤的需求是相伴而生的。过滤可以用传播学上的选择性心理来解释。根据伊莱杨·卡茨提出的"使用与满足"理论,受众总是有意无意地选择自己偏爱的新闻信息。

客观来看,信息茧房是信息过剩时代个体的某种自我保护,是海量信息差异化消费的必然结果,其自传统媒体时代就已经存在。在电子媒介时代没有到来之前,信息茧房的问题并不很突出,因为人们可以通过大众媒体之外的其他各种渠道来建构对这个世界的认知,同时由于各种媒体定位不同,传递的声音也不一样。然而,随着技术的发展,特别是现在智能化推送技术的成熟,人们化被动为主动,成为接收信息的主宰,信息茧房现象开始引起关注。桑斯坦提出,信息茧房是一个"温暖、友好的地方,每个人都分享着我们的观点。但是重大的错误就是我们舒适的代价……茧房可以变成可怕的梦魇"。

首先,"信息茧房"桎梏了信息的自由流动,人会变成"容器人",且基于用户画像的算法把关产生了"过滤气泡"效应。"过滤气泡"指基于算法的搜索引擎,创建了一个我们每个人独特的全局信息。在算法的过滤之下,我们自认为看到了事情的全部,但实际上,我们始终只是沉浸在自己所偏好的信息世界里,成了"容器人"。还有另一种说法,智能传播算法推荐,会使人固守在符合自己偏好的信息与意见的圈子,各种圈子之间相互隔绝甚至对立。因此,社会化媒体中更容易形成"回声室效应"。它指的是信息或想法在一个封闭的小圈子里得到加强,也称"同温层"效应,二者在实质上是一样的。"容器人"由日本学者中野牧在1980年提出。他认为,现代人为大众媒介所包围,其内心世界已经变成一种类似"罐状"的容器,处于孤立与封闭状态,慢慢失去批判质疑的能力,变成单面接收信息的大容器。同时如果一个理性人每天生活在"the Daily Me"中,很难说其能对一件事情做出正确的判断。正如有些精神病学家指出的,我们每个人都会筑起自己的空中楼阁,但如果我们想要住在里面,问题就出现了。智媒体让人际交往逐渐变成线上虚拟交流。现在有很多陪伴式机器人,人机交流也成为个人日常交流的一部分。然而,如果选择性交往,我们开始把其他人当实用性的客体去接近,只愿意接近对方那些让自己感到舒服、有趣、有用的一面,如此一来,个体将丧失正常社交能力。

其次,数字鸿沟问题。因为受教育程度、对智媒体的持有能力、技术发展、经济能力等各种客观条件的差异,人与人、社会群体与社会群体以及国与国之间很可能会出现数字鸿沟。个人群体层面的数字鸿沟会影响知情权、参与权的享有或行使,将会把一部分人排除在"公共事务的讨论和决定过程之外"。占用大数据与算法,智能媒介成为一种社会资本,造成阶层固化,个人想跳出自己的阶层变得越来越困难。而国与国之间的数字鸿沟会加剧国际传播失衡螺旋,造成强者更强弱者更弱的马太效应,引发新的霸权主义。

最后,公共空间、场域的撕裂,导致社会黏性的丧失。桑斯坦认为,信息茧房会导致社会大众分裂聚合成一个个"鸡犬之声相闻、老死不相往来"的小集团。身处其中的人往往只与兴趣相投的人互动。长此以往,引起相互理解和沟通上的障碍,导致公共性丧失甚至无序化。AI技术强化了互动,但真实世界的互动常常伴随各种不同因素,我们被迫处理不同的东西,但虚拟世界由于限定好了交流的情境,清除干净了其他额外不需要的要素,因而偏向同质性。异质社会从经验分享里受益。同质化空间不利于信息的流动。久而久之,公共场域则呈原子化撕裂状。经验、知识和任务的分享交流有益于社会整合,以前承担这个功能的主要是大众媒介,现在由于媒介形式多样,传播渠道太多,人们开始有不同的选择,经验分享交流随之越来越少,"社会黏性遭到腐蚀"。

2. 拟态环境

信息茧房是拟态环境的变种。20世纪初李普曼提出拟态环境说,他从功能主义角度解释了拟态环境存在的必然性:现实环境过于复杂、庞大,且转瞬即逝,人类只能用较为简单的方法对其进行重构。拟态环境是楔入在人和环境之间的一种界面式存在。大众媒介通过对诸多信息的选择、加工与组合,向社会大众展现的是"象征性现实",而非存在于真实世界的客观现实。

传统媒体时代,新闻传播机构传递的内容受到特定权力的意志、相关利益群体的诉求、机构自身的定位以及传播者个人因素等影响。新闻是人们了解世界的窗口,然而窗户的大小、形状、朝向与位置等都决定着受众看世界的视野。也就是说,最初的拟态环境主要是由传播者营造的,他们依据组织意志以及专业框架向大众展示重新结构化的信息环境。大众接收到信息,并以此作为行动的标准和认识世界的依据。这其实就是尼尔·波兹曼提出的媒介即隐喻。媒介更像是一种隐喻,用一种隐蔽但有力的暗示来定义现实世界。不管我们是通过言语,还是印刷的文字,或是电视摄影机来感受这个世界,这种媒介(隐喻的关系)为我们对这个世界进行着分类、排序、构建、放大、缩小、着色,并且证明一切存在的理由。人们开始习惯通过使用媒介来认识周围环境,而不是与世界进行直接接触。拟态环境就成了人与世界之间的一种中介存在。进入智能传播时代,信息无处不在,技术发展一日千里,人们更是无法不借用媒介来认识世界。有人提出,当下在传播者、平台和受者三者的相互作用下,拟态环境逐渐演变为双重拟态环境。第一重拟态环境是由传播者将专业框架与价值倾向植入技术当中所营造的信息环境。第二重拟态环境指在日益凸显用户个性诉求的趋势下,媒介平台借助算法技术优势不断彰显并迎合受众需求而形成的信息环境。

人工智能时代,算法铸就了新的拟态环境。不同的算法会形成不同的拟态环境,即在人与世界之间出现了更多层拟态环境。信息茧房与拟态环境,一个从个体层面出发,一个站在客观视角,来描述经由各种媒介、算法筛选过滤后建构的信息世界。拟态环境包含信息茧房,二者均会带来拟态环境的环境化效应。20世纪60年代末,日本学者藤竹晓提出了拟态环境的环境化的概念:拟态事件经由大众传播渠道输出后,逐渐变成普遍的社会现实。当我们对世界无法全面认知,但又同时通过信息茧房和拟态环境来改造世界,自然而然出现拟态环境的环境化现象。媒介塑造出来的世界逐渐变成这个世界应该如何存在的模型。

我们可以仿照波兹曼,用罗兰·巴特的话来解释智媒体(波兹曼评价的对象是电视)是如何赢得神话一般的地位的。罗兰·巴特指出,当人们以神话的态度看待世界,就不会对其有任何质疑,因为神话已经内化成人们的一种价值观。长期处于大数据的智能算法造就的信息茧房和拟态环境中,人们根本意识不到智能媒介提供给我们的特殊视角,因为它已经变成一种神话式存在。

7.3.3 群体极化与网络暴力

算法推荐导致信息的单一化与同质化,从而形塑了一个个有共同兴趣爱好的虚拟群体,极易引发"群体盲思"现象。群体盲思指群体在决策过程中,由于成员过于追求共识,因而整个群体没有不同的声音。最早提出群体盲思概念的是詹尼斯。他认为群体盲思现象会促使群体成员彼此施加压力,导致极端主义或错误决定,而不是正确选择,也就是所谓的群体极化:团体成员一开始即有某种偏向,在商议后,人们朝偏向的方向继续移动,最后形成极端的观点。在网络和新的传播技术的领域里,志同道合的团体会彼此进行沟通讨论,到最后他们的想法和原先一样,只是形式上变得更加极端。

一方面,群体促进身份认同,放大错误。群体内部大多数成员的认同会增加个体自信,从而使某种观念得到强化;而当个体有认同感,反过来群体极化会得到加强,形成个体的认知错误在群体层面的放大效应,且每个群体中都有意见领袖。与传统意见领袖相比,因为智能时代信息实时传播,无远弗届,虚拟网络意见领袖"更具创新性、感知能力较强、能对事件持久深入并产生开拓性行为",更易造成虚拟群体极化。

另一方面,沉默螺旋效应。德国学者诺伊曼认为,在一个群体中,当一方表明自己观点时,另一方很可能"吞"下自己的观点,保持沉默,从而进入螺旋循环——优势意见占明显的主导地位,其他的意见从公共图景中完全消失,并"缄口不言"。"沉默的螺旋"在大众传播中,形成一种"意见气候"来影响和制约舆论,导致消声效应。根据诺伊曼的观点,在某种意见气候中,如果个体和绝大多数"强势意见"相左,则其极有可能在群体中被冷落,甚至受到歧视。出于害怕被孤立的心理,这样的个体会选择隐藏自己真实的想法,转而附和"大多数意见"。这也和法国作家勒庞在《乌合之众》一书中的观点一致,人群总是趋向于"大多数一致性的意见",在智媒体时代,这样的"共鸣效果"显得尤为突出。

社交媒体助力,算法精准个性化推送,人们更容易听到志同道合、与自我意见相似的言论,代价是使自己更加孤立。人们待在这样的虚拟共同体中,结果不是好的信息聚合,而是坏的极化,而"极端化的因子,对社会和民主都是潜在的危险"。桑斯坦对此发出这样的警告:"群体极化为极端主义甚至盲从主义和恐怖主义的生长提供了线索。通过协商,所有这些都可能被煽动,而不是减弱。对于事实问题和价值问题都会发生群体极化。"从美国的"占领华尔街"运动,到"阿拉伯之春",很多群体极化事件都是先在社交媒体上发酵,再在线下大规模爆发,影响力之大、席卷范围之广常常会导致事态失控。

群体极化会引发网络暴力。网络暴力是一种新型暴力行为,不同于传统意义上侵害他人生命权、身体权的暴力行为,而是网络技术风险与网下社会风险经由网络行为主体的交互行动而发生交叠,继而可能致使当事人的名誉权、隐私权等人格权益受损的一系列网络失范行为。由于网络身份具有虚拟性、匿名性,人们的从众心理更强,因而网络空间极易滋生暴力现象,"侮辱、谩骂、诽谤以及窥探、曝光隐私,造成当事人精神或实质受到伤害"。再加上智能算法聚合信息,大大增加了网络暴力的强度。例如AI+直播,让很多人近距离"在场"接触明星,可以实时发表自己的意见,包括输出负面情绪。这种实时社交上的群体谩骂能够产生巨大杀伤力。2019年10月韩国女星崔雪莉不堪网络暴力自杀,韩国媒体将其称之为"群体谋杀"。

7.4 隐私权悖论

隐私悖论是指人们的隐私担忧和关注程度与其实际隐私保护行为存在不一致,一边对个人信息的流失表示深度担忧,一边却在信息生活中不断让渡关于其身份、偏好、行踪、健康和社会关系的信息来获取服务享用权,从而更好地融入基本的社会生活。而造成隐私悖论现象的很大一部分原因是人工智能时代的媒介文化。"技术和媒介的关系就像大脑和思想一样。大脑和技术都是物质装置,思想和媒介都是使物质装置派上用场的东西。一旦技术使用了某种特殊的象征符号,在某种特殊的社会环境中找到了自己的位置,或融入了经济和政治领域中,它就会变成媒介。换句话说,一种技术只是一台机器,媒介是这台机器创造的社会和文化环境。"波兹曼提出,媒介即认识论。每一种媒介带来不同的认识论。AI技术无疑催生了一种新的媒介文化与认知论。

7.4.1 智媒时代媒介文化:分享、表演、娱乐体验式

相较传统媒体,智媒体带来的媒介文化有三大特点。

第一是分享,这是电子媒介文化最鲜明的特征之一,是彰显个体存在感与价值的手段,也是建构自我形象以及与他人建立联系的"道具"。媒介不再只是认识世界的窗口,也是自我建构的一种手段,以及建立社交网络获取社会资本的一种渠道。向别人分享经过精心挑选的信息,展示自己刻意包装好的一面,进行自我社交形象的建构,目的是维系社会关系,满足自身安全感的心理需求。分享也会使人们容易受到社交圈中他人信息的影响。别人的生活也可以反过来形塑自己的价值观。这是社会学家大卫·理斯曼提到的"反自主性的生活"。在这种生活中,人们用周围人对自己的评价来作为衡量个人价值的标准。社交媒体的存在,让原本以个人标准来衡量自我价值的内在导向性的生活转向外在导向性。

第二是表演性,基于此与他人进行互动。在美国社会学家戈夫曼看来,社交互动都是一种拟剧化"表演"。人们通过智媒体交往,实质上是选择性展示自己想让别人看见的一面,而隐藏不愿意让别人看到的另一面。AI直播其实就是表演式文化最好的代表。直播现场相当于一种"表演空间"。这种现场感更多来自对私人性的空间的开放。直播中通过对"后台"的展示,满足观看者的窥私欲,制造更加显眼的"前台"效果。AI智能标签让直播观众可以更快地搜索到自己感兴趣的主播,而主播利用AI美颜等手段全方位展示自己的直播现场,优化直播画面与内容,两方面因素共同助推了这种表演式文化。

第三是娱乐体验性。智能新闻机器人、智能音箱、智能家居等智能产品相继推出,大大提升了人机交流体验感。VR和AR在人工智能的助力下,用虚拟的方式给人以真实感。虚拟世界成了现实世界的延展,人也从身临其境变成虚拟在场。沉浸式体验加上场景化展示,人们对此时此地身临其境的体验式享受追求已经被技术推向极致。这样的媒介文化催生了隐私权悖论。

7.4.2　隐私权悖论

一方面是对隐私的强调和重视,对技术与现代生活之间关系的洞察,"文明的进步使生活渐趋紧张和复杂,有必要适时从世界抽身而退一段时间。人们对公众的关注变得更加敏感,孤独和隐私显得愈加重要"。另一方面,是对隐私的让渡,换来信息使用的方便。在今天,高度发达的社交和服务平台对用户信息的收集、分析和再利用,日趋成熟的大数据算法对个人需求和兴趣愈发准确的预测,隐秘扩张的监视技术和人工智能的结合,这些技术发展在为信息社会的参与者提供便捷的同时正在驱动新的社会控制;人们在积极参与信息生活的同时被迫不断放弃对个人信息的掌控。侵犯隐私会让人"遭受精神上的痛苦折磨,程度远超过身体上的伤害所带来的疼痛感"。这就产生了所谓的隐私权悖论。

技术的发展促使隐私权的保护由绝对自主权转向相对自主权。最早论述隐私问题的较权威的学者之一艾伦·威斯汀在《隐私与自由》中将隐私定义为"隐私是指个人、团体或机构自行决定何时、如何以及在何种程度上向他人传达有关他们的信息"。这是从自由主义理论视角,认为个体对隐私有绝对的自主权。然而,如今AI渗透到生活中的方方面面,媒介对个体生活的入侵也无孔不入。鲍曼认为液化的力量从制度转移到社会,人机的界限、真实与虚拟的界限都被打破了。随着私人领域与公共空间边界消融,隐私出现新的特点:无中心与流动化,个体已无法对自己的隐私拥有掌控权。

7.4.3　人工智能时代引发的其他伦理困境

除了隐私权悖论,人工智能时代还涉及另外两重伦理困境。第一重困境是鲍曼所谓的绝热化。在这种趋势中,对技术的评判从对道德的考量中分离出来。例如个人或群体信息资料一旦进入大数据库,即刻变成中立信息,可以由技术人员按照理性原则进行处理使用。软件设计师说他们只是"处理数据",所以他们的角色是"道德中立"的,他们的评估和歧视只是理性的。第二重困境是远程造就的道德钝力感。后全景敞视结构的远投能力将监控范围扩展至全球各个角落。人和行动后果之间的情感联系被远程操控剥离,例如无人机与它的使用者的关系。无人机失控,到底谁该为之负责呢?波兹曼从另一个角度阐述了道德钝力感。他批判电报的出现割裂了信息与行动之间的联系。他认为,不管口头文化、印刷时代,还是电子媒介时代,信息的重要性都在于它可能促成某种行动。但是自电报技术出现后,信息与行动之间的关系变得抽象且疏远起来了。技术的发展使信息与行动有一定的时间差,而且这个间隔越来越长。这就是所谓的钝力感。AI增强了媒介的场景化,让人们离新闻信息更近,看似身临其境,其实已经将信息脱离了行动交往的真实语境,构建的是伪语境。波兹曼认为,媒介营造的伪语境最大的功能不是提供行动或解决问题的方法,而是娱乐,是为了让片段化信息获得一种表面的用处。伪语境的出现引发了道德钝力感与绝热化现象,即所谓的"道德悬浮性"。

7.5 人的异化现象

异化(alienation)一词最早见于中世纪经院哲学家奥古斯丁的著作,该词是从柏拉图《理想国》中的"alloiosis"一词转译而来的。理论界最早开始使用该词的是自然法学派的格劳修斯。格劳修斯认为异化实际上就是人的自然权利的转让。在黑格尔那里,异化主要是指绝对精神向自然界与人类社会的外化。通过否定之否定,异化是有积极意义的。费尔巴哈对异化持彻底否定态度。法兰克福学派关注并抨击技术带来的异化现象。一般说来,所谓异化是主体成为他物,是主体的自我丧失状态。

我们可以从工具理性和价值理性角度的切入来思考人工智能化媒体对人的影响。马克斯·韦伯在其著作《经济与社会》(第一卷)中,提出了工具理性和价值理性的概念。他认为,完全理性地考虑并权衡目的、手段和附带后果,这样的行动就是工具理性的。价值理性总是将价值观念一以贯之地体现在具体的行动进程中,完全是为了理性地达到目的而与基本的价值观无涉,这样的行动取向实际上也并不多见。最理想的状态是价值理性与工具理性保持适度张力,这就达到了一种人机和谐状态。然而,由于人们对工具理性的过度追求,人反而被物化了。特别是众媒时代,人人追求极致的身体享受,只接收和传递自己感兴趣的东西,缺乏理性批判,逐渐成为马尔库塞笔下单向度的人,即从否定性思维到肯定性思维的单向思维,无法正确认识自己及周遭世界。算法推送使人生活在一种新型的拟态环境中,失去了批判和质疑的能力,更多的是对低级趣味的追求。当媒体越来越趋向个性化、精准化服务,独立思考与思维的否定批判功能可能会丧失,社会进而演变成单向度社会。一边是AI技术的指数级进化,一边是人的堕落,人机关系明显失衡。

7.5.1 人机关系失衡:机器与人从背景关系转向他者关系

唐·伊德根据人的感知将人和技术的关系分为4种:体现关系、解释学关系、他者关系与背景关系。

其中前三种关系技术处于中心和前景,而最后一种关系技术处于边缘和背景中。唐·伊德认为前三种可以区别开的关系构成了一个连续统。在这个连续统的一端,是描述技术接近准我的体现关系,如人和眼镜的关系,戴眼镜的时间久了,就会忘记眼镜的存在。连续统的另一端是他者关系,技术成为准他者,或者技术"作为"他者与"我"发生关系。处在中间的是解释学关系,如通过温度计感知屋外的温度。可以用下面的形式来描述这些关系:

人—技术—世界

变项1:体现关系　(人—技术)→世界

变项2:解释学关系　人→(技术—世界)

变项3:他者关系　人→技术(世界)

变项4:背景关系　人(—技术/世界)

体现背景关系指的是,系统一旦开始运转,人们就会很少注意到技术的功能,其仿佛抽身而去变成背景,退到了一边,成为人经验领域的一部分,与环境融为一体。在这种情况下,技术虽然不是处在前景核心位置,但也能调节居民的生活环境。

我们可以用唐·伊德的理论来描述人工智能对媒体的改造。随着人工智能技术的成熟,人与媒体的关系逐渐从体现关系、解释学关系转向背景关系。处在其中的人意识不到自己被各种智媒体包围,如智能家居,一旦运作起来,人根据感知很可能会忘记它们的存在,同时更不易发现自己也成了媒介。AI的发展使人际传播和大众传播紧密融合,传播形态出现了麦克卢汉所说的"处处皆中心,无处是边缘"。在这样的大背景下,技术自然而然看似从"在场"抽身离去,变成背景。然而,一旦媒介失灵,人机关系即转向他者关系。他者关系的例子之一是高技术失效,人—技术竞争会出现。譬如脑机接口,植入芯片一旦失灵,技术就成为与人对立的他者。

7.5.2　AI媒介是座架,出现个体劳动异化与社会交往异化现象

海德格尔提出,技术的本质是座架(Gestell)。座架包含着两层含义:一是放置、展现在眼前;二是促使、责令。座架是一种先验性存在,就像空气、阳光和水,人身处其中无法逃离。海德格尔认为现代技术把一切都变成了物质,降格为单纯的材料,把一切都齐一化和功能化,并加速着主客体两极化,包括人也变成了原料。

这其实是当下智媒体时代的真实写照。液态监控无处不在、无时不有,个体是大数据中的一个小数据,被卷入不断迭代的算法计算之中。而人们对自己的处境浑然不觉,自以为可以主宰世界,于是心安理得地处于座架的促逼之中,察觉不出自己生活在技术构建并统治的人工自然中,结果是背离了自己的本质,也就不可能和自己照面,从而变得无家可归。换言之,人类发明了人工智能,并利用其打造新媒介——智媒体,再利用智媒体去认

识这个世界,然而由于过度依赖智媒体,人们渐渐丧失对其的控制,反而成了智媒体技术座架下的持存物,失落了人的本质,人被物化,出现人的异化现象。譬如利用AI+VR,打造虚拟现实,进行虚拟新闻报道与虚拟社交,将会出现个体劳动异化现象。劳动是对外输出劳动量或劳动价值的人类活动。但AI+VR的发展在很大程度上解放了人类。虚拟世界挤占了真实世界的空间,人们的很多体验、经历都可以在虚拟空间完成,很多劳动也就变得没有意义了。此外,还有社会交往的异化的现象。虚拟世界里人与人的交往可以用替身来完成。虚拟世界里的"我"也就是人替,可以代替现实中的"我",去交朋友、去做很多事情。根据霍尔的编码解码理论,虚拟自我将想要表达的信息编码成符号,另外一个虚拟他人将符号解码成另外一种信息。这种信息脱离了生活中具体的语境,完全在虚拟空间中进行,接受者对信息的解读就有了无数种可能。而接受者的反馈经过编码解码,虚拟自我接收到的信息也有了无数可能性。一来二去,虚拟世界中这种信息传播与交流完全失真,社会交往异化现象严重。这就是为什么很多网络恋人见面后无法接受对方,很多虚拟世界中的友谊无法延续到真实生活中。根据库利的"镜中我"理论,人对自我的认识主要是通过与他人的社会互动形成的。而当你面对的是虚拟对象,进行的是虚拟交往,又如何正确认识真实世界里的自己呢?

7.5.3 身体伦理危机

人的异化还包括身体伦理危机。德国生物人类学家格伦认为,从人的生物学领域来看,人与动物的最大区别在于人的未特定化或非专门化。正是因为这种先天缺憾,人类才能够从自然链条中凸显出来,用后天的创造来弥补先天的不足,而这种创造活动就是对技术的使用。当人类开始使用技术,譬如用火烧熟食物,身体逐渐从自然阶段过渡到人工阶段,即技术化状态。然而随着技术的进步,特别是现在人工智能的发展,身体伦理危机日益凸显。

第一,技术进化与身体进化的不同步。身体与技术相互驯化趋势:身体主导→身体与技术协调共生→技术占绝对优势。技术与身体一样,在哲学史上皆是处于"缺席"的尴尬状态。技术向来没有进入哲学思考的核心,吴国盛把这一现象称为技术哲学的历史性缺席。早期技术与身体的关系,身体占主导地位。随着科学技术的发展,身体与技术开始相互建构、驯化。但是身体进化的速度远远落后于技术进化的速度。第二,技术发展的超前与伦理规范的滞后。现代技术发展与伦理规范之间一直没有形成有效的张力。第三,身体进化、技术进化与文化进化之间脱节。身体是一种技术性存在,也是文化性存在。芒福德认为,技术之所以造成诸多问题,是因为文化的发展跟不上技术发展的步伐,导致没有更好的文化来整合技术。身体层面的伦理问题主要包括以下3个方面:

1. 身体的自由与异化

智媒体在一定程度上使身体实现了最大化的自由,还是成了束缚身体的桎梏,甚至是"杀死"身体的推手呢?马克思指出,随着生产力(技术与科技)的极大发展,人可以实现全面自由。然而也有技术悲观派。埃吕尔认为,技术具有自主性,现代人不能选择其手段,就像不能选择其命运。技术把人降级为技术动物。技术是海德格尔眼中的"座架",是一种先验性存在,人类无法逃避技术带来的影响。泛媒时代,连人自身也成了媒体。脑机接口技术一旦成熟,个体就成了一个可以实现信息自我传递的高效智能媒介。最近几年学术界流行"人类纪"这个词,意指人类已经成为影响全球地形和地球进化的地质力量,足以证明对技术发展所带来负面影响的忧虑已渐成为一部分人的共识。

2. 在场与缺席

AI化媒介极大压缩了时间与空间距离,身体的缺席已经成为常态。另一方面,随着虚拟技术的日益成熟,人们在虚拟空间获得了前所未有的真实感与在场感。身体缺席,心理在场,身体与心理之间的割裂异常凸显。

3. 身体与政治

技术不是价值无涉的,相反是负载价值、有意向性的。埃吕尔认为,技术系统不承认除技术发展和规则之外的任何法则和规则。技术把自己变成了一个超级权威,在政治上也是如此。1986年"人工物有政治学吗"问题被提出并讨论。乐观主义者认为人工物政治学是积极的,譬如信息传播技术促进了民主。但悲观主义者认为,我们的文化太偏重技术,已近乎麻木,从本质上来说,身体是一种特殊形式的技术人工物。也就是说人的身体极有可能被人为或技术操纵。传播学中信息传播的不对称会产生"数字鸿沟"现象。随着AI技术改造身体的力度越来越大,不同国家、地区、民族会出现身体层面上的"技术鸿沟"。一旦身体技术被某种政治力量控制,全球政治格局将被重新洗牌。

▶ 7.6 新媒体伦理问题的治理

技术带来的好处与弊端是硬币的两面。AI形塑了新闻业,使其进入智媒体时代,但同时也引发诸多伦理问题。如何最大限度降低AI给新闻业带来的负面影响呢?

7.6.1 AI的解蔽功能

此处的解蔽与海德格尔的解蔽意义有所不同。海德格尔认为,"现代技术是一种解蔽,但贯通并统治现代技术的解蔽具有促逼意义上的摆置之特征。开发、改变、贮藏、分配、转换是解蔽的方式"。海德格尔用"座架"一词来命名那种促逼者的要求。"这种要求把人聚集起来,使之去订造作为持存物的自行解蔽的东西。"此处解蔽的主导权在技术。而技术是双刃剑,利用好了也可以成为人得力的工具。当人工智能的解蔽功能主导权在人类手上时,将能一定程度上缓解智媒体所带来的伦理危机。可以从以下3个方面着手。

1. AI引领事实核查风潮

人工智能技术加上具有极强专业素养的新闻专业工作者,两股力量配合可以有效降低假新闻传播的风险。20世纪20年代,事实核查制度就已经率先在美国兴起,代表性媒体是《时代》周刊和《纽约客》杂志,主要侧重对新闻内容进行事前检查把关。随着互联网技术的发展,事实核查型新闻开始出现。现如今,事实核查栏目与平台已成为媒介舆论生态中的一支特别力量,如《华盛顿邮报》的Fact Checker栏目、PolitiFact和Storyful网站。Storyful网站利用信息监测工具Newswire,主要针对社交媒体(推特、脸书、优兔、照片墙等)上发布的用户新闻内容,如图片、文字、视频等素材进行核查。随后,Newswire利用大数据与算法分析技术将可能具有新闻价值的重要素材推送给人工编辑。编辑则凭借自己的专业素养判断哪些内容真正具有报道的价值。与此同时,团队还会利用各种技术对素材真伪进行核实。最后,Storyful会与信息的发布者联系,进行确认,并为视频内容打上"清楚""等待回复""已授权""无回复"等标签。国内媒体近年来也在进行类似尝试。例如,2011年人民网创办的"求真"栏目;2017年腾讯推出的"较真"平台,与微信公众号"全民较真"及小程序"较真辟谣器",构建辟谣传播矩阵;2018年中国互联网联合辟谣平台上线,形成了对网络谣言"联动发现、联动处置、联动辟谣"的新工作模式。

还有一种途径是通过AI技术让机器人自主学习,判断信息的真假。在这方面的先行者是《华盛顿邮报》。2013年该报推出"说真话者"项目,主要是通过AI技术"刻录"政治演讲,并基于数据库信息来验证演讲者是否说谎。脸书也尝试通过不断提高机器学习算法的准确性,快速识别假新闻或疑似假新闻的信息,并将其交给第三方机构进行核查。同时,推出"相关文章"功能,在平台准确性存疑的热门内容下方附注"相关文章",包括观点各异的文章,以及第三方机构(如Snopes)的事实核查报告。脸书还鼓励用户主动参与到打假行动中。如果用户在评论或反馈中提到某则消息是捏造的,为它打上"不可信"的标签,脸书系统中将不会出现该条消息。整个过程没有人工直接参与,全部是由设定好的算法完成。技术水平的提升使得事实核实速度加快,效率变高,缩短了假新闻的传播时间,减少了其可能带来的负面影响。

2. 基于AI的新闻平台成突破口

随着AI技术和区块链技术的成熟,可以通过人工智能、机器学习、大数据分析等手段,打造大的新闻平台,构建健康的社交平台新闻生态系统,计算专家、自媒体、专业媒体、普通民众共同参与,完成核实、打击虚假新闻的全过程。2020年初有关新型冠状病毒的部分假新闻刚流传不久,就有很多民众自发核实,并予以辟谣。韩国的Bflysoft公司力图打造基于人工智能和区块链技术开发的公正、透明的新闻信息分发平台。先基于大量数据分析,对新闻的真实性进行判断,再通过区块链进行大范围传播。由于区块链交换的信息具有不可随意修改的特点,为真实新闻的传播提供了信任保障。AI+区块链,打造生产传播完整的新闻平台,将成为抑制虚假新闻的有效手段。

3. 主动与被动的算法透明性

透明性指一个组织通过允许其内部活动或绩效处于外部行为者监督之下的方式,积极地公开自身信息。在新闻伦理中,透明性被视为"新闻业内部和外部人士对新闻流程进行监督、检查、批评,甚至介入的各种方式"。美国德克萨斯大学奥斯汀分校媒体互动中心曾携手McClatchy报业旗下的三家媒体《威奇托鹰报》《沙加缅度蜂报》《新先驱报》进行过这样一个实验:在每篇报道页面后添加一张幕后卡片。卡片内容包括为什么做这篇报道、确定好选题后如何操作、采访了哪些人、报道还存在哪些缺陷等。实验结果表明,提供采访报道的幕后故事进行有效的信息补充,能够有效地提升用户对于媒体报道的信任感。

算法透明包括5个方面:① 发表时的标准,包括定义、操作和可能的替代。② 数据算法的数据。如哪些数据被关注,运行算法的其他因素。③ 准确性,包括分类中误报和漏报的错误比例以及如何设置这些错误平衡点的说明。④ 描述测试数据以及潜在的偏见,包括算法的演变和运行。⑤ 用于相似性或分类算法的定义、操作或阈值。简言之,算法透明就是实现"三个公开":公开信息优先排序的准则,公开用户画像生成的关键要素以及关联的阈值。

算法透明有主动与被动之分。"主动的算法透明"是指新闻生产者主动将算法的运行机制与设计意图公之于众,接受社会监督。计算机科学家汉森认为,公开代码是对社会的责任,这样的过程可以使得公众参与进来,不论它成为何种格式,基于算法的报道将很快成为一种必需技能,记者得跟上这场游戏,不仅要理解对算法透明度的要求,还要提高现有的新闻业务能力,这样我们才能利用人类与日俱增的智慧。主动的算法透明的优点在于,公开算法设计与应用中的局限,不仅可以规避一些风险(如不必为错误的预测或产生的偏见结论负责),还可以重塑媒体与用户二者之间的信任关系。但是由于各种客观原因,目前媒体机构主动公布算法的案例并不多见,但主动公布算法是未来传媒业健康发展的大趋势。

被动的算法透明,即依据法律规定、按照法律程序公布有关算法的全部或部分内容。在新闻生产中,用户怀疑或发现某种算法涉嫌种族歧视、性别偏见、误导公众等情况时,可依据所在地法律规定要求媒体披露该新闻算法运行的相关信息,以保障公众的"知情权"。2018年5月欧盟推出《一般性数据保护法案》,其中用户享有申请某项基于算法得出结论的解释。不过"该法案实际上并没有从根本上保证算法的问责和透明度"。

7.6.2　AI 时代的媒介责任论：自主原则、善意原则、公平原则

　　大数据与算法主导新闻，对专业新闻工作者提出了挑战。"事实是，这些数据流将会像社交网络的兴起一样，成为新闻业的重大变革。新闻编辑室的兴衰将取决于实时信息的记录以及收集和共享信息的能力。"随之而来的是伦理问题。许多社会科学伦理关注个人的权利和责任。大数据和算法作为一种技术并不能很好地适应这种情况。数以百万计的研究对象，却在没有知情同意的情况下被采集了数据，如《卫报》和《华盛顿邮报》披露的"棱镜"计划，让公众的注意力集中在了大众市场消费者数据采集的本质上。数据从社交网络、互联网中心和智能手机应用程序流入这些系统，然后，这些数据被聚合和解析，以用于定向广告。这些数据库由政府行为者使用，通常只有防止滥用的政策保护。传统的社会科学关注的是身体上的伤害，而不是信息上的伤害，也不是对个人的伤害，但是大数据对社区的影响和对个人的影响一样（或更多）。在一个以信息为基础的社会里，信息不是可认知的危害这一概念是不可接受的。这种技术上的转变需要重新思考道德原则是如何执行的。基于威廉·戴维·罗斯的显见义务论，费尔菲尔德与施泰因提出了一个责任框架，保留罗斯伦理理论中的三大原则——自主原则、善意和不伤害原则、公平原则，同时随着新兴技术的发展，允许一定程度的灵活性。著名的贝尔蒙特报告已经将三大原则编入社会科学研究的指导方针。这是一份政府文件，概述了在研究中对人类受试者进行伦理治疗的指导原则。

　　自主原则表示对人的尊重。个人将被视为独立的个体。在实践中，自主原则意味着需要获得知情同意。善意和不伤害原则要求研究人员在可能的情况下尽量减少伤害。正如贝尔蒙特报告所指出的，善意可以分为"不造成损害"和"使可能的利益最大化和使可能的损害最小化"。贝尔蒙特报告将公平原则描述为利益分配的公平，当一个人有权享有的某些利益没有正当理由而被剥夺，或当一些负担被不适当地强加时，就会发生不公正。

　　与贝尔蒙特报告中的原则一样，新闻职业道德也受益于同样的伦理理论来源。自主原则、善意和不伤害原则、公平原则可以作为一个伦理架构，为在媒体中合理使用大数据、算法制定指导方针。大数据技术增加了遵从传统道德价值观的成本，同时大幅降低了侵犯隐私的成本。伦理框架必须足够灵活，以适应成本的变化，从而保留核心原则。罗斯的开放式范式允许技术创新和扩展。

1. 自主原则

　　数据库的规模已经改变了知情同意的性质。大多数消费者并没有有意义地同意外部研究使用他们的社交数据。技术已经使收集数据成为可能，但研究人员可能会觉得，由于成本原因，从每个提供数据集的人那里获得同意是不切实际的。那么，如何发展自主的伦理原则呢？我们不可能对传统的知情同意做出绝对不灵活的预先承诺——获得11亿脸

书用户的同意来进行一项脸书研究是行不通的。我们需要的是一个哲学框架,将创新的灵活性与对道德义务的预先承诺结合起来。要做到这一点,基本的责任必须保持不变,这样创新就会集中在满足它的新方法上。例如,通过选择样本进行研究,并通脸书广告活动等获得他们的知情同意,确保网站具有非强制退出的机制,或至少确保最终过用户许可协议包括明确的研究使用同意。

2. 善意和不伤害原则

这里的困难在于,大数据与算法将个人的利益与社群的利益纠缠在一起。当一个人对社会造成损害时,很难做到利益最大化和损害最小化,反之亦然。功利主义并不能提供多少帮助。"最大的利益为最大的数目"与不伤害与研究者一起工作的人的直接义务相冲突。在新的技术环境中,创新可能再次帮助恢复善意和不伤害原则,如使用参与性观察方法,以确保新闻生产者与社群有足够的时间来了解,某些新闻是否可能会对社群里的成员造成伤害。也就是说,记者不能待在屋里靠大数据和算法写稿,必须走进生活,通过直接接触与间接接触,了解被报道对象,这样才能确保对 AI 技术的使用尽量做到不伤害被报道对象。

3. 公平原则

该原则强调利益平等和准入平等。开放存取数据和开放源码工具可能是未来的发展方向。目前,免费的开源机器学习工具包正在开发中,将为每个人提供大数据分析工具。

7.6.3 重拾交谈,保持一定时间的"离线"

智媒体的强大功能之一是让人实时在线。然而由于人在新技术形态中受到肢解和延伸,以及由此而进入的催眠状态和自恋情绪,麦克卢汉认为,媒介是人的延伸,同时也是自我截除。智媒体延伸了人的神经中枢,也同时意味着人的神经中枢的自我退化与截除。就像没有时钟之前,人们根据肉眼观察天空来判断时间,日出而作日落而息,而时钟发明之后,人们对时间的身体感知明显钝化,人的活动为指针所决定。所以为了避免那耳喀索斯式自恋,或为了减少智媒体对人本身的自我截除的影响,人必须保持清醒,与智媒体有一定的距离,这样才能有独立的判断与质疑、内省、思考、审美的能力。只有与媒介保持一定距离,才可以看清其原理,同时通过内省与交谈,重新找回自己。预见和控制媒介的能力关键在于避免潜在的自恋昏迷状态。因而保持一定时间的"离线"是有必要的,并增加在真实生活中人际交往的频次。"交谈会带给我们亲密、共享和深交的经历。重拾交谈相当于重新找回我们人类最基本的价值观。"另一方面,智能化技术不应只顺应人的本性,还需要帮助人克服自身的弱点与局限,满足用户个性化需求的同时,还需要打破人们的自我封闭,实现社会化整合。

7.6.4 个性化传播与公共性传播兼顾,平台效率与内容优化并重

著名传播学者唐纳德·肖提到,水平媒体(小众媒体)与垂直媒体(大众媒体)相互交织,可以创造一个稳定的"纸草社会",即私人议程和公共议程的融合将会产生新的世界图景。"大部分公民应该拥有一定程度的共同经验。假若无法分享彼此的经验,一个异质的社会将很难处理社会问题,人和人之间也不容易了解。共同经验,特别是由媒体所塑造的共同经验,提供了某种社会黏性。一个消除这种共同经验的传播体制将带来一连串问题,也会带来社会的分裂。"而共同经验来自公共性传播。涉及重大国计民生事件、与民众利益休戚相关的新闻报道应当成为包括自媒体在内的各大媒体以及平台优先考量推送的对象。个性化与公共性、广播与窄播应该兼顾齐驱。既满足用户最基本的公共信息,又提供个性化内容推荐,有意识地进行信息纠偏,破除信息茧房的壁垒,连接个人世界与公共世界,保持个性化信息满足与公共整合之间的平衡。

随着我们将信息选择权让渡给算法,算法担当起了守门人的角色,但传统把关仍然起到至关重要的作用。这里面需要注意的是算法把关与传统把关所占的地位与比重。有人建议,算法主攻信息筛选第一阶段的效率与兴趣配对,而人工编辑主要负责第二阶段的信息质量把关,包括内容平衡、法规伦理、社会价值等等。采取算法初荐+人工终审的审核方法,实现人工编辑与机器优势互补,确保新闻内容的品质。如Apple News,在智能算法分发当道的今天,采取逆向思维,推出人工筛选功能,声称这款应用里的头条内容是资深人工编辑选择出来的,而不是借由算法产生的。不过人类有着自身的局限性。只有人机互助,才能实现平台效率与内容优化并驾齐驱。算法推送应以人为本、以影响力为追求、以结构建设为入口、以公共性为底线。

7.6.5 新闻专业主义与媒介素养同步加强,多方协同

只要社会对新闻的基本需要没有发生根本性的变化,新闻专业主义就不会过时。专业化媒体仍然是探寻真相的主导者。新闻工作者需要达到新闻先行的能力,也需要对碎片的辨识与整合能力,以及对事实的解读能力。哈贝马斯认为,在交往行为中,语言需要同时承担认知、协调和表达的功能,并要同时满足"4个有效性的要求——可理解、客观真实、道德适当、真诚"。这些都是未来新闻专业主义的核心内容。其将内化成个体交往的基本规则,每个个体都是这一规则的立法参与者,也同时是阐释者和监督者。换言之,新闻专业主义不再是一种行业素养,而将演变成全民行为准则。

智媒体时代公众还需要有更高的媒介素养,包括算法素养、媒介使用素养、信息生产素养、信息消费素养、社会交往素养、社会协作素养、社会参与素养等。算法素养即熟悉算

法原理,会使用算法进行新闻生产与传播。媒介使用素养,指的是合理使用各种媒介,不能只将一种媒介作为自己的消息源,宽窄结合。信息生产素养,指的是合理利用人工智能技术助力信息生产,不为博眼球赢得流量而失去底线。交往、协作等素养,更多是出自社交媒体平台的要求。

对此很多学者保持乐观态度。彭兰认为,在真真假假、鱼龙混杂的信息环境中成长,公众的辨识能力也可能会不断提高,相比在真空、无菌环境中,会产生一定的免疫力、抵抗力。当人们意识到信息茧房、拟态环境的存在,可以主动地对信息进行筛选。而这一切都需要加强全社会的媒介素养教育。波兹曼认为公众清楚了解某种媒介的危险性,那么这种媒介就不会过于危险。只有消除对媒介的神秘感,才有可能对媒介获得某种程度的控制,这只有依靠教育。而在欧洲确实已经开设媒介素养这门课程。虽然很难实现每个个体都能拥有新闻专业主义2.0,但共鸣式媒介素养教育可以帮助我们尽可能地向这样一个目标靠近。

1. 多方协同

个人自律+行业约束+法律法规+媒介监督。消减智媒体引发的伦理问题需要多方协同。个人自律(提升自我媒介素养、伦理道德水平)、行业约束(新闻专业主义2.0),还需法律法规以及媒介监督共同发力。2019年11月,国家相关部门印发《网络音视频信息服务管理规定》,首次将AI造假音视频列入法规。利用深度学习制作、发布、传播虚假新闻信息将被视为违法行为。所谓的媒介监督既有媒介同行的批评,也有来自大众对媒体的监督。算法在不断更新迭代变化中,其良性发展需要价值理性的引导。监管部门与社会机构、人民群众一起,自发担起内容把关价值引领的主体责任,官方非官方、专业非专业、自律与他律,多方合作,才能促进媒介生态的良性可持续发展。

2. 双向驯化——人机交往的新解释

对于人工智能对媒介的影响,以及由此而来的伦理问题,我们可以持客观态度。从现象学角度出发,人与技术不是简单的影响与被影响的关系,而是呈现双向的驯化。驯化最先由西尔弗斯通提出,原意是将人类对媒介技术的改造视为如驯化野生动物的过程。但此处的驯化仅呈现单向性,即人类成就技术的叙事。双向驯化侧重身体与技术的相互影响。一方面,身体官能受到技术的驯化。麦克卢汉认为,媒介是人的延伸,电子媒介是中枢神经系统的延伸。前电子时代的媒介是分裂切割、线性思维、强调专门化的。这样的人是分割肢解、残缺不全的人。而电子时代的媒介将使人重新整合,实现重新的部落化,并将其塑造为一个更高层次、全面发展的人,也就是说在众媒时代,智媒体拓展延伸了人的视觉、听觉、触觉等多方面功能,使人实现从分裂到整合,人比以往能更全面、深刻地看待世界、认识世界。

另一方面,媒介发展受到主体驯化。保罗·莱文森在达尔文的生物进化论作为理论预设的基础上提出了媒介的人性化趋势,并认为人是积极驾驭媒介的主人。按照这种理论,媒介在人工智能技术的影响下将朝着更加人性化,更符合人类切身需求的方向演化。

参 考 文 献

[1] Bauman Z,Lyon D.Liquid Surveillance[M].Cambridge:Polity Press,2013.

[2] Irving L,Janis. Groupthink:Psychological studies of policy decisions and fiascoes[M].2d ed.Boston: Houghton Mifflin,1982:7-9.

[3] Lazer D M J,Baum M A,Benkler Y,et al.The science of fake news[J].Science,2018,359(6380):1094-1096.

[4] Lyons B,Henderson K.Leadership in a computer-mediated environment[J].Journal of Consumer Behavior,2005,4(5):319-329.

[5] O'Sullivan T,Hartley J,Saunders D,et al.Key Concepts in communication and cultural studies[M]. New York:Routledge,1994:126.

[6] Vosoughi S,Roy D,Aral S.The spread of true and false news online[J].Science,2018,359(6380):1146-1151.

[7] Warren S D,Brandeis L D.The right to privacy[J].Harvard Law Review,1890,4(5):196.

[8] Westin A.Privacy and freedom[M].New York:Athenum,2015.

[9] 鲍曼.流动的现代性[M].欧阳景根,译.上海:上海三联书店,2002.

[10] 波兹曼.娱乐至死[M].章艳,译.桂林:广西师范大学出版社,2004.

[11] 陈力丹.舆论学:舆论导向研究[M].北京:中国广播电视出版社,1999.

[12] 郭庆光.传播学教程[M]. 北京:中国人民大学出版社,1999.

[13] 郭全中.智媒体的特点及其构建[J].新闻与写作,2016(3):59-62.

[14] 海德格尔.海德格尔选集[M].陈小文,陈嘉映,王庆节,等译.上海:生活·读书·新知三联书店,1996.

[15] 莱文森.数字麦克卢汉:信息化新纪元指南[M].何道宽,译.北京:社会科学文献出版社,2001.

[16] 雷跃捷.新闻理论[M].北京:北京广播学院出版社,1997.

[17] 李普曼.公众舆论[M].闫克文,江红,译.上海:上海人民出版社,2006.

[18] 陆晔,周睿鸣."液态"的新闻业:新传播形态与新闻专业主义再思考[J].新闻与传播研究,2016,23(7):24—46.

[19] 麦克卢汉.理解媒介:论人的延伸[M].何道宽,译.南京:译林出版社,2000.

[20] 诺依曼.沉默的螺旋,舆论:我们社会的皮肤[M].董璐,译.北京:北京大学出版社,2013.

[21] 彭兰.万物皆媒:新一轮技术驱动的泛媒化趋势[J].编辑之友,2016(3):5-10.

[22] 彭兰.网络传播概论[M].北京:中国人民大学出版社,2017.

[23] 乔瑞金,牟焕森,管晓刚.技术哲学导论[M].北京:高等教育出版社,2009.

[24] 乔瑞金.技术哲学教程[M].北京:科学出版社,2006:128

[25] 桑斯坦.网络共和国[M].黄维明,译.上海:上海人民出版社,2003.

[26] 桑斯坦.信息乌托邦[M].毕竞悦,译.北京:法律出版社,2008.
[27] 邵成圆.重新想象隐私:信息社会隐私的主体及目的[J].国际新闻界,2019,41(12):45-46.
[28] 塔奇曼.做新闻[M].麻争旗,刘笑盈,徐扬,译.北京:华夏出版社,2008.
[29] 特克尔.重拾交谈[M].王晋,边若溪,赵岭,译.北京:中信出版社,2017.
[30] 吴国盛.技术哲学讲演录[M].北京:中国人民大学出版社,2009.
[31] 伊德.技术与生活世界[M].韩连庆,译.北京:北京大学出版社,2012.
[32] 衣俊卿.文化哲学十五讲[M].北京:北京大学出版社,2004.
[33] 张超.作为中介的算法:新闻生产中的算法偏见与应对[J].中国出版,2018(1):29-33.

第8章

环境伦理

8.1 环境伦理概论

8.1.1 环境伦理的诞生

环境伦理属于生态环境哲学的分支,主要研究人与自然环境的伦理关系,也有哲学家倾向于称其为生态伦理。尽管哲学家们很早就开始讨论生态或环境伦理问题,但是,环境伦理作为一门独立学科诞生于20世纪60年代,成熟于20世纪70年代。早在1867年,约翰·缪尔就提出要尊重"所有其他创造物的权利"。1915年,阿尔伯特·施韦泽讨论了"敬畏生命"的伦理。1940年,奥尔多·利奥波德在他的经典著作《沙乡年鉴》中首次提出了"大地伦理"理论。生态环境伦理属于实践伦理范畴,依据研究对象,可以将其划分为资源伦理学、动物伦理学和自然保护伦理学3个分支学派。资源伦理学主要讨论如何使稀有的可利用资源与环境介质(水、土壤、空气等)的责任管理合法化问题;动物伦理学主要讨论如何负责任地对待动物或对动物的合法化伤害问题;自然保护伦理学也称自然伦理学,主要讨论如何负责任地对待诸如种群、物种等生物实体和生态系统,对于生物体和生态系统来说什么样的行为是合法的。

在环境伦理发展进程中,两部著作的问世催生了人类的普遍环境伦理意识,并在学术上促成环境伦理学学科的形成。一部著作是蕾切尔·卡逊的《寂静的春天》,另一部是保罗·埃里希的《人口爆炸》。

蕾切尔·卡逊,1907年5月27日出生于宾夕法尼亚州泉溪镇,并在那儿度过童年。1935—1952年,供职于美国联邦政府所属的鱼类及野生生物调查所,因此有机会接触到许多环境问题。她写了多部有关海洋生态的著作,如《在海风下》《海的边缘》《环绕着我们的海洋》。1962年,蕾切尔·卡逊出版了著名报告文学《寂静的春天》。在书中,蕾切尔·

卡逊提出农药危害人类环境的预言。《寂静的春天》问世后,不但受到与之利害相关的生产与经济部门的猛烈抨击,还强烈震撼了广大民众。20世纪60年代以前的报纸或书刊中,几乎找不到"环境保护"这个词,"环境保护"在那时并不是一个存在于社会意识和科学讨论中的概念,长期流行于世界的口号是"向大自然宣战""征服大自然"。大自然仅仅是被人们征服、控制与改造的客体,人们没有想到要保护它,并与之和谐共生。人类的这种征服与战胜自然的意识大概起源于洪荒的原始年月,一直持续到20世纪。没有人怀疑它的正确性,因为人类文明的许多进展是基于此意识而获得的,人类当前的许多经济与社会发展计划也是基于此意识而制定的。蕾切尔·卡逊第一次对这一人类意识的绝对正确性提出了质疑。《寂静的春天》的问世标志着人类把生态环境问题提上议事日程。

1968年,美国生物学家保罗·埃里希出版了《人口爆炸》一书。保罗·埃里希在《人口爆炸》中宣称,鉴于世界人口可以预见的爆炸式增长,地球终将不能养活人类,"为养活人类而进行的战斗已经结束了,20世纪70年代,世界将经历一场高比例的饥荒——几亿人会被饿死"。现在看来,虽然《人口爆炸》关于人口增长的后果预测过于悲观,但其中预测的一些生态环境问题显然正在成为现实。例如,人口急剧增长引发自然资源的污染和消耗、地球上动植物多样性的减少、生态系统的退化、气候变化等严重生态问题,最终对地球的自然资源产生毁灭性影响。书中提到的问题成为随后多年公众和公共政策关注的重要"绿色"问题。

8.1.2 环境伦理的基本问题和前提

1. 环境伦理的基本问题

传统伦理学关心的是人与人之间的道德与利益关系。环境伦理学是传统伦理学的拓展,它打破了传统伦理学关注的对象范围,从只关心人扩展到关心动物、植物、岩石,甚至一般意义上的大自然或环境。环境伦理讨论的是人们面临环境问题时应该履行怎样的道德义务。因此,环境伦理需要解决两个基本问题:一是人类为什么对环境承担道德义务?二是人类对自然环境应该承担什么样的道德义务?环境保护中最常见的问题是,我们履行环境保护义务是为了当代的人类、未来的人类还是环境实体的利益?不同的哲学家对此问题的回答不同,通常根据他们的回答,可以将其划分为不同环境伦理学流派。认为履行环境保护义务是为了当代的人类和未来人类,也就是为了人类利益而进行环境保护,持这种观点的哲学家通常被认为是人类中心主义者;认为履行环境保护义务是为了生态环境的哲学家,通常被认为是非人类中心主义者或生态中心主义者。

2. 环境伦理学的两个前提

讨论环境伦理之前必须先解决两个问题:一是离开人类,环境所处何种地位?也就是说,如果人类不存在,甚至永远不会存在,环境还有价值吗?二是讨论环境问题的立场是什么?针对环境地位的讨论应立足两种立场,即既要立足于人类中心主义,也要立足于非人类中心主义。

第一,讨论环境伦理需要回答:离开人类,自然环境会有什么样的地位。针对这一问题,有人认为,不只是没有人类存在,即使没有任何类似于人这样有情感的生物存在,并且,这个环境中也永远不会进化出这样的情感生物,自然环境依然还是非常重要的。即使有些人认为存在情感生物或可能进化出情感生物对环境来说是重要的,但他们也并不认为环境中的情感生物是最重要的。也就是说,讨论环境伦理,需要脱离人类去看环境本身的独立地位。

第二,讨论自然环境地位时,要从人类中心主义和非人类中心主义两种不同立场出发。这是一个关于价值的问题,人类在帮助可能有价值的事物,或者摧毁它们时,人类所扮演的角色与人类自身的价值或地位没有关系。具体而言,如果地球环境具有内在价值,这种价值是独立于人类的,而不是对人类来说没有价值的。假设作为一个集体的人类摧毁了地球上具有某种内在价值的东西,不仅有可能毁灭了人类自己,也有可能毁灭了地球。也就是说,讨论自然环境的地位时,既要从对于人的价值来讨论,也要从环境本身的内在价值来考量。任何事物都可能具有内在价值。内在价值体现的是事物自我繁荣和自我升华的必要前提。关心有价值的事物尤其是有内在价值的事物的人,应该相当关注这种可能性。

8.1.3 道德地位的扩展

对于一种特定的环境伦理,其最基本的问题是,我们对自然环境有什么义务?如果答案仅仅是,我们作为人类,如果不限制我们对自然的行为,我们就会灭亡,那么这种伦理就被认为是"以人类为中心的"。人类中心主义就是"以人为本",在某种意义上,所有的伦理都必须被认为是以人类为中心的。传统观念认为,只有人类才能对伦理问题进行理性思考,从而使所有的道德辩论明确地"以人为本"。

在环境伦理学中,人类中心主义通常只承认人类的"道德地位"。人类中心主义伦理学主张,只有人类本体在道德上是相当重要的,我们所有的直接道德义务,包括我们对环境的直接道德义务,都是对我们人类同胞的义务。

虽然这种人类中心主义主导了西方哲学界的历史,但它也受到了许多环境伦理学家的猛烈抨击。这些批评者主张,伦理必须超越人类,赋予非人类的自然世界以道德地位:有些人认为,道德地位应该扩展至有知觉力的动物;有些人认为应扩展至生物个体;还有一些人认为应扩展至所有存在物,如河流、物种乃至生态系统。

这些伦理主张我们对环境负有义务责任,因为我们实际上对环境中的生物或存在物负有义务。我们的环境义务基于人类中心主义还是非人类中心主义理论,由此对这些义务内涵也会产生不同理解。

1. 环境伦理关照的对象应包括未来人类

尽管许多环境哲学家不想被贴上人类中心主义标签,但环境伦理思想仍然是人类中心主义的,因为我们对环境的许多担忧似乎正是源于它们对人类生活造成的影响。例如,污染影响我们的健康,资源枯竭威胁我们的生活,气候变化使我们的家园面临危险,生物多样性减少会导致潜在药物的丧失,而荒野的消失则意味着我们会失去令人敬畏的自然资源和欣赏自然美的客体。简而言之,人类中心主义伦理学家主张,为了人类的福祉和繁荣,我们有义务尊重和保护环境。

尽管人类中心主义的环境伦理"以人为中心",但其起初对于道德地位的扩展发挥了积极作用。这种扩展主要是将道德地位扩展到还未出生的人,并非扩展到非人的自然世界。这种伦理主张认为,有必要给予子孙后代道德地位,因为许多环境问题,如气候变化和资源枯竭,对未来人类的影响将远远大于对现在人类的影响。此外,我们当代人所采取的行动和政策显然会对未来人的福祉产生重大影响。基于这些事实,一些哲学家将他们的环境伦理建立在对后代的责任之上。

事实上,有一些哲学家拒绝将道德地位赋予未来的人,认为未来人不属于我们的道德共同体,因为他们不会通过互惠行动跟我们产生互惠关系。也就是说,即使我们采取行动维护他们的利益,他们也不能给我们带来任何好处。不过,也有哲学家不这么认为,他们指出,如同执行死者的遗嘱,我们通常会毫无疑义地对死者负有道德义务,即使死者无法给予我们回报。当然,也有专家认为,虽然任何后代都不能为我们做任何事情,但死者可以为自己的后代做一些有益的事情,从而表明了更广泛的跨代互惠的存在。此外,对于未来的后代还存在"非身份问题"。持"非身份问题"观点的学者认为,也许我们对未来的人没有义务,因为没有明确接受我们义务的个人群体存在,这不是因为未来的人不存在,而是因为我们不知道他们会是谁。国家所采取的政策直接影响到公民的教育、就业等方面,进而影响谁和谁相遇,谁和谁有孩子。不同的政策会造就不同的未来人群。即使我们决定给予未来的人类道德地位,仍然存在一个问题,如何确定我们对他们负有什么义务?这将根据未来人类的身份来确定,我们不仅缺乏关于未来人类身份的信息,而且关于他们对美好生活的概念也一无所知,更不知道他们可能取得怎样的技术进步。例如,如果未来人类对生物多样性不满意,而且已经开发出了一些替代燃料,那么,我们现在为什么还要如此费心地保护稀有动物物种或石油储备呢?我们对这些问题不确定使我们很难具化我们的义务内容。

针对以上问题,有哲学家认为,虽然我们并不完全了解未来人类,但我们可以做一些合理的假设。例如,巴利认为,未来人类要过上他们所认为的美好生活,他们将需要一些基本的资源,比如食物、水、最低限度的健康等。因此,巴利认为,我们的责任在于确保我们不妨碍后代满足他们的基本需求。这反过来又迫使我们考虑并适当修正关于环境污染、资源消耗、气候变化和人口增长的政策。虽然在某些人看来，这似乎是一种相当保守的伦理观，但值得注意的是，在人类历史上，同时代人的需求从未得到满足，更不用说未来人类的需求了。这一不幸的事实指向了所有面向未来的以人类为中心的环境伦理必须进一步面对的问题：究竟怎样才能把当代人的需求和利益同未来人类的需求和利益加以权衡呢？为了未来人类，我们是否有理由剥夺当代人享受的权利？

显然，道德立场的微小延伸所带来的问题是真实而困难的。然而，尽管如此，大多数环境哲学家认为，这种以人类为中心的伦理还不够深入，他们希望将道德地位延伸到人类之外。只有这样，我们才能超越人类狭隘而自私的利益，以应有的尊重对待环境和环境中的居民。

2. 环境伦理关照的对象应包括动物

早在希腊—罗马时期，人们就有动物是自然状态的组成部分和自然法的主体这样的观念。在中世纪，法庭经常对那些（例如）夺人性命的动物进行刑事审判。1634年，纳萨尼尔·华德应法庭要求，编辑了殖民地各州的第一部法律汇编，其中规定"对于那些通常对人有用的动物，任何人不得行使专制或酷刑"，并要求那些"用牛拉车或耕种"的人要定期使牲畜们休养生息。1693年，约翰·洛克在他的论文中指出，人们不仅要善待以往那些被人拥有且有用的动物，而且还要善待鸟类、昆虫等事实上的"所有活着的动物"。巴鲁奇·斯宾诺莎提出了一种泛神论思想：所有的存在物或客体——狼、枫树、人、岩石、星星都是由上帝创造的同一种物质存在的暂时表现，一个人死后，构成其躯体的物质就变成另外的事物。例如，一株植物生长需要土壤和养料，而这株植物会给一头鹿提供食物；反过来，这头鹿又会为一头狼或另一个人提供食物。斯宾诺莎对事物之间相互关系的这种理解，使他能够把终极伦理价值奠定在整体、系统之上，而非任何单一的短暂个体基础之上。在他的哲学中，物种没有高低贵贱之分，一棵树或一块石头拥有的价值和存在权利与人一样多。

英国植物学家约翰·雷伊，也是万物有灵论者，终生致力于收集植物标本并把它们分类。在研究过程中，约翰·雷伊不仅产生了对自然过程的深深敬畏，而且还形成了一种地球意识。1691年，他在其著作《表现在其创造作品中的上帝的智慧》中提出，整个自然界都仅仅是为了人的利益而存在的观点是一个站不住脚的虚幻观念。约翰·雷伊相信，动物和植物的存在是为了荣显上帝，或者"是为了享受它们自己的生活"。

18世纪的人权运动慢慢引发学者对动物权利的讨论。1776年哈姆弗里·普莱麦特博士的论文《论仁慈的义务和残酷对待野生动物的罪孽》揭开了英国关于动物权利问题的讨论序幕，文中提出，所有的创造物都应获得人道的待遇。1789年，英国的边沁在著作中要求结束对动物的残酷行为。他宣称，"总有一天，其他动物也会获得这些除非遭专制之手剥夺，否则绝不放弃的权利"。边沁的伦理学是从"最大幸福原则"推导出来的，痛苦是恶，快乐是善,这也成为功利主义评价人的行动准确与否的标准。

1796年,约翰·劳伦斯发表了题为《关于马以及人对野兽的道德责任》的哲学论文,文中提出,生命、智力和感觉是拥有权利的充分条件;动物法是建立在正义与人性原则之上的司法制度的一部分;国家应承认兽类的权利,依据一种原则建立动物保护法。这是重要的伦理进步。

1824年,理查德·马丁和英国其他仁慈主义者组织了"禁止残害动物协会"(1840年后改为"禁止残害动物皇家协会")。禁止残害动物协会的许多开创者,特别是威廉姆·威尔伯弗斯,都是英国废除奴隶制和奴隶交易的领导者。从扩展天赋权利的角度看,这是意味深长的。显然,解放被压迫者的观念不能简单地局限在人类范围内。

1848年,19世纪卓越的自由主义哲学家穆勒提出,应当扩展那些把父母虐待子女的行为确定为犯罪的法律,使之"以稍弱的形式应用于那些不幸的奴隶、罪犯……低等动物遭受虐待的场合"。

维多利亚时代后期出现了一大批观点激进的伦理学著作。

英国历史学家亚瑟·赫尔普斯就把昆虫囊括进他的伦理体系中:"从这个打开的窗子前面,你看到了许多飞行动物……它们正以令人眩晕的舞姿转着;就我们所知,它们正在自我陶醉,且对我们毫无伤害。对于律师们如此喜爱的'财富',它们并未光顾。如果此时你消灭了其中的一只,那么,我认为这不仅是残酷的,而且是对权利的侵犯。"(《关于动物及其主人的几次谈话》)

普莱麦特、边沁、劳伦斯、马丁、穆勒和尼乔尔松的思想开启了英国扩展伦理共同体的思想先河,这种思想则于19世纪在亨利·塞尔特那里达到了顶峰。1891年,亨利·塞尔特领导组建了仁慈主义者同盟,次年他出版了《动物权利与社会进步》一书;这是继1796年劳伦斯那篇哲学论文后论述这个问题的杰出著作,并且继续影响着美国的环境保护思想。塞尔特的观点是,如果人类拥有生存权和自由权,那么动物也拥有,二者都为天赋权利。塞尔特认为,1822年的马丁法案标志着动物法在英国法律中的最早出现;但是他又冷静地指出,人们在应用这一法律时更多的是"出于财产的考虑而非出于对原则的尊重"。他觉得在英国人和美国人的态度中,缺乏一种与非人类存在物的"真正亲属感"。于是,他提出,道德共同体的范围需要扩展。他说:"如果我们准备公正地对待低等种属(动物),我们就必须抛弃那种认为它们和人类之间存在着一条'巨大鸿沟'的过时观念,必须认识到那个把宇宙大家庭中所有生物都联系在一起的共同的人道契约。"塞尔特坚信,对非人类存在物的不公正是普遍存在的社会弊端的一部分。"当前这个把商业利润视为工作主要目的的不平等、不公正的社会制度"永远不可能对男人和女人的幸福给予恰当的关心,更不要说动物的幸福了。他相信,那些掌管经济和政治权力并从中获利的人是不会自愿进行改革的,在这方面,社会主义或许会有所建树。

到了20世纪,有些哲学家已经提供了复杂的论据来支持将道德主体扩展到动物的观点。其中最著名的当属彼得·辛格和汤姆·雷根两位哲学家。他们认为应该将道德地位扩展到其他动物种类。虽然彼得·辛格和汤姆·雷根所提出的动物伦理观点差异很大，但他们对给予动物道德地位的原因是极为相似的。在彼得·辛格看来，衡量动物是否具有道德地位的标准是感知能力，即感受快乐和痛苦的能力。而汤姆·雷根则认为，我们应该承认所有的"生命主体"都有道德地位。这里的"生命主体"是指那些拥有信仰、欲望、感知、记忆、情感、有未来感和发起行动的能力的存在。尽管汤姆·雷根和彼得·辛格关于道德地位判断的标准不同，但在本质上他们都重视某种形式的意识。对彼得·辛格来说，如果一个实体拥有相关的意识类型，那么，我们在规定道德义务时，就应该将这个实体纳入考虑范围。不过，给予同样的道德义务，并不意味着平等对待每一个有知觉的存在，只是平等看待而已。也就是说，应该根据个体之间的差异及其不同的利益而有区别地具体对待。因此，对彼得·辛格来说，拒绝猪的投票权没有错，因为显然参与民主社会对猪没有利益可言；但是，忽视猪免受痛苦的利益是错误的。显然，猪和我们一样，免遭痛苦是它们巨大的利益。然后，彼得·辛格将平等考虑原则置于功利主义的伦理框架中，由此，最终的道德目标是最大限度满足利益。彼得·辛格的理论有两个标准：第一，我们必须平等地考虑有情感存在主体的利益；第二，我们的义务是尽可能最大程度地满足我们能够给予的利益。

汤姆·雷根对彼得·辛格的功利主义伦理框架提出了质疑，并用意识标准构建了一个"权利本位"理论。在汤姆·雷根看来，所有"生命主体"的存在都具有"内在价值"，这意味着主体存在有它们自己的价值，这些价值与它们对其他存在的善或它们对某种终极伦理规范的贡献无关。实际上，汤姆·雷根指出，一个人对一种生命主体所能做的事情是有道德界限的。这一立场与彼得·辛格形成鲜明对比，彼得·辛格把所有的利益都放入功利主义的计算中，把我们的道德义务建立在满足最大多数的基础上。因此，在彼得·辛格看来，为了满足他者利益而牺牲某些存在的利益是合理的。例如，假设在6头猪身上进行一系列痛苦的实验被证明能发明某种新药，这种新药本身就能减轻几十个人（或其他有知觉的动物）的痛苦；一个人开展实验的最终目标是满足最大多数存在的利益，那么这样的实验就应该进行。然而，对于汤姆·雷根来说，一个人针对某种有内在价值的存在所能尽的义务是有道德界限的，而不考虑这些义务的整体后果。这些道德界限就是所有生命主体都拥有的"权利"。

动物福利与环境伦理是相关的，因为动物存在于自然环境中，因此，成为环保主义者关注的一部分。然而，将道德立场扩展到动物也会形成特定类型的环境义务。从本质上讲，当我们考虑我们的行为给环境带来什么影响时，我们不应该只考虑这些行为如何影响人类（当下的人和/或未来的人），还应该考虑它们如何影响动物的利益和权利。砍伐一片森林不论立足眼前还是长远都对人类有好处，但就动物伦理而言并非如此。砍伐森林时需要考虑居住在森林内外的动物的福利。

以动物为中心的伦理因为这些哲学家的某些观点而受到攻击。比如，如果我们有义务减轻动物的痛苦,就像这些哲学家所建议的,这是否意味着我们必须阻止捕食动物杀死它们的猎物,或者将它们与猎物分隔开,以保护猎物免受攻击?这样的结论不仅荒谬,而且有悖于环保主义者保护自然栖息地和自然过程的目标。

3. 环境伦理关照的对象应包括生物体

意识作为生物具有道德地位的衡量标准的观念遭到许多哲学家质疑。有人设定了"最后一个人情景"这样的思想实验来质疑这个观念。这个思想实验设想的场景是在一场核浩劫之后,地球上幸存了唯一的一个人和唯一的一棵树。如果这个人砍倒了这棵树,没有人会因为这棵树的毁坏而遭遇损失或伤害。这个例子可以进一步精确化,所有的动物都在大浩劫中死亡。因此,也就没有任何有意识的存在者会因树木的毁坏而遭受伤害。那么,这个人毁掉这棵树是错的吗?依据人类中心主义伦理或动物中心主义伦理来看,很难看出是错误的。然而,凭直觉,很多人会认为这个人砍倒这棵树的行为是错误的。对于环境哲学家来说,这种直觉表明,道德地位应该超越于有意识的生命,而将每个生物体都包括在环境伦理范围之内,比如树木等植物。当然,不能仅仅依靠直觉来决定谁或什么东西具有道德地位。鉴于此,许多哲学家提出论点,来证明给所有生物体都赋予道德地位是合理的。阿尔伯特·史怀泽是最早提出这种观点的哲学家之一。

阿尔伯特·史怀泽提出很有影响的"尊重生命"伦理主张,认为所有的生物都有"生存意志",人类不应该干预或扼杀这种意志。不过,有学者认为,虽然生物体为生存而奋斗是显而易见的,但说它们有求生"意志"是不真实的。毕竟,求生意志因某种意识经验而存在,许多生物都缺乏这种经验。也许阿尔伯特·史怀泽所要表达的是类似于保罗·泰勒的主张,即所有生物都是"生命的目的论中心"。对保罗·泰勒来说,这意味着生物有它们自己的善,它们为之奋斗,即使它们没有意识到这一事实。根据保罗·泰勒的说法,这种善是生物体生物能力的全面发展。与汤姆·雷根观点相似,保罗·泰勒声称,因为生物体有其自身的善,它们有内在价值,即因它们自身利益而存在的价值,而不考虑它们对于其他存在的价值。正是这种价值赋予了每个生物体道德地位,也意味着我们在规定我们的道德义务时必须考虑到这些存在的利益和需求。但是,如果我们认识到每一种生物都有道德立场,那么我们如何规定一些有意义的道德义务呢?作为人类的我们也需要为了生存而毁灭许多生物体。我们需要走路、吃饭、住宿和穿衣服,所有这些行为通常会伤害生物。针对人类的这些需求,阿尔伯特·史怀泽认为,我们只能在绝对必要的时候才能伤害或结束一个生物体的生命。

那么,问题又来了,什么时候是绝对必要的?针对这个问题有不同回答。保罗·泰勒主张生物利益之间是普遍平等的,并在利益发生冲突时提出一系列原则:第一,允许人类采取自卫行动,以防止来自其他生物体的伤害;第二,非人类生物体的基本利益应优先于人类的非基本或微不足道的利益;第三,当基本利益发生冲突时,人类不需要为了他者而牺牲自己。然而,保罗·泰勒的这些伦理原则被认为是苛刻到令人难以置信。假如我要拥有一个漂亮花园的利益不是最基本的,而杂草的生存利益是最基本的,那么根据保罗·泰勒的道德框架,人们不能拔掉它。对一些人来说,这使得这种伦理成为不合理的负担。出于类似担忧,赋予所有生物体道德地位的其他哲学家采取了截然不同的立场。他们建构了一个等级框架,取代生物利益方面的平等主义立场。这些哲学家指出,道德地位并不等同于道德意义。因此,我们虽然可以承认植物有道德地位,但可能会赋予它们比人类低得多的道德意义,从而更容易为我们利用它们和破坏它们进行辩护。不过,还是有哲学家仍然对这种等级制度的构建感到不安,并怀疑它是否否定了起初对生物道德地位的承认。如果我们接受这样的等级制度,植物的道德意义又如何呢?如果植物道德地位低到人们可以食用它们、清除它们、踩在它们身上走,那么给它们某种道德地位又有什么意义呢?

将道德地位归因于每个生物体的哲学家仍面临着两个关键性挑战。第一个挑战来自人类中心主义的思想家和动物解放论者。他们否认"活着"是拥有道德地位的充分条件。虽然植物可能有生物学上的善,但那真的是它们自身的善吗?真的有好处吗?显然,从植物本身的角度来看,似乎没有任何意义可以说某件事是好是坏。如果植物不关心自己的命运,我们为什么要关心它们呢?为了回应这一挑战,环境伦理学家指出,一个物体或一种状态的意识决断力对于其是否是一种善并非必要的。如同一只猫需要爬行,猫不太可能知道爬行是什么,也不知道它需要爬行是为了保持健康。然而,完美意义上来说爬行对猫是善的,因为爬行有助于保持猫身体的正常功能和成长。同样,植物和枝条可能不会有意识地渴望阳光、水或营养,但根据一些伦理学家的说法,其中的任意一种对植物来说都是善的,因为它们有助于生物繁荣。第二个挑战来自哲学家,他们质疑这些特定伦理学的个体主义本质。

如上所述,这些批评者认为环境伦理不应该如此重视个体。对许多人来说,这种个体主义立场否认生物间相互依赖的重要的生态义务以及在自然过程中的和谐。有人认为这些个体主义伦理与人类中心主义伦理学、动物中心主义伦理犯了同样的错误:它们根本无法解释我们对诸如物种和生态系统这样的全体存在所应承担的真实而又严格的义务。不过,值得一提的是,把道德地位归诸个体的哲学家们,并不是简单地忽视了这些"全体"的重要性。众多存在之间的平衡常常受到高度重视。伦理关注的是综合平衡每个生物体间的繁荣,而生物体本身的道德地位并不是孤立的。

4. 环境伦理关照的对象应该扩展至全体存在

在主张赋予所有生命体道德地位的思想家中,史怀哲被认为是最有哲学影响的人。奥尔多·利奥波德则对那些提出"全体"伦理学思想的思想家产生重要影响。奥利多·利奥波德的"土地伦理"要求我们不要再将土地仅仅作为劳动对象或财富资源来对待。奥利多·利奥波德认为,土地不仅仅是土壤,而且还是能量的源泉,是能量流经土壤、植物和动物的循环体。当食物链将能量从土壤向上引导时,死亡和腐烂将能量返还到土壤中。因此,能量的流动依赖于生物之间复杂的关系结构。奥利多·利奥波德认为,虽然进化逐渐改变了这些关系,但人类的干预更加暴力,更具破坏性。奥利多·利奥波德主张,为了维护土地内部的关系,我们必须关注"土地伦理",给予土地群落本身道德地位,而不是只给予土地群落中的成员个体以道德地位。并且,奥利多·利奥波德还提出了著名的道德禁令:"当一件事倾向于保持生物群落的完整性、稳定性和美丽时,它就是正确的。反之,则是错误的。"这句话至今仍被中外学者广泛引用。

然而,一些哲学家对奥利多·利奥波德关于土地伦理的辩护提出了质疑。首先,奥利多·利奥波德从对土地状况的描述性解释跳跃到对我们应该做什么的规范性解释,这个环节似乎太快。也就是说,即使奥利多·利奥波德对土地及其能量流动的解释是正确的,那么,我们为什么要保护土地呢?精确地说,究竟是什么让生物群落值得拥有道德地位?然而,奥利多·利奥波德并没有为这些重要问题提供答案,因此,没有理由围绕着他的土地伦理建立我们的环境义务。不过,卡利科特认为,对奥利多·利奥波德的这些批评是不公平的,是错位的。在卡利科特看来,奥利多·利奥波德并不属于主流道德理论范畴。奥利多·利奥波德主张将道德地位建立在道德情操和情感基础上,而不是将道德立场建立在某些特定特征的认同上,比如意识或某物种自身的生物学上的善等。因此,问题并不是这片土地有什么品质使它值得拥有道德地位,而是我们对土地的感受是什么。在这种情况下,土地伦理可以被看作一种禁令,它将我们的道德情感扩展到超越自身利益和超越人性之外的整个生物群落。因此,这一观点架起了奥利多·利奥波德的思想中描述性和规范性之间的桥梁。当然,有人对情操和感情是否适合作为环境伦理的基础提出质疑。毕竟,似乎有很多人对生物群落没有任何感情。如果奥利多·利奥波德的禁令被这些人忽视,我们难道就必须放弃制定任何环境义务的希望吗?

在寻求更具体的基础过程中,劳伦斯·E.约翰逊建立了一个替代案例,将道德立场赋予全体存在者。劳伦斯·E.约翰逊主张,一旦我们认识到利益并不总是与意识经验联系在一起,我们就打开了一扇门,让无意识的实体有可能拥有利益,从而拥有道德地位。因此,就像呼吸是孩子的利益一样,即使孩子对氧气不存在有意识的渴望,也不了解氧气是什么。同样,物种也在实现它们的本性方面存在利益。这是因为在它们生命过程的综合功能基础上,它们都有自己的利益。孩子可以像生物一样茁壮成长,物种和生态系统也可以如此。因此,根据劳伦斯·E.约翰逊的说法,在我们进行道德考量时,必须考虑到双方的利益。不过,即使我们承认,道德地位应该扩展到全体存在,接下来我们仍然需要考虑如何具体化我们关于环境的道德义务。不过,有人无法认同全体伦理学宽恕那些为全体而牺牲个体的做法。虽然许多哲学家明确原谅在某些情况下可以牺牲个体的做法,比如为了保护植物物种而射杀兔子,但他们不愿意在类似的情况下牺牲人类的利益。

8.2 深层生态学

1973年，挪威著名哲学家阿伦·奈斯提出深层生态学概念，认为目前的环境运动是基于浅层的生态学，其中心目标只是保护发达国家人民的健康和福祉，所以只着重于环境污染和资源浩劫等议题。

阿伦·奈斯，1912年出生于挪威奥斯陆附近的斯勒姆达鲁，2009年1月去世。1933年毕业于挪威奥斯陆大学，之后游学于巴黎、维也纳，一度成为维也纳学派一分子。他也是一名著名登山家，晚年还在坚持攀登挪威的高山。他是《寂静的春天》作者蕾切尔·卡逊的崇拜者，最重要的成就是"深层生态学"（1973年），该理论深刻影响了当代绿色和平运动。

8.2.1 深层生态学的起源

深层生态学将生态学发展到哲学与伦理学领域，并提出生态自我、生态平等与生态共生等重要生态哲学理念。特别是生态共生理念更具当代价值，包含人与自然平等共生、共在、共容的重要哲学与伦理学内涵。深层生态学的核心原则是人类和其他物种应该拥有相同的权利，不同物种对生活环境和物种繁荣应该有平等的地位。在生态系统内，物种间相互依赖，成为关系密不可分的生态圈。

20世纪60年代中期，阿伦·奈斯住进了挪威南部的哈灵山，在山上一个叫作Tvergastein的地方盖了一座简朴的木屋，并度过了十余个生态体验的年头，其间完成了数部深层生态学著作，其中就包括了提出该学说的《肤浅与深刻：长线的生态学运动》（1973年）一文。在此文中，阿伦·奈斯提出"深层生态学"这一概念。他认为"地球上的所有物种都拥有一种普世权利，没有任何一个物种可以逾越这种权利"，人类只是地球上诸多物种中的平凡一员，既不能与其他物种分离，也不在任何意义上高于其他物种。

阿伦·奈斯首创的"深层生态学"理念不同于改良主义的环境保护运动，它表征着一种注重变革社会制度和人们的深层价值观的环保思潮与环保实践。因此，深层生态学既是一种重要的社会思潮，也是一种有着巨大吸引力的社会运动。

"深层"是相对于"浅层"而言的，浅层生态运动局限于人类本位的环境和资源保护，是一种改良主义的环境运动，试图在不变革现代社会的基本结构、不改变现有的生产模式和消费模式的条件下，依靠现有的社会机制和技术进步来改变环境现状。深层生态学认为这种试图减轻人类对环境冲击的努力最终会导致人们寻求用技术方法来解决伦理、社会、政治等问题。深层生态学是以更全面的、非人类中心的观点，找出造成环境问题的社会根本原因。深层生态学认为,如果要根绝环境问题,就必须扭转我们的哲学观和世界观,进而改变社会的经济结构和意识形态,这样才能彻底化解环境问题。因此,深层生态学也被称为一种激进的环境主义,从一开始就以反人类中心主义世界观的姿态出现,而且态度十分鲜明。阿伦·奈斯指出:"深层的"强调了我们追问"为什么""怎样才能"这类别人不过问的问题。例如,我们为何把经济增长和高消费看得如此重要?通常得到的回答是没有经济增长会产生的经济后果。但是,从深层生态学的观点来看,我们应该针对当今社会能否满足诸如爱、安全和接近自然的权利这样一些人类的基本需求提出疑问,在提出疑问的时候,我们也就对社会的基本职能提出了质疑。阿伦·奈斯说:"我用'生态哲学'一词来指一种关于生态和谐或平衡的哲学。"

阿伦·奈斯将造成目前各种环境危机的世界观称为主流世界观。这种主流世界观属于工业社会的破坏性哲学,阿伦·奈斯希望用一种新的世界观来替代它,于是提出了"生态智慧"这一概念。阿伦·奈斯主张,深层生态学有赖于深层体验、深刻质疑和深度承诺3个方面的有机结合,形成一种环境伦理学,从而回答只注重事实和逻辑的传统生态学所不能回答的"人们该如何生活"这一问题。

(1) 深层体验强调直觉和体验是深层生态学的特点之一。阿伦·奈斯认为,深层体验是引导人们走向深层生态学道路的开始。正是在深层的体验中人们才能获得刹那间的启蒙,切实感受到自己与自然的内在关联。

(2) 深刻质疑是深层生态学的基本信念加以理论化、系统化的核心环节。它由深层体验引导而来,在深刻的体验中,人们开始反思自己已接受的价值观,并逐渐产生怀疑,在进一步质问中形成深层生态学的基本信念,进而形成某种理论体系。质疑主要针对生态危机、和平危机等生态问题展开。

(3) 深度承诺是深层体验和深刻质问相结合的结果。一旦某种生态世界观形成,人们就会出于自己完整统一的个性而付诸行动,产生惊人的能量和承诺。因此,承诺意味着行动。强调行动对深层生态学来说是重要的,正是行动才使深层生态学与其他生态哲学区别开来,使得深层生态学不仅仅成为哲学,而且也成为运动。

继阿伦·奈斯之后,深层生态学的理论体系由比尔·德沃尔和乔治·塞申斯在《深层生态学》一书中加以完善,他们提出并确立了深层生态学的八项原则。

8.2.2 深层生态学的八项原则

1984年乔治·塞申斯和阿伦·奈斯清晰表达了新的深层生态学运动原则。这些基本原则如下:

(1) 人类和地球上的非人类生命的福利和繁荣本身就具有价值(内在价值,天赋价值),人类之外的生命形式是否具有价值并不依赖于它们是否符合人的目的或者对人类有用。

(2) 生命形式的丰富性和多样性有自在的价值,并且有助于生态价值的实现。

(3) 除非满足重要的生存需要,人们无权减少这种丰富性和多样性。

(4) 人口的大量降低与人类的生活和文化的繁荣并不矛盾,而且人口大量降低也是其他生命繁荣所必需的。

(5) 当代人对人类之外的其他存在物的干预过多,而且这种情况正在恶化。

(6) 现行的反映过时的经济、技术和意识形态结构的政策必须予以改变,因为这些政策很难真正实现经济的可持续发展。

(7) 改变后的意识形态将主要关注生活的质量,而不再追求越来越高的生活消费水平;它将使人们意识到数量上的多与质量上的好之间实质的差别。

(8) 赞成上述各条的人有责任直接或间接地促成深层生态学所要求的各种改变。

8.2.3 深层生态意识与浅层生态意识的区别

(1) 在对环境问题的关注方面,浅层意识主要关注小范围的环境污染;深层意识还关注大范围的全球性环境问题。

(2) 在对环境问题的影响方面,浅层意识只是在"小我"和近期的层次,关注它的危险性;深层意识不仅关注它的危险性,而且关注把解决环境问题作为一种"契机",以推动人类经济转变,生产方式和生活方式转变。

(3) 在污染控制对策方面,浅层意识关注废弃物的净化处理;深层意识关注减少废弃物,通过改革工艺,建立新的工业程序,在统一的生产过程中解决污染控制的问题。

(4) 在环境保护思想方面,浅层意识认为"先污染,后治理"是客观规律,首先是发展经济,有强大的经济基础才谈得上环境保护;深层意识主张采取可持续发展途径,在发展的同时达到环境保护的目的。

(5) 在环境价值观方面,浅层意识认为,环境作为资源对人类是有价值的;深层意识认为,自然界不仅对人有价值,而且有其自身的内在价值,生命和自然界的持续生存是它的内在价值。

(6) 在人类环境行为方面,浅层意识反对掠夺自然界,要求把人类行为限制在生态限度内,强调它的"限制性"作用;深层意识要求通过价值观的转变,不仅限制人的某些行为,更要改变生产方式和生活方式,以创造人类新的生活。

(7) 在对环境资源的态度上,浅层意识主张限制使用资源;深层意识要求提高资源利用率和开发新的资源。

(8) 在思维方式上,浅层意识强调分析性思维、线性和非循环思维;深层意识强调整体性、非线性和循环思维。

8.2.4 自我实现与生物中心主义的平等

"自我实现""生物中心平等"是深层生态学的两个最高伦理规范。

1. 自我实现

古希腊就有认识自我的主张。古希腊哲学家苏格拉底曾经说过,未经检验的生活,是不值得过的。在深层生态学看来,好品质的生活必须包含"自我检证"和自我实践的过程。自我验证的过程可使人分辨出表面、琐碎、暂时的利益与深层的、中心的和永久的利益。

自我,有两层含义,表面的自我和个人本质的自我。深层生态学意义上的自我包括大我和小我。大我属于整体论观点,是包含大自然在内的自我;小我指个体论观点的自我。深层生态学强调整体论观点的"大我实现",这种大我是在人与生态关系的交互中实现的,是一种生态的自我。深层生态学的自我实现强调的是个体的特征与整体的特征密不可分,自我与整个大自然密不可分,人的自我利益与生态系统的自我利益是完全一致的。因此,人类想要自我发展不能以牺牲生态系统的利益为代价。

2. 生物中心主义的平等

生物中心主义的平等基本要义是指在生物圈中的所有事物都有一种生存与发展的平等权利,有一种在更大的自我实现的范围内,达到自我实现的形式的平等权利。深层生态学认为,生态体系内,所有生物都有平等的权利,平等追求生存和成长,以及在大我实现中达成个体发展和小我实现。所有生物都是生态体系整体中的一员,都具有平等的内在价值,所有生物都有平等的道德地位。深层生态学不考虑人类的利益,寻求比较民主、无道德阶级的解决方式。

3. 深层生态学的实践内涵

深层生态学的实践内涵包括两个方面:其一,主张保持轻踩大地的生活形态,居住于俭朴的、较少科技的、自给自足的去中心化社区;其二,形成区域性的"生态区",以地理条件形成的生态区,而不是传统的政治区域划分。

4. 对深层生态学的批评

深层生态学是第一个明确提出要建立系统环境哲学思想的理论,它兼顾"生态中心"与"非人类中心思想"。深层生态学理论源自西方富有社会,是否符合第三世界国家,还有待实践检验。印度社会学家古哈认为,将深层生态学扩展至全球所产生的社会影响,是非常令人忧虑的。深层生态学的8个基本原则过于一般化且空洞。正因为如此,对于深层生态学的批评也比较尖锐。此外,由于深层生态学从一开始就强调人们应当采取行动来改变现状,这也使得它特别容易受到反对者的批评。在对深层生态学的批评当中,主要的观点有以下4种：

第一，认为物种繁荣的内在价值正是存在于人类的认识之中。深层生态学认为每个物种的繁荣都有其自身价值，人类繁荣的价值与其他物种繁荣的价值并无区别。但这种繁荣的价值本身就是由人类提出的，所以是否该由人类来定义繁荣的价值就有待商榷了。这个问题主要牵涉到人类起源论。

第二，认为物种繁荣可能并不存在，或者是被人类曲解了。深层生态学主张给所有物种赋予一种普世权利，使它们得以繁荣。批评者认为这种繁荣本身的定义并不明确。比如，植物的繁荣可能并不存在。人类通常认为植物的存活、生长和均衡发展就是繁荣的象征，但这都是从人类的价值观出发而形成的。在这样的基础上，讨论物种繁荣是没有意义的。持这种观点的批评者在物种繁荣问题上坚持不可知论，继而认为人类没有必要采取特殊行动来维护物种繁荣。

第三，认为深层生态学比其他学科更"深"。深层生态学的命名容易让人认为这种生态哲学比其他理论更加深刻。不过，理论很难有真正的深浅之分。事实上，阿伦·奈斯在提出深层生态学时，主要针对的是狭隘环保主义，而且所谓的"深层"主要体现在体验、质问和承诺这3个方面。尽管如此，仍然有人质疑深层生态学的深度问题。美国自由论社会学家布克金就曾明确指出，深层生态学完全不涉及国家权力和等级制度，而这些问题在"深度承诺"的行动中显然是要涉及的。鉴于此，其关怀仍然不够深刻。

第四，深层生态学还受到其他3种质疑。其一，生态平等论者认为它太过强调整体而忽略了人类作为个体的重要性；其二，"明智利用自然运动"组织（Wise Use Movement，WUM，一个主张人类应当"自然地"利用自然资源的组织）的成员批评深层生态学忽略了人类已经掌握的科学知识，过分淡化人类科学在保护和利用自然中的能动性；其三，少数人坚持认为人类的繁荣必须建立在人类中心论之上，这种观点直接与深层生态学相悖。

8.3 动物解放与功利主义

随着社会文明程度的提高，人们保护动物的意识越来越强，虐待动物不仅会遭到人们的反对，而且很可能触犯法律，美国50个州都有反动物虐待法案。

8.3.1 为什么不能虐待动物

康德曾经说过，如果一只狗长时间并忠诚地为其主人服务，它的服务与人类服务相类似，值得回报，因此，当这只狗因衰老而不能服务时，其主人应该照顾它直到其死去……如果其主人因为这只狗不能再服务而射杀了它,他的行为就是无人性的,并因此而损害了他自身的人性。如果他身上的人类情感还没有泯灭,他必须向动物施行仁慈,因为虐待动物的人也会在对待他人时变得无情。依照康德的看法,即使拥有动物的所有权,并且是在密不通风的地下室里实施暴虐,你的做法仍然是败坏了自己的人品,而且这终究会使你走向虐待他人。基于这种推理,反虐待动物法的真正意图是保护人类自身。那么,如何证明这种道德规范从人类中心主义到非人类中心主义关注的拓展是合理的呢?这就需要相应的伦理学理论加以解释,伦理学理论是解释什么使某行为成为正当的或不公正的,善的或恶的。我们可以使用功利主义理论来解释为什么不能虐待动物。

8.3.2 功利主义

功利主义即效益主义,是道德哲学(伦理学)中很有影响的理论,提倡追求"最大幸福"。功利主义者的主要哲学家有边沁、穆勒等。穆勒是英国著名哲学家和经济学家,也是19世纪影响力很大的古典自由主义思想家,他支持边沁的功利主义。边沁是英国的法理学家、功利主义哲学家、经济学家和社会改革者,是政治激进分子,亦是英国法律改革运动的先驱和领袖,并以功利主义哲学的创立者、动物权利的宣扬者及自然权利的反对者而闻名于世。他还对社会福利制度的发展做出重大贡献。

1. 快乐与痛苦的内涵及其量化

边沁认为,人类被快乐和痛苦主宰。只有它们才能指示我们应当干什么,决定我们将要干什么。功利原理也叫最大幸福或最大福乐原理。功利是指任何客体的一种性质,即它倾向于给利益相关者带来实惠、好处、快乐、利益、幸福,或者倾向于防止利益相关者遭受损失痛苦、祸患、不幸。功利主义认为,共同体的利益是组成共同体的若干成员的利益总和。当一项行动增大共同体幸福的倾向大于减小这一幸福的倾向时,就可以说它是符合功利原理的,简言之,符合功利。

边沁在他的著作《道德与立法原理导论》里提出快乐与痛苦值的计算方式。边沁认为,追求快乐,避免痛苦是立法者考虑的目的。对一个人自己来说,一项快乐或痛苦的值有多大,依据下列4个方面来定:强度、持续时间、确定性或不确定性、邻近或偏远。但在估计倾向时还要附加考虑其丰度,指随同种感觉而来的可能性,即乐有乐随之,苦有苦随之;同时,要考虑其纯度,指相反感觉不随之而来的可能性,即苦不随乐至,乐不随苦生。

对一群人来说,联系其中每个人来考虑一项快乐或痛苦的值,那么,它的大小将依7种情况来定:强度、持续时间、确定性或不确定性、邻近或偏远、丰度、纯度、广度(其波及的人数或哪些人受其影响)。

如何估算任何影响共同体利益的行动的总倾向呢?

从其利益来看,从最直接的受该行动影响的人当中,挑出任何一人来考察、估算:

①看由该项行动最初造成的每项可辨认的快乐的值。②看由该项行动最初造成的每项痛苦的值。③看由该项行动随后造成的每项快乐的值,这构成最初快乐的丰度,以及最初痛苦的不纯度。④看由该项行动随后造成的每项痛苦的值,这构成最初痛苦的丰度,以及最初快乐的不纯度。⑤把所有的快乐值加在一起,把所有的痛苦值加在一起。如果快乐总值较大,则差额表示行动之有关个人利益的好的总倾向;如果痛苦总值较大,则差额表示其坏的总倾向。⑥确定利益相关者的人数,对每个人都按照上述程序估算一遍,可以分析得出两种人:一种是就其而言,行动总的倾向是好的;另一种是就其而言,行动的总的倾向是坏的。然后将好的倾向值相加,坏的倾向值相加,则差额为共同体的好(良善)或坏(邪恶)的倾向。

快乐和痛苦的类型又分为简单和复杂两种。复杂的快乐或痛苦包括:①只包含种种快乐;②只包含种种痛苦;③既包含一种或多种快乐,又包含一种或多种痛苦。

功利主义者认为,人应该做出能"达到最大善"的行为。所谓最大善的计算必须依靠此行为所涉及的每个个体之苦乐感觉的总和,其中每个个体都被视为具有相同分量,且快乐与痛苦是能够换算的,痛苦仅是"负的快乐"。功利主义不考虑一个人行为的动机与手段,仅考虑一个行为的结果对最大快乐值的影响。能增加最大快乐值的即是善,反之即为恶。边沁和穆勒都认为,人类的行为完全以快乐和痛苦为动机。穆勒认为,人类行为的唯一目的是追求幸福,所以对幸福的促进就成为判断人的一切行为的标准。

2. 功利主义的主要派别

功利主义主要分为情境功利主义、普遍功利主义和规则功利主义3种。

情境功利主义强调的是"在此时此刻这个情境下,该怎么做才能促进全体快乐值的提升",而不是问若将此道德律推广到每个人身上会对全体快乐值造成什么影响。比如,说谎一般来说是不对的,但在某些情境下,情境功利主义者会认为说谎是对的,像善意的谎言、为保守国家机密而说谎等。一言以蔽之,"某个行为仅在全体快乐值不低于其他等同行为所产生的全体快乐值时为善,此为情境功利主义"。

普遍功利主义重视的是"若每个人都按照我现在遵守的道德律做出行为,这个世界会变成什么样子"。最明确的例子是"穷人可不可以夺取富人的财富"。按照情境功利主义,这似乎是可以接受的,因为这可以促进最大快乐值,但普遍功利主义提醒我们,若每个人都这么做,那社会将会变成什么样子?

规则功利主义认为,若每个人都永远遵守同一套道德规范,就能产生最大快乐值。常见的应用可见于交通规则,驾驶员开车在路上行驶时,不能像情境功利主义那样,视哪种方法能取得最大快乐值而决定该往左开还是往右开,而是根据既定的交通规范去驾驶。若大家都能遵守交通规则,则交通就能安全便利,这就是道路交通的最大快乐值。不过,规则功利主义的前提还是必须注意这个规则制定时的合理性,如果规则不合理,则不一定能真正促进最大快乐值提升。也有批评学者认为现实情况是变化的,这种规则若不能紧跟变化会最终走向不合理。

3. 功利主义的本质和常识诉求

功利主义可以为反对动物虐待的法律正当性做出解释和辩护。功利主义的本质是以快乐值的最大化作为行为正当性的评判标准。一般来说，如果我们用锤子去捶打花园中的一个普通石块，没有人提出反对意见。但是，如果我们用锤子去捶打一只鹅，在具有反动物虐待法的国家，严重的话就有可能构成犯罪。二者的区别是鹅有体验感，知道快乐与痛苦，而石头没有。功利主义者认为，唯有体验使得事物有好的或坏的感知。动物也有体验，一只鹅头部被击、小狗被活埋，都会给鹅和小狗带来不好的体验，这就是这些行为被认为是不正当的原因。在功利主义看来，行为的正当与否，善还是恶，还要看它们如何影响那些能够具有体验的存在物。什么样的影响使得一个行为对于体验而言是善的或是正当的呢？对良善的影响，以及造成不良的体验是行为不良或不当的依据。

边沁将所有的良善体验界定为"快乐"，所有的糟糕体验界定为"痛苦"。他认为，道德的目标在于增进那些良善的体验并阻止那些不良体验，或者用他自己的术语来说，道德的目标为增进快乐与阻止痛苦。由于他将所有的善等同于快乐，所以他的功利主义被称为享乐主义，快乐就是唯一的善。根据享乐型功利主义来看，只要行为产生了快乐，就是正当的，若它造成了痛苦，那就是不正当的。快乐的产生则是多多益善，同样的行为可能会带来快乐中夹杂着痛苦的后果，那就将痛苦从快乐中减去以获得一个净快乐的量，最终确定其正当与否。

功利主义者珍视人类幸福而不拘泥于种族、宗教或是民族。享乐主义的功利主义者宣称有一个解决道德多元化的议题的数理程序，他们只有一个唯一的善——快乐和唯一的道德原则——人们应该将净快乐最大化。功利主义的这一道德原则遭到哲学界的讽刺，著名的"电车难题"据说就是用来反驳和讽刺功利主义的快乐最大化原则的。

8.3.3 物种歧视主义

享乐主义型的功利主义有助于解释道德从人类到动物的拓展和延伸的合理性。许多种类的动物能够体验到快乐和痛苦。如果道德目标是实现快乐最大化，而不问谁拥有快乐，那么，动物的快乐与痛苦应该在快乐量的计算中与人类得到一样的考虑。

今天的享乐主义型功利主义者，遵循着边沁的指导，声称虐待动物就如同遭受种族主义和性别主义歧视。种族主义者认为，与其他种族相比，自己的族人有更多的道德权利。歧视女性者则认为，相对于女人而言，应指定给男人更多的道德权利。功利主义哲学家彼得·辛格则称那些虐待猫狗的人为物种歧视主义。

物种歧视主义是拥护自己的种族成员利益并反对其他种族成员利益的一种成见或偏见。彼得·辛格认为，物种歧视主义与种族主义以及性别主义相类似。功利主义者反对物种歧视主义。他们认为,不同的能力或潜能常常可以用来说明对个体不同的对待,但并非意味着对于他们的快乐与痛苦能给予不同的关怀。但是,人与动物在很多方式上是相类似的,而且在这样一些问题中,他们应该受到同等关注。如果二者都能体验到心理和肉体的痛苦与欢乐,那么,快乐量的计算中就应该包括对这些快乐与痛苦的公正的对待,这就说明并证明了反对动物虐待法律的正当性。

8.3.4　动物解放

彼得·辛格在其著作《动物解放》中表达关于肉类产业的看法:"农业企业的院外活动常常要使我们确信,只有幸福的、被很好关照的动物才能够是多产的。"他认为作为工厂化饲养的现代农业是残酷的。彼得·辛格说,商业用途的猪与宠物猪一样聪明与敏感,当放归到荒野时,它们能构成稳定的社会团体,建造共同的巢穴,它们在排便时会远离巢穴,而且,它们是活跃的,整日在林地边缘的周围以鼻拱地。当母猪准备生产时,它们会离开共有的巢穴,并建造自己新的巢穴,寻找一个适宜的地方,挖一个洞,并用草和小枝填充……工厂化饲养使这些猪不再遵循这些本能的行为模式。它们拥挤在小笼子般的地方,地面浇注水泥而不是铺着稻草,难以站稳。空间拥挤,笼子窄小,最大限度挤满了猪,以实现生产成本最小化。由于来回移动空间更小,猪将会减少运动从而消耗更少的食物,而且这样就可期望以较少的饲料消耗来增加更多的体重。生猪生产者设法去做的是改变动物周围的环境以达到最高利润。动物无处可去,且无事可做,压力显而易见的提高。于是,猪在拥挤的环境下,情绪狂躁。猪在压力下会表现出明显的反社会行为,互相咬对方的尾巴。因此,猪的尾巴常常被截短。如果我们能给予它们更多的空间,可能就不用剪短它们的尾巴,因为当它们有更多的空间时,它们就不会变得狂躁和自私。但目前的生存环境使许多猪因"猪应激综合征"而死亡。但饲养者认为:"我们不会因为这里有良好的动物生活条件而得到报酬,我们通过猪肉产量获取报酬。"

那些早早死去的猪可能比那些活得更长的育种母猪更幸运。"母猪将它的身体猛烈地向后扯动以用力拉扯系链。母猪在挣扎并为获取自由的移动转身时,猛烈晃动它的头。经常是发出响亮的尖叫而且偶尔用身体撞击厩的边侧。有时这会导致母猪跌倒在水泥地上。"育种母猪和公猪"永远处于饥饿之中"。它们获得的"仅是在食物供应充足的情况下可能吃掉的食物量的60%"。从生产的观点看,给予育种动物超过维持繁殖勉强所需最低量的多余食物,纯粹是金钱的浪费。

"一个将狗的整个生存置于类似状况下的普通公民将会因虐待而被起诉。然而,在此种方式上饲养具有相当智力的动物的生产商更有可能收到报酬。"为何生猪生产者能够逃避惩罚呢?在法律上,答案是单一的。人道关爱动物法案未提及"良善饲养方法",包括通常所有的农作方式,无论对动物来说是多么痛苦和压抑。

彼得·辛格也记录了家禽与蛋类产业的惨状。蛋鸡从刚出生就开始受苦。刚孵出来的小鸡要被"分鸡手"分为公鸡与母鸡。由于小公鸡没有商业价值，所以要被丢弃。有的公司把小公鸡用煤气毒死，但大多是活活丢到塑料麻袋中，让它们逐渐窒息而亡。另有一些公司则把它们碾成喂母鸡的饲料。美国每年毒死、闷死或碾死的小公鸡就至少有1.6亿只。母鸡被放在比平均每只鸡的鸡翼还要小的铁丝笼中度过一生，而且与其他母鸡一同挤在笼中。由于拥挤母鸡们可能会互相啄伤，为防止互啄它们的嘴尖被剪去了。笼子建在斜面上以便鸡蛋能滚动到可被轻易捡拾的地方。鸡站在铁丝网般的地板上，它们的鸡爪受伤，而鸡粪有毒。

彼得·辛格说，不管牛肉、猪肉、鸡肉或是鸡蛋，你在一个食品杂货店中所能买到动物副食几乎总是产生于令人震惊的动物虐待。虽然美国宣布虐待动物是非法的，但未能认识到家禽和家养的宠物一样不应受到残暴的虐待。由此人们应想到什么？该做什么呢？

8.3.5 素食主义

对于动物们的惨状，人们自然会想到素食主义。我们是否应该将反虐待法规的保护拓展到家禽呢？若果真那样，人类的痛苦与快乐又会怎样呢？如果不用当前最便宜的途径生产肉蛋，肉蛋价格将会上升，从而会降低那些希望食物低价格的人的快乐。对于这一问题，功利主义从两个方面给予回应。

第一个回应：即使人们由于给予农场动物更好的待遇而受到利益的损害，动物所获的利益还是要远远超过人们受到的损害。保护家禽的法律将会增加实得快乐，动物可能会因人类付出代价而获得利益，但这将只会使对动物福利有偏见的人苦恼。

第二个回应：保护农场之法律将对人类与动物都有帮助。如果动物必须受到更好的对待而导致价格上升，这会使人们减少肉类和蛋类消耗而吃得更健康。减少肉蛋消费会减少动物饲养所耗费的谷物，供养相同人口需要更少的土地，进而使缓解世界饥饿成为可能。

当动物仍然在农场和屠宰场中受到残忍处置时，人们该做什么？彼得·辛格指出，人们可以拒绝购买残忍地生产出来的肉蛋。如果找不到肉食的替代来源，就应成为素食主义者，素食主义者可以吃动物产品（牛奶、鸡蛋），但不吃动物本身。严格的素食主义者甚至不食用任何动物产品。

8.3.6 功利主义的新发展

享乐主义的一个问题在于快乐不能被精确地加以测量，从而使得快乐量的核算不可靠。幸福的大鼠与知足的母牛能体验到同样多的快乐吗？我们又如何知道呢？这个问题也困扰着人类。边沁坚信，快乐的强度影响着快乐的量。在其他一切都相等的情况下，快乐的强度越大快乐的量也就会越多,而且快乐的强度会在快乐的量的计算中占有更重要的分量。但是我们如何能测量强度呢?正如当年庄子与惠子的濠梁之辩"子非鱼焉知鱼之乐也"。

2014年,理查德·赖德博士在他的论文《痛苦主义:伦理、动物权利和环境保护主义》中提出了一种伦理体系,它将功利主义和权利传统结合在一起,强调痛苦和个体的重要性。理查德·赖德谴责物种歧视及其对环境的破坏,理由是它们会造成痛苦。他对意识的本质进行了推测,并指出由于意识不能在个体之间转移,所以在个体之间权衡痛苦和快乐的功利实践是无效的。理查德·赖德强调了最大限度的受害者的重要性。他认为行为的正当性应该以减少伤害为标准,减少的伤害程度越大,则行为正当性越强。

8.4 动物实验的正当性

动物实验是医学人才培养的重要手段,也是医学科学研究的基本途径。然而,动物实验无疑会给实验动物带来不同程度的痛苦、伤害甚至死亡。根据功利主义原则,一项行为的正当与否与其给社会整体带来的最大快乐值和最小痛苦值有关。因此,动物实验的正当性取决于其给人类带来的最大幸福值并在此基础上将实验动物的痛苦值降低到最小,最大限度地保护动物福利。加强实验动物福利伦理审查不仅关系动物实验结果的科学性,还是保护实验动物福利的有效措施。

8.4.1 动物伦理审查内容

根据复旦大学实验动物科学部的规定,动物实验伦理审查内容主要包括:研究者资质,实验动物的选择,实验目的、方法和条件以及动物的处死等。

(1) 研究者资质:主要是从业资格(为进行动物实验研究所取得的资格),该资格反映了主持以及参与动物实验的人员接受动物实验专业训练的情况以及所达到的程度,学历和技术职称则为审查的辅助信息。

(2) 实验动物的选择:审查的首要内容是判断该研究是否必须使用实验动物,审查其替代的可能性,如能否以非生命的方法替代动物实验、能否以低等的动物替代高等动物进行实验,在确认不能替代时才审查动物来源、品种品系、等级、规格、性别、数量等是否为该研究的最佳选择。

(3) 实验目的、方法和条件及动物的处死:需要审查的内容包括实验目的的正确性、实验设施的合法性、研究技术路线和方法的科学性可靠性等,对实验细节的审查具体涉及动物的分组、日常饲养管理、动物实验处理、观察指标的选择、观察终点的确定等。应确保该研究有明确的实验目的并且具有深远的科学价值,研究中动物都能得到人道的对待和适宜的照料,在不与研究发生冲突的前提下,保证动物的健康和福利。实验方案能否进一步优化、各项保障实验动物福利的措施能否落实到位是审查重点。如果实验结束后动物仍能存活,则还需审查安乐死的必要性和方法。

针对具体的动物实验方案,通常下列10种情况无法通过伦理审查:

(1) 缺少动物实验项目实施或动物伤害的客观理由和必要性的。

(2) 从事直接接触实验动物的生产、运输、研究和使用的人员未经过专业培训或明显违反实验动物福利伦理原则要求的。

(3) 实验动物的生产、运输、实验环境达不到相应等级的实验动物环境设施国家标准的;实验动物的饲料、笼具、垫料不合格的。

(4) 实验动物保种、繁殖、生产、供应、运输和经营中缺少维护动物福利、规范从业人员道德伦理行为的操作规程,或不按规范的操作规程进行的;虐待实验动物,造成实验动物不应有的应激、疾病和死亡的。

(5) 动物实验项目的设计或实施不合理。没有利用已有的数据对实验设计方案和实验指标进行优化,没有科学选用实验动物种类及品系、造模方式或动物模型以提高实验的成功率。没有采用可以充分利用动物的组织器官或用较少的动物获得更多的试验数据的方法的,没有体现减少和替代实验动物使用的原则的。

(6) 动物实验项目的设计或实施中没有体现善待动物、关注动物生命,没有通过改进和完善实验程序,减轻或减少动物的疼痛和痛苦,减少动物不必要的处死和处死的数量的。在处死动物方法上,没有选择更有效的减少或缩短动物痛苦的方法的。

(7) 活体解剖动物或手术时不采取麻醉方法的,对实验动物的生和死处理采取违反道德伦理的,使用一些极端的手段或会引起社会广泛伦理争议的。

(8) 动物实验的方法和目的不符合我国传统的道德伦理标准、国际惯例或属于国家明令禁止的。动物实验目的、结果与当代社会的期望、与科学的道德伦理相违背的。

(9) 动物实验对人类或任何动物均无实际利益并导致实验动物极端痛苦的。

(10) 动物实验对有关实验动物新技术的使用缺少道德伦理控制的,违背人类传统生殖伦理,把动物细胞导入人类胚胎或把人类细胞导入动物胚胎中培育杂交动物的,以及动物实验对人类尊严的亵渎、可能引发社会巨大的伦理冲突的。

8.4.2 实验动物的福利原则

实验用动物是指在实验过程中使用的动物,包括实验动物和非实验动物。其中除了符合严格要求的实验动物外,还包括家禽(产业家禽和社会家畜)和野生动物等。实验动物是经人工培育或人工改造,对其携带的微生物和寄生虫实行控制,遗传背景明确或来源清楚,用于科学研究、教学、生物制品或药品检定及其他科学实验的动物。使用动物进行科学实验,必须考虑动物福利问题。动物福利的核心理念是要满足动物的基本生理和心理需要,科学合理地饲养并对待动物,保障动物的健康和快乐,减少动物的痛苦,使动物和人类和谐共处。

1. "5项自由福利"原则

最早由英国农场动物福利委员会提出的动物福利"5项自由原则"是目前国际公认动物福利原则。一是生理福利,指为动物提供保持健康和精力所需的清洁饮水和食物;二是环境福利,指为动物提供适当的庇护和舒适的栖息场所;三是卫生福利,指为动物做好疾病预防,并及时诊治患病动物,使动物免受疼痛和伤病;四是心理福利,指为动物提供足够的空间、适当的设施和同种动物伙伴,使动物自由表达正常的行为;五是行为福利,指确保动物拥有避免精神痛苦的条件和处置方式,使动物免于恐惧和悲痛。

2. 人道主义实验技术之3Rs原则

1959年,拉塞尔和博奇两位教授在《人道实验技术原则》一书中提出科学、合理、人道地使用实验动物的3Rs原则理论,目前是国际公认的实验动物基本福利原则,也是各个国际组织机构和各国实验动物法规的重要内容。

"3Rs"中的"3R"指的是replacement、reduction、refinement三个英文单词的首字母。3Rs原则的主要内容包括:

(1) 替代(replacement)原则,指使用其他方法和技术而不用实验动物进行实验(绝对替代),或是使用没有知觉的实验材料来代替神志清醒的活的脊椎动物进行实验(相对替代)的一种科学方法,鼓励科学家尽可能不使用活体动物,而是使用替代品。

(2) 减少(reduction)原则,指在科学研究中,使用较少量的动物获取同样多的实验数据或使用一定数量的动物能获得更多实验数据的科学方法,也就是尽量避免更多动物遭到伤害。

(3) 优化(refinement)原则,指在符合科学原则的基础上,通过改进和完善实验程序,减轻或减少给动物造成的疼痛和不安,尽量降低非人道方法的使用频率或危害程度。

3. 动物实验中的4Rs原则

4Rs原则是美国芝加哥的伦理研究国际基金会在拉塞尔和博奇两位教授最早系统地提出了科学研究中动物实验的3Rs原则的基础上,增加了责任(responsibility)作为第四个原则,进一步构成了4Rs原则。4Rs原则既没有完全否定动物实验的必要性,同时又强调了对实验动物生命的维护和尊重,是解决动物实验与伦理道德矛盾的可行依据。

4Rs原则的主要内容包括:

(1) 在动物实验过程中用其他方法替代(replacement)动物实验;

(2) 减少(reduction)动物的使用数量;

(3) 优化(refinement)实验过程,减少动物痛苦;

(4) 增强伦理观念,对实验动物要有责任感(responsibility)。

8.4.3 动物实验正当性讨论

彼得·辛格在《动物解放》一书对于动物实验进行了批评。他指出,许多实验造成了动物极大的痛苦,却不能给人类带来好处;成千上万的心理学实验,除了引起大量动物的极度痛苦以外,并不能提供真正重要的知识;很多开发医药产品的动物实验,无助于改善我们的健康;无数实验动物遭受的剧烈痛苦本是可以避免的,替代方法正在迅速发展;很多动物实验研究进行了几十年,最终证明毫无意义;大多数动物实验是没有意义的,相似的实验在无休止地重复。以下两个动物实验例证节选自彼得·辛格《动物解放》一书,从中可以分析动物实验是否具有正当性、是否符合动物实验伦理。

1. 猿类平衡台实验

1) 实验目的

计算使猴子降低平衡台操控能力的最低剂量的梭曼毒气量。

2) 实验过程

阶段一(坐椅适应):猴子被"约束"(也就是被"绑")在猿类平衡台的椅子上,每天1小时,连续5天,直到它们安安静静坐着为止。

阶段二(操纵杆适应):猴子被约束在平衡台的椅子上。然后,椅子向前倾,猴子受连续电击。这使猴子在"椅中翻扭,或咬平衡台,诱使猴子去碰咬实验人员按在操纵杆上的手"。猴子碰到实验人员置于操纵杆的手,电击就停止,并且给猴一粒葡萄干。每只猴子一天100次,为期5~8天。

阶段三(操纵杆操纵):平衡台向前倾,但此一阶段只碰操纵杆不足以停止电击了。猴子只有把操纵杆向后拉才可以停止电击。这种程序每天也反复100次。

阶段四至阶段六(推拉操纵杆):平衡台向后倾斜,猴子遭到电击。猴子必须把操纵杆向前推,电击才停止。接着,平衡台又向前倾,猴子遭到电击;猴子必须把操纵杆向后拉,电击才停止。这样的程序每天进行100次。之后是平衡台不定地向前倾或向后倾,而猴子必须对操纵杆做出适当反应,电击才会停止。

阶段七(控制操纵杆):到阶段六为止,猴子虽然能由推拉操纵杆而改变平衡台的倾斜度,但未改变它的位置。到了阶段七,猴子可以通过拉杆来控制平衡台的位置了。这一阶段的电击不是自动的,而是由人手控制的,每三四秒钟电击一次,每次0.5秒。这比前几个阶段的电击频率低,是让猴子知道,动作做对了,就没有惩罚。用手册上的术语来说,是惩罚"消失"了。如果猴子做得不好,则重回阶段六。做得好,就继续进行阶段七,直到猴子可以把平衡台维持在近乎水平的平面,以避免80%的电击。

从阶段三到阶段七,训练的时间是10~12天。在此以后,训练再继续进行20天。在这20天中,平衡台任意倾斜转动,而且程度更强,而猴子必须把平衡台复归水平,不然就频遭电击。但所有这些训练与数百或数千次的电击仍只是真正实验的初步。在下一步的实验中,猴子一旦将平衡台复归水平,就会遭受导致半死或致死的辐射线照射或化学药剂的施放,以实验它们能控制平衡台多久。由于致死辐射剂量的照射,猴子会呕吐或晕眩,但在这种情况下,它们还是必须努力去操纵平衡台,不然就会频频遭受电击。

这项实验名为"猿类梭曼毒气中毒后之平衡能力:日日接受低剂量梭曼毒气后之效果"。梭曼是神经毒气的别名,是一种化学药剂,第一次世界大战时曾造成军人的极大痛苦,好在自此以后极少再被应用于战争。该实验的报告首先提到同一批研究人员先前对猴子置于"强烈剂量之梭曼毒气后"于猿类平衡台操纵之效果。现在的研究,则是连续数日接受低剂量的效果。在此实验中,猴子至少要进行两年的平衡台实验,每星期至少1次;做实验6个星期之前接受过种种不同的口服药剂和低剂量的梭曼毒气。

3) 实验结果

该报告虽然主要探讨实验猴子中了神经毒气后的平衡台操控能力,但也了解到这类化学武器的一些其他效果:受试者在中毒后次日失去能力,呈现神经病理学上的症状,包括严重运动失调,衰弱和动作震颤,这些症状持续数日,在此期间内该动物无法操作猿类平衡台。

唐纳德·巴恩斯博士担任美国空军航天医学院院长数年,并负责布鲁克斯空军基地的猿类平衡台实验。唐纳德·巴恩斯估计,在他负责的几年中遭受放射线照射过训练的猴子约有1000只,后来他却写下这样的话:

> 有好些年,我都在怀疑我们收集的资料是否实用。我试图去肯定我们发表报告之目的,并接受司令官的保证,认为我们对美国空军确有贡献——也就是对保卫自由世界确有贡献。我把保证当作遮眼布,以避免看到我所看到的真相;虽然这遮眼布我戴得并不舒服,却免除了我会失去职位与收入的威胁。但有一天,遮眼布还是掉了下来,我便与美国空军航太医学院的司令官罗伊·狄哈特博士严重地冲突起来。我试图说明,一旦发生核武器对抗,军事司令官几乎不可能来研读这些用猿猴做的实验图表,以评估军人的战斗能力或二度出击的能力。狄哈特博士却坚持认为这些资料是无价之宝,因为"他们不知道资料是用动物实验出来的"。

唐纳德·巴恩斯辞掉了职务,成为动物实验的坚决反对者,但猿类平衡台实验仍在进行。

2. 兔眼刺激性实验

1) 实验目的

检测化妆品或日用品的刺激性和毒性。

2) 实验过程

兔眼刺激性实验(以下简称兔眼实验)又称德雷兹实验。当年在美国食品药品管理局工作的德雷兹发明了这个实验,他把测试物滴在兔子的眼睛里,以测试刺激性的大小。方法是把家兔固定在一个盒样装置里,只让兔子把头伸出来,却抓不到自己的眼睛。实验者把兔子的下眼睑向外拉成小"杯状",滴入测试物,如漂白剂、洗发水或墨水,然后合上兔子的眼睛。有时这种测试操作反复多次。每天观察兔子眼睛的肿胀、溃疡、感染和流血的情况。这种试验可持续3周的时间。一家大型化学公司的一位研究人员对最严重的反应做过如下的描述:"由于角膜或内眼的严重损伤,动物完全失明。(滴入测试物时)动物急速紧闭眼睛,可发生嘶叫、抓眼、跳动和力图逃脱。"当然,兔子装在这个固定器里既抓不到眼睛又无法逃脱。有些实验物质对兔子的眼睛造成非常剧烈的伤害,使眼睛变形,虹膜、瞳孔和角膜烂成一团。这项实验并未规定必须给兔子使用麻醉药物。如果不影响实验,有时实验人员在滴入测试物时,加点局部麻醉药,但这一点点局部麻醉药,不可能减轻实验物质滴在兔子眼睛里所造成的极度痛苦。美国农业部的资料显示,1983年毒理实验室用了55785只兔子,化学公司使用了22034只兔子。

3) 实验结果

美国加利福尼亚州长滩市医生克里斯托弗·史密斯博士认为:"这类实验结果并不能预测人暴露在化学物质之下的毒性,或者指导中毒的治疗。我身为一个有17年急诊医疗经验的执业医生,没听说过有急诊医生在处理意外中毒和接触毒物时,参照兔眼实验来处理眼损伤。我自己治疗意外中毒的病人也从未求助于动物实验的结果。急诊医生根据个案报告、临床经验和人体临床实验资料,决定病人的最佳治疗方案。"

美国医学会也承认,动物模型的正确性令人生疑。美国医学会的一位代表在国会的药物实验听证会上说:"动物研究几乎没有什么用处,结果很难与人的情况一致。"

▶ 8.5 环境正义

8.5.1 什么是环境正义

在回答什么是环境正义之前,先从正义的来源谈起。正义诉求有两个前提条件:第一,分享稀缺物资的人必须非常关注自己所获得的,以至于会要求自己的公平份额;第二,用于分配稀缺物资的措施和制度只对那些人们能够分配的物资有意义。

环境正义一般是指所有人,不分时代、国籍、民族、种族、性别、教育、区域、地位、贫富等,都平等享有秩序、整洁和可持续性环境的自由以及免受环境破坏的危害之权利。环境正义的主要目的在于有效地保护人们平等的环境权利,并尽量减少人们因不平等关系而导致的不平等环境影响,从而维护人们的价值与尊严。人类的可持续生存与发展的利益,是环境正义原则确立的基础。

美国第一届"全国有色人种环境领袖会议"在1991年10月就通过了一份"环境正义基本原则"用以调整人与自然及人与人的关系。该原则包括环境正义肯定地球母亲的神圣性、生态和谐以及所有物种之间的相互依赖性,肯定它们免于遭受生态毁灭的权利;环境正义要求将公共政策建立在所有民族相互尊重和彼此公平的基础之上,避免任何形式的歧视或偏见;环境正义要求我们基于对人类与其他生物赖以生存的地球的可持续性的考虑,以道德的、平衡的、负责的态度来使用土地及可再生资源;环境正义呼吁普遍保障人们免受核试验中测试、提取、制造和处理有毒或危险废弃物及有毒物而产生的威胁,免受核试验对于人们享有清洁的空气、土地、水及食物之基本权利的威胁等17项主张。

8.5.2 环境正义的原则

环境正义的原则分为总原则和分原则。

1. 环境正义的总原则

环境正义的总原则是类原则。协调人与自然、人与人之间的关系,保证人类的健康生存和人类的可持续发展是环境正义的终极目标。环境正义所讲的"人"同以往传统伦理学所讲的个人和自然主义伦理学所讲的生物学意义上的"人"有很大的区别。环境正义所讲的"人"是坚持全人类利益高于一切的"人"、是坚持人类生存利益高于一切的"人"、是坚持人类可持续发展高于一切的"人",这些构成了环境正义的人学基础。因此,环境正义的伦理原则是类原则,包括生存论原则和可持续性原则。类原则要求注重全人类的利益,追求全人类的共同发展,而非倾向于个体性、地域性、民族性和国家性的发展。在类利益的指导下对自然界进行有计划的、合理的开发和利用。

2. 环境正义的分原则

环境正义分原则包括平等原则、平衡原则和共赢原则。平等原则是环境正义的第一原则,万物生而平等是环境伦理的哲学基础。环境正义的平等原则优先于功利主义视野中的效用,当前人类追求福利的努力不能危及其他存在和后世存在。平衡原则是环境正义的第二原则。人类诞生以前自然依靠平衡机制来维持秩序,这种平衡机制是大自然内置的,不是外力强加的,可称为自平衡机制。环境正义的平衡原则服从于环境正义第一分原则,是对第一分原则的完善和补充,暗含了人类对境况不同的万有存在实行"差别对待"的合理性。

平等、平衡造就共赢。既然万物生而平等,既然环境正义是为了通过万物的平衡性以实现人类利益的最大化,那么,共赢就必然在事实上成为环境正义的原则。共赢作为环境正义的第三分原则,既是环境正义追求的价值原则,也是环境正义确证的秩序状态。共赢直接符合每一种存在的利益,最终符合人类的生存与发展这一根本利益。共赢的结果是人与自然、人与人之间的互惠共存、和谐共生。

8.5.3 环境正义的两个维度

环境正义的两个维度是分配正义和参与正义。

1. 分配正义

分配正义讨论的是如何分配环境效益和负担。环境效益包括安全的工作场所,清洁的水和空气,进入自然环境或公园的便利,公平的环境负担补偿,与当地自然资源相关的传统环境管理模式的保存。环境负担包括暴露于有害物质和有毒废物、污染、健康危害和工作场所危害,以及传统的环境管理模式的利用和损耗以及当地自然资源的枯竭。

对环境正义的分配方面的关注始于人们发现有色人种、穷人和诸如土著部落与民族等弱势群体正面临过多的环境负担。20世纪以来,维护环境正义活动中,人们越发注意到一个事实:在不同国家,尤其是发达国家,少数族裔社区以及社会弱势人群,正在成为有毒垃圾、空气污染、水污染、各种军事武器试验所导致的环境灾难的受害者。发展中国家也正在承受发达国家在工业化进程中过度消耗和破坏环境资源所导致的各种灾难,成为环境疾病蔓延的受害者。1987年,美国种族公平基督委员会联合教会公布了一份报告,将上述环境种族歧视现象命名为"环境种族主义"。在美国国家环保局和一些州立环境保护机构所确定的有毒废物填埋点中,40%集中在3个地区:亚拉巴马州的埃默尔,路易斯安那州的苏格兰维尔和加利福尼亚州的凯特勒麦市。这3个地区都是少数族裔的聚居地:在埃默尔地区,78.9%的人为非洲裔;在苏格兰维尔地区,93%的人为少数族裔;而凯特勒麦市人口的78.4%为拉美裔。

2. 参与正义

参与正义讨论的是环境正义分配的决策过程、决策参与者与制定者等问题。在环境参与过程中,违背环境正义的常见现象是"歧视性环保主义"。歧视性环保主义指缺乏民主参与环境运动的机会。在歧视性环保主义中,某些群体或国家在主流环境团体中的代表权和参与机会,在环境决策中的参与权,在地方的、国家的和国际环境机构中的代表权,以及在环境负担和效益分配中的决策权都被有意或无意地排除。1991年,美国第一届全国有色人种环境领袖峰会所通过的《环境正义原则》在17条原则中有15条原则强调了参与正义,涉及反对歧视,个人和群体自我决定以及尊重多元文化观的权利。

8.5.4 全球环境正义

全球环境正义是指对国家之间的分配和参与不公平现象进行考察,包括一系列强调超越国家边界、公然反对个别民族国家控制的环境问题而产生的全球性政治性问题。

20世纪80年代,环境问题开始成为国际政治议程的首要问题之一,出现全球"共有"的概念——部分世界环境人类共享,原则上不能被占有(如臭氧层、海洋、气候系统)。20世纪90年代,"全球环境紧随国际安全和全球经济之后作为世界政治中的第三大主要问题领域出现"。1992年第一次全球环境峰会——联合国环境与发展大会(UNCED)是对全球环境关注的有力证明。

在第二次世界大战之后,世界一流国家开始实行"发展"的政策,以在世界范围内塑造各国的政治目的和国家身份。第一步将国家贴上"发达的"和"不发达的"标签,随后又演变成"第一世界""第二世界""第三世界"。今天,将"不发达国家"称为"发展中国家",表明所有国家都是动态的,应该朝着第一世界类型"发展"的同一目标迈进。这种发展模式使发达国家进入经济富裕、技术先进、高消费社会形态,并拥有更强的国际政治和军事实力。然而,这种发展模式也破坏了土著群体悠久的文化传统,破坏了他们本土化的贸易和农业体系,并付出大量的环境代价。然而,南半球想要实现与北半球同样的生活方式是不可能的:"在20世纪80年代,发展中国家(占全球人口的三分之二)对世界国内生产总值的贡献下降至15%,而拥有世界人口20%的工业国家的份额上升到80%。"这个夸张的比例更进一步说明南半球政治经济严重落后而被剥削的可能性。因此,南半球不愿意加入全球减少使用氯氟化碳和碳排放的环境协议,他们认为这是北半球为了确保他们支配全球自然资源权力的另一种手段,因为目前全球资源大部分都在南半球,北半球为了确保他们支配全球自然资源的权力,认为抑制南半球的发展就能保留北方的霸权。

关于环境问题,南北半球也存在严重分歧。北半球国家希望南半球国家正确认识威胁到人类生存的环境问题,南半球国家认为这个问题是全球的责任,坚持认为北半球国家应该承担责任,减少高消费,并且以经济支持和环境技术的形式向南半球国家提供用于补偿其对全球公共环境的破坏。这就涉及全球环境问题的参与正义。在全球参与正义方面也存在分配决策由谁做出、如何做出的问题。全球的环境决策参与存在参与严重偏离正义原则的问题,也因此遭到批判。最早受到批判的是全球环境问题日益被少数政治力量所掌控的现象,包括国家实体、联合国机构等跨国实体、跨国公司、大型非政府组织和世界银行等全球性机构。全球政治生态成为极少数人统治多数人的另一个实例。

由于先发优势,发达国家更加强调环境的可持续性。发展中国家由于经济发展的强烈需要,更加注重现实的改造和环境的利用。西方的环境伦理思想不可能作为普适性的环境伦理思想,发展中国家不同的经济状况、文化传统、价值观念、社会心理等因素决定了它们有适合自己发展的环境伦理理论。需要协调两者的利害关系,正视国际环境正义。

参考文献

[1] Callicott B.The conceptual foundations of the land ethic[M]//Zimmerman M E,Callicott J B,Sessions G,et al.Environmental philosophy:From animal rights to radical ecology.2nd ed.New Jersey:Prentice Hall,1998.

[2] Carson R.Silent spring[M].Boston:Houghton Mifflin,1962.

[3] DesJardins J R.Environmental ethics:An introduction to environmental philosophy[M].3rd ed.Belmont CA:Wadsworth,2001.

[4] Dobson A.Green political thought[M].2nd ed.London:Routledge,1995.

[5] Eckersely R.Environmentalism and political theory:Toward an ecocentric approach[M].London:UCL Press,1992.

[6] Ehrlich P.The population bomb[M].New York:Ballantine Books,1968.

[7] Elliot,Robert.Environmental Ethics[M]//Singer.A Companion to Ethics.Oxford:Blackwell Publishers Ltd,1993.

[8] Fox,Warwick.Towards a transpersonal ecology:Developing new foundations for environmentalism[M].Boston:Shambhala Press,1990.

[9] Gewirth A.Human rights and future generations[M]// Boylan M.Environmental ethics.New Jersey:Prentice Hall,2001.

[10] Golding M.Obligations to future generations[J].Monist,1972(56):85-99.

[11] Kavka G.The futurity problem[M]//Sikora R I,Barry B.Obligations to future generations.Philadelphia:Temple University Press,1978.

[12] Lawrence E.A Morally deep world:An essay on moral significance and environmental ethics[M].Cambridge:Cambridge University Press,1993.

[13] Leopold A.A sand county almanac:And Ssetches here and there[M].Oxford:Oxford University Press,1949.

[14] Mies M,Shiva V.Ecofeminism[M].London:Zed Books,1993.

[15] Naess A.The deep ecological movement:some philosophical aspects[J].Philosophical Inquiry,1986(8):1-2.

[16] Naess A.The shallow and the deep,long-range ecology movement:A summary[J].Inquiry,1973(16):95-100.

[17] O'Neill O.Environmental values:Anthropocentrism and speciesism[J].Environmental,1997,6(2):127-142.

[18] Parfit D.Reasons and persons[M].Oxford:Clarendon Press,1984.
[19] Passmore J.Environmentalism[M]//Goodin R E,Pettit P.A Companion to contemporary political philosophy.Oxford:Blackwell Publishers Ltd,1995.
[20] Passmore J.Man's responsibility for nature[M].New York:Scribner's,1974.
[21] Regan T.The case for animal rights[M].2nd ed.Berkeley:University of California Press,1983.
[22] Rolston H.Duties to endangered species[M].Bioscience,1985(35):718-726.
[23] Sagoff M.Animal liberation and environmental ethics:Bad marriage,quick divorce[J].Osgoode Hall Law,1984,2(22):297-307.
[24] Shrader-Frechette K.Environmental ethics[M]//LaFollette H.The oxford handbook of practical ethics.Oxford:Oxford University Press,1995.
[25] Singer P.All animals are equal[J].Philosophical Exchange,1974,1(5):243-257.
[26] Singer P.Practical ethics[M].2nd ed.Cambridge:Cambridge University Press,1993.
[27] Taylor P W.Respect for nature:A theory of environmental Ethics[M].Princeton NJ:Princeton University Press,1986.
[28] Varner G E.In nature's interests? Interests,animal rights,and environmental ethics[M].Oxford:Oxford University Press,1998.
[29] Warren M A.Moral status:Obligations to persons and other living things[M].Oxford:Oxford University Press,2000.
[30] 雷根.动物权利研究[M].李曦,译.北京:北京大学出版社,2010.
[31] 纳什.大自然的权利:环境伦理学史[M].杨通进,译.青岛:青岛出版社,1999:4.
[32] 王正平.环境哲学:环境伦理的跨学科研究[M].2版.上海:上海教育出版社,2014.
[33] 温茨.现代环境伦理[M].宋玉波,朱丹琼,译.上海:上海人民出版社,2007.
[34] 辛格.动物解放[M].祖述宪,译.青岛:青岛出版社,2004.

第9章

生物工程伦理

9.1 合成生物学概况

9.1.1 合成生物学定义

合成生物学长期以来都尝试整合不同领域的研究,以建立对生命过程更加全面的理解。然而,2000年以后该词具有了不同的含义,它标志着一个新研究领域的形成。这个新领域将科学和工程学结合在一起,目的在于设计和构建具备新的生物学功能的生物基因组和系统。虽然2000年以后"合成生物学"一词在学术刊物及互联网上大量出现,但目前合成生物学的定义还处于多元化阶段。目前对合成生物学的定义有以下5种:

(1) 美国加利福尼亚州大学伯克利分校化学工程专业教授认为,合成生物学正在将"生物学"进行工程化,就像用"物理学"进行"电子工程"、用"化学"进行"化学工程"一样。

(2) 美国哥伦比亚癌症研究中心、测序及基因组科学中心主任霍尔特认为,合成生物学与传统的重组DNA技术之间的界限仍然模糊。从根本上说,合成生物学正在利用获得的"元件"进行下一层次的工作——对细胞进行实际的工程化。

(3) 美国哈佛大学医学院遗传学教授、计算遗传学中心主任丘奇认为,合成生物学是利用我们所确信的一些"零件"进行新生物系统的工程。它在利用从系统生物学得出的最好分析法,加工、制作及检验复杂的生物机器。

(4) 任何一门学科或者科学的发展都需要开放性的思想和兼容并蓄的科学态度,因此,我们没有必要像背诵数学定理一样深究合成生物学定义中的每一个字眼,也没有必要强求一个完全统一的定义。我们可以参照"合成生物学组织"网站上公布的一段描述来引导我们了解什么是合成生物学:合成生物学是指按照一定的规律和已有的知识、设计和建造新的生物部件、装置和系统;重新设计已有的天然生物系统为人类的特殊目的服务。简单地说,合成生物学就是通过人工设计和构建自然界中不存在的生物系统来解决能源、材料、健康和环境等问题。

(5)国内引用比较多的一个定义是合成生物学是一门通过合成生物功能元件、装置和系统,对细胞或生命体进行遗传学设计、改造,使其拥有满足人类需求的生物功能,甚至创造新的生物系统的学科。它把"自下而上"的"建造"理念与系统生物学"自上而下"的"分析"理念相结合,利用自然界中已有物质的多样性,构建具有可预测和可控制特性的遗传、代谢或信号网络的合成成分。

9.1.2 合成生物学的发展历程

合成生物学的发展大体可以经历了3个阶段:20世纪90年代,它还具有传统的生物学科特征,90年代初到90年代末形成了一个独特的跨学科动态,到90年代末,这种动态吸引了生物学以外学科的工程师进入实验室,开始修补细胞网络。第一,1961—1999年是一个基础时期,该时期建立了生物学领域的许多特征实验和文化特征;第二,2000—2010年是中间阶段,其特点是领域扩大,但工程进展滞后;第三,2010—2020年是一个加速创新和实践转变的时期,在这个时期,新技术和工程方法使我们能够在生物技术和医学方面走向实际应用。

1. 1961—1999年:基础时期

早在1961年弗朗索瓦·雅各布和贾克·莫诺就发表了里程碑式的出版物。通过对大肠杆菌中lac操纵子的研究,他们发现了支持细胞对环境反应的调节回路的存在。

这一发现促使生物学家设想是否可以从分子成分中组装新的调控系统,随后几年就发现了细菌中转录调控的分子功能,基于程序化基因表达的更具体的设想开始形成。随着20世纪七八十年代分子克隆和聚合酶链反应的发展,基因操作在微生物研究中变得越来越普遍,虽然在表面上提供了一种人工基因调控的工程技术手段,但它的研究方法大多局限在克隆和重组基因表达上。简而言之,在这一阶段基因工程还没有配备必要的知识或工具来创建生物系统,以显示微生物中发现的调节行为的多样性和深度。

到20世纪90年代中期,自动化的DNA测序和改进的计算工具使完整的微生物基因组得以测序,测量RNA、蛋白质、脂质和代谢物的高通量技术使科学家能够生成大量的细胞成分及其相互作用的目录,这就给生物学家进行基因排序重组提供了功能数据库,使得生物学家与计算机科学家将实验和计算结合起来。人们逐渐认识到,对生物系统的合理操作,无论是通过系统地调整还是重新排列它们的模块化分子组成,都可以形成正式的生物工程学科的基础。作为对系统生物学自上而下方法的补充,人们设想了一种自下而上的方法,这种方法可以利用不断扩大的分子"部分"列表来推进监管网络。这种方法既可以用于研究自然系统的功能组织,也用于创建具有潜在生物技术和健康应用的人工调控网络。因此,到了20世纪90年代末,一小群工程师、物理学家和计算机科学家认识到了这个机会,并开始转向分子生物学,开启了生物学科与其他学科的融合。

2. 2000—2010年:中间阶段

2000—2003年是创建简单基因调节电路的基础年,基因调节线路就是一种类似于电路的方式执行功能基因的功能。分子生物学的主力大肠杆菌是这项工作的理想测试平台,因为我们对它的生物学有着深刻的机械学理解。它易于遗传操作,而且大量研究良好的基因调控系统为电路"部件"提供了方便的初始来源。在"千禧年"的首月(2000年1月),一些关于基因电路的文章陆续发表,这些基因电路被设计用来执行基因相互运行的设计调节功能,包含启动子的基因开关,振荡电路等。虽然这一时期的工作重点主要集中在电路工程上,但早期的努力开始超越简单的基因调控网络。

合成生物学领域的规模和范围在21世纪中期开始急剧扩大。该领域的第一次国际会议"合成生物学1.0(SB1.0)"于2004年夏天在美国麻省理工学院举行。来自生物学、化学、物理学、工程学和计算机科学的研究人员汇聚一堂,会议因其对新生领域的积极影响而广受赞誉,并将有助于创造一个可识别的群体,以激励全基因组工程为长期目标,形成为设计、构建和表征生物系统而努力的跨学科群体。随着高度跨学科的社区开始融合,当代工程的思想首次广泛融入分子生物学的研究中。为了印证关于生物学与工程学这两个领域兼容性的问题,此后十几年的工作都围绕此方向展开。

21世纪20年代初期,人们开始明确尝试通过创建模块化部件和开发构建调整特定电路设计的方法来改进遗传系统工程,这项工程具有显著突破。在此期间,大肠杆菌和基因电路设计的重要里程碑继续出现,包括基于RNA的系统将合成电路设计从主要的转录控制扩展到转录后和翻译控制机制。新的部件和电路设计不断出现,群体感应电路被进一步设计以实现多细胞模式,并且感应电路被开发,以将光转投到细胞领域中的基因表达中。这一时期最引人瞩目的科学成就发生在代谢工程领域。在该领域,合成生物学的前沿工程原理与数十年来对类异戊二烯生物合成的基础研究相结合,从而能够异源生产青蒿素的前体。青蒿素是一种广泛使用的抗疟药,由青蒿植物黄花蒿天然生产,这些成果导致合成生物学潜在的商业应用范围扩大。

21世纪中期,合成生物学开始在科学界和大众媒体上得到广泛认可,例如,iGEM的迅速发展在引起大学和公众对该领域的兴趣方面发挥了重要作用。美国国家科学基金会等资助机构也开始效仿,为合成生物学工程研究项目提供资助。这些年来,随着瑞士苏黎世SB3.0和中国香港SB4.0等会议的召开,合成生物学领域也变得越来越国际化。2008—2010年,与前一时期电路工程的缓慢发展形成鲜明对比的是,合成生物学发展的速度和规模都有所提高。从2008年开始,已发表的报告开始出现,这些报告描述了具有更高复杂程度的电路,这些电路使用更广泛的更好表征的部件构建,并且表现出更精确和更多样的行为。尽管器件的上下文相关性和互操作性继续给电路工程带来普遍的拖累,但整个领域工程实践中的一些改进起到了平衡作用，提高了生产率。事实上，许多在20世纪初进入该领域的研究小组在21世纪初就开始提高他们的技术，利用更好的技术理解、设计方法和施工方法。高通量的DNA组装方法，加上基因合成成本的稳步下降，进一步加快了电路工程的建设阶段。2008年，海斯特和他的同事开发了一种表现出强劲、持续振荡行为的电路，这是对振荡电路设计的一系列实验和理论研究的重大更新。

3. 2010—2020年：快速发展期

当合成生物学经历了几十年的发展后，其产生的弊端和问题也初现端倪。2010年生物伦理委员会关于合成生物学的报告总结了正在进行的关于合成生物学的健康和安全风险的讨论，我们一边畅想着合成生物学技术发展可能带来的无限前景，又对可能带来的危害充满忧患。近十年，合成生物学在技术上有了飞速的发展。文特尔和他的同事使用突破性的DNA组装技术创建了一个由化学合成基因组控制的活细菌细胞，通过在酵母体内重组合成的DNA盒，以重建分枝杆菌支原体基因组，然后将其移植到受体细菌细胞中，产生仅包含合成基因组的活细菌。有学者在酵母中使用了类似的基因组合成方法，在两个酿酒酵母染色体臂的化学合成过程中，他们移除了所有已识别其他不稳定元素，并在每个基因的侧翼包括重组酶位点进行基因组编辑。为了实现高效的基因组操作，丘奇和他的同事开发了一个名为多重自动化基因组工程的平台，该平台已被用于快速改变大肠杆菌基因组中的多个基因座，包括用同义TAA密码子替换所有标签终止密码子的原理验证。尽管这一时期的进展加快，但器件和电路性能的上下文可变性仍然是高效模型驱动电路构建的重大障碍。生物分子电路设计本质上仍然是"手工"工艺，无法实现其他工程学科特有的设计的可预测性和快速迭代。尽管在详细的生物物理建模方面有一些成功的努力——特别是一种广泛使用的核糖体结合位点强度计算器，可以预测靶基因的相对翻译速率——但在复杂的细胞内环境中，工程固有的可变性也逐渐被接受。

9.1.3　合成生物学的主要研究内容

合成生物学引入工程学理念，强调生命物质的标准化，对基因及其所编码的蛋白表述为生物元件或生物积块，对元件所做的优化、改造或重新设计称为"元件工程"；由元件构成的具有特定生物学功能的装置称为"生物器件"或"生物装置"；对基因元件组成的代谢或调控通路表述为基因回路、基因电路、基因线路；对除掉非必需基因的基因组和细胞表述为简约基因组和简约细胞等。

1. 元件工程

在合成生物学中，将复杂的生命系统里最基础、功能最简单的单元统称为生物元件。作为最基础的"零件"，生物元件是合成生物学发展的基材，通过进一步改造可以成为标准化生物元件。目前,常见的生物元件主要包括调控元件、催化元件、结构元件、操控和感应元件等。

由于这些人工生物元件的种类和数量不断扩大,符合标准化要求的生物元件逐渐被美国麻省理工学院收集并入库,这些元件共同构成合成生物学的元件库,建立与扩充元件库可以使利用合成生物学方法解决生物工程问题变得更加高效、更加规模化,从而推动合成生物学的进程。

2. 遗传线路工程

由启动子、阻遏子、增强子等调节元件及被调节基因构成的遗传装置,同时也是生命体对自身生命过程控制的动态调控系统。人工基因线路通过遗传线路工程合成,主要分为基本型和组合型两类。基本型人工基因线路是依据人类已知的生物学知识,借鉴电路的逻辑控制原理,设计并构建基因开关、放大器、振荡器、逻辑门、计数器等合成器件。它可以在生物中进行定向改造,实现疾病治疗等作用。

3. 基因组工程

基因组工程是一项能够从头合成或重设计基因组的技术,它的产生主要是由于基因组测序、基因编辑和基因合成等技术的迅速发展。基因组拼装、转移技术等核心技术体系的不断完善有效地加速了合成生物学的发展。同时,新型DNA合成和大规模组装技术的发展,为基因簇甚至全基因组的合成铺平了道路。例如,Venter课题组设计、合成并组装了支原体基因组,并将其功能转移到山羊支原体宿主细胞中,产生了新型的具有持续自我复制能力的新支原体细胞,证明了从零开始合成基因组的可能性。自此,人工构建细胞器染色体等基因组重新合成领域不断取得新的进展。从头设计基因组的能力使人们可以根据任意设计原则对基因信息进行工程设计,从而开辟了无须天然基因组作为模板即可构建具有任何所需特性的细胞的可能性。合成基因组技术有潜力提供大量新的和复杂的化学物质。通过设计序列实现设计功能,从而大大拓宽了合成生命的应用范围,推动了其在能源、药物和食品生产中的应用。

4. 代谢工程

代谢工程主要是利用分子生物学手段,尤其是DNA重组技术对生化反应进行修饰,对已有的代谢途径和调控网络进行合理的设计与改造,以合成新的物质、提高已有产物的合成能力或赋予细胞新的功能。其常用的构建途径是异源表达、细胞代谢反应的构建与调节。通过对代谢网络的解析,可以设计出产品的最佳合成途径,从而提高改造策略应用于合成路径的精确性。代谢工程以设计生物合成途径为基础,产品组合涵盖了简单的化学物质、非天然化合物以及具有复杂立体化学的大型生物分子。多个功能部件之间的协调相互作用,共同构成了一条产品的合成路径。整合来自不同生物的部分以构建最佳系统,然后将这些成分转移到所需的宿主细胞中进而设计新型的生物合成途径。

9.1.4 合成生物学的工程本质

合成生物学强调"设计"和"重设计"。设计、模拟、实验是合成生物学的基础。合成生物学不仅仅是实验,而且是利用已有的生物学知识,根据实际的需要进行设计和重设计,建立数学模型对人工设计进行模拟从而指导实验的进行。虽然合成生物学的定义不统一,但都从不同侧面提到了合成生物学的一个显著特点,也是合成生物学区别现有生物学其他学科的主要特点,即"工程化"。合成生物学家力图通过工程化方法,将复杂的人工生物系统合理简化以探索自然生物现象及其广泛的应用,并利用基因等元素设计和构建具有崭新功能的合成生物系统。合成生物学的工程化研究主要有两种策略:自上至下(逆向工程)和自下至上(前正向工程)。自上至下策略主要用于分析阶段,试图利用抽提和解耦方法降低自然生物系统的复杂性,将其层层凝练成工程化的标准模块。例如,通过敲除基因组中除复制和功能性之外非绝对必需的遗传物质,简化基因组构建,达到可模拟和预测的目的;而自下至上的策略通常是指通过工程化方法,利用标准化模块,由简单到复杂构建具有期望功能的生物系统的方法。上述两种策略都涉及最关键的3个工程化概念:对生物系统的标准化、解耦和抽提。标准化包括建立生物功能的定义、建立识别生物部件的方法以及标准生物部件的注册登记;解耦指将复杂问题分解成简单问题、将复杂系统分解成简单的要素,在统一框架下分别进行设计;抽提则包括建立装置和模块的层次,允许不同层次间的分离和有限的信息交换、开发重设计的和简化的装置和模块构建具有统一接口的部件库等。

1. 标准化

现实世界中有方方面面的标准,如铁路轨距、Internet 地址、度量衡单位等。生命科学中,围绕着"中心法则"及大多数生物系统运行规律的理论,已经有一些被广泛应用的有效标准。例如,最具代表性的 DNA 序列数据、遗传学表征、微阵列数据、蛋白质晶体学数据、酶命名法则、系统生物学模型及限制性内切核酸酶活性等。然而,生物工程学界尚未开发出正式的、广泛应用的各类基本的生物功能标准,由此造成了巨大的浪费。例如,一个生物工程师手中的"强"核糖体结合位点相对于其他位点而言可能只够"中等"强度;培养在 Luria 肉汤培养基中的大肠杆菌 JM2.300 菌株中起作用的一组基因开关可能在生长于合成的最低介质中的大肠杆菌 MC4100 细胞中处于关闭状态,因而为另外一套开关所取代,那么人们能否直接将这两种开关系统组合成新的"替换开关"呢?

为了实现元件的"即插即用"性能,需要规范不同部件之间的连接标准化的定义,并开发各种基本生物功能(如启动子活性)、试验测量(如蛋白质浓度)、系统操作(如遗传背景、发酵液、生长速率、环境条件)等的标准。只有这些标准规范被广泛采用,才能保证不同研究人员设计和构建的单元能够相互匹配。这些标准化工作也是支持一个活跃的、建设性的、负责任的生物工程学界所必需的。它将更加有利于加速和保护特定生物部件遗传信息的交换使用和共享,以及工程化生物系统检验、证实和授权程序的顺利进行。

2. 解耦

解耦是将一个复杂问题分解成许多相对简单的、可以独立处理的问题,最终整合成具有特定功能的统一整体的过程。例如,在建筑领域,将一个建筑项目解耦成设计、工程预算、建造、项目管理和监理等相对简单、可以独立处理的过程;在控制领域,设计一个解耦控制装置解除输入、输出变量间的交叉耦合,将一个多变量系统化为多个独立的单变量系统的控制问题,使系统的每个输出变量仅由一个输入变量完全控制,且不同的输出由不同的输入控制从而实现自主控制,即互不影响的控制。同样,生物工程中,工程师可以将复杂的"生物系统"解耦成许多套相互独立的"装置"(如标准化的细胞、标准化的核苷酸序列等),便于利用已有的标准化部件来加速开发的进度。蓬勃发展的DNA合成技术大大推动了解耦方法的进程,只有在充分发展的基因和基因组合成技术的支持下,人们才有精力和能力致力于设计和构建基因组等合成生物学领域的研究。最近,该技术更是已经发展到可以将寡核苷酸和短DNA片段自动组装成长链DNA分子的水平。

▶ 9.2 合成生物学的伦理问题

合成生物学是生物学研究和开发的一个分支,它应用合理的设计原则来生产新的生物系统、有机体或新组件,或通过材料、技术或工艺的新开发以直接和重要的方式来生产它们。合成生物学为人类带来了巨大的好处。然而,它也产生了一些重要的问题。例如,对实验室生物安全的担忧、不公正的加剧以及该学科可能对现有知识产权体系构成的挑战。然而,在我们看来,有3个问题是最值得伦理学家关注的:一是对"扮演上帝"的关注,这在密切相关的科学领域尤为突出;二是生物安全的伦理问题引起了伦理学家的早期注意;三是合成生物学的知识伦理问题。

9.2.1 "扮演上帝"的伦理争论

1. 生物技术与"扮演上帝"

"扮演上帝"的伦理指责从一开始就伴随着现代生物技术的发展持续发酵着。现代生物技术研究的每一个进展几乎都激起了上帝创造论拥护者的强烈抗议,止痛药、麻醉、避孕药、移植医学、脑死亡诊断、干细胞研究和基因工程以及更多的创新都面临着这种指责。

把合成生物学技术看成一种"扮演上帝"的伦理争论,源于合成生物学技术更深刻的涉及生命与无生命的界限问题,即到底谁控制生命的问题。神学伦理学试图思考万物的神圣创造者(通常指上帝或神)和被创造者之间的伦理关系。正因如此,人造生命不可避免地遭到神学伦理学的质疑和反对(人是否在充当上帝或取代上帝而成为造物主)。

2. 合成生物学创造的生命本质

合成生物学家创造生命的活动模糊甚至扼杀了这种区别,他们也因此难免受到"充当上帝角色"的伦理责难。就科学技术的历史而言,合成生物学无疑是一种新的发展,特别是对宗教人士来说,是一种令人不安的发展。这可以追溯到基础科学研究与工程的系统联系,导致了范式的转变。基础研究提出的技术都可以付诸实践,一些技术创新甚至在它们被分析和理解之前就开始初显成效,关于基础生命的研究在当今的很多项目中都得到了发展,而合成生物学的创新之处在于,生命将从无生命的材料中重建出来。相信这些新生物具有深远的前景(当然不是指它们附带的商业吸引力),将利用这些新生物开发用于医疗和制药以及环境保护的活性物质。最具诱惑力的愿景是设计新型生物燃料来取代化石燃料,最初无法实现的生物技术与工程模型结合,被用来理解并重现生命的基本原理,虽然目前的研究结果仍然是零散的、集中在细节上的。尽管如此,这一年轻的研究领域还是受到一种革命性的科学愿景的推动。

合成生物学的创新不是为了创造新生命。自古以来,人们就尝试过各种各样的育种方法,不断地提炼,最终在克隆上达到了顶峰。在人类的文化记忆中,这种形式的生物技术通常被认为是正常的和合乎道德的。然而,使用无生命的材料来生产满足广泛接受的生命标准的实体(新陈代谢、对环境的反应、可变性,即一代又一代的进化灵活性)将标志着本体论和文化范式的转变。考虑到生命和无生命之间的界限在控制和稳定常识以及许多宗教的力量方面起着根本的作用,显然,对这一原则的任何损害都是与这些世界观不可调和的。

3. 合成生物学技术与神学伦理学的矛盾点

合成生物学涉及生命与无生命的界限在神学论者眼中就意味着对上帝产生了影响和触动,当科学质疑神或上帝是否有权决定生命与无生命之间的过渡时,包括《圣经》在内的许多传统宗教的核心都受到了影响。对许多宗教人士来说,合成生物学似乎是一个新的、以前未知的领域。人类不再像传统基因技术那样操纵基因组的选定特征,还是着手进行"从头创造"。而且这种影响不仅仅是想象的、道听途说的,而是实际发生的技术进步。马约和他的团队最近为瑞士联邦非人类生物技术伦理委员会发表了一份报告,他们在报告中证实,合成生物学已经导致了一个令人担忧的范式转变,即从"人类的编辑者"转变为"人类的创造者"。如果人类宣称拥有至高无上的创造者的地位,对生命的尊重可能会减弱。在这种情况下,激烈的本体论、哲学、政治和宗教辩论似乎不可避免。神学论者的观

点如下:

(1) DNA包含上帝创造生命的某种"密码",是神圣不可被解读的;即便可解读,也是神圣不可修改的。谁要去修改它,就是修改上帝的创造及设计,就是干预上帝的计划,把自己当作上帝。

(2) 合成生物学技术会影响人类后代和地球生态,如有差错,很难逆转。这种科技虽使人有近乎上帝的能力,但人缺乏近乎上帝的知识及智能。缺少上帝的知识及智能却要执意去扮演上帝的角色,是非常不理智的行为。

(3) 合成生物学的未来发展可能涉及未来人类生命特征的塑造和设计,这就可能将人类未来的命运完全交由少数人来操控和设计。这种凌驾于上帝之上的救世主心态是非常狂妄的,是人类想取代上帝的僭权行为。

那么,我们该如何回应"是否扮演伦理问题"呢?神学论者所谓的上帝的角色扮演,在合成生物学技术中,只不过是一种工程师的角色而已,所以我们提倡对工程师进行伦理道德的指导,对其行为进行规范约束。

9.2.2 生物安全的伦理问题

由于合成生物学技术结合了分子生物学、遗传学、化学、物理、计算/信息技术(IT)和工程等概念,使得合成生物学没有一个统一的、普遍认可的定义。这在一定程度上反映了该领域的多学科性质,它也同样涉及生命工程的很多方面。总的来说,合成生物学技术涉及6个主要的研究对象,它们分别是:遗传数据库和方法(具有良好特征的特性和功能的基因或DNA片段)、最小的细胞和设计好的底盘(包括即使在理想条件下细胞也无法存活的基因)、原始细胞和人工细胞(非生命的自我组织,能够复制的结构)、外生物学(构建非标准形式的生物化学和新的遗传密码)、DNA合成和基因组编辑、DIY生物学(也经常被称为生物黑客)。复杂学科的交叉带来技术问题的风险隐患,因此,合成生物学的生物安全是最经常讨论的问题之一,生物安全的伦理问题主要包括生物恐怖分子、技术风险的不确定性及合成技术的复杂性。

1. 生物恐怖分子的威胁

合成生物学的大多数技术都需要大量的研究资源(即设备和专有技术)和隐性知识,在制度化的研究实验室之外构建合成病原体是非常困难的,虽然病毒微生物学专家曾怀疑合成一种致命病毒是否像人们可能认为的那样容易。为了合成一种现有的病毒,必须知道其确切的基因序列,并且该序列必须完全正确才能发挥功能。实验室中的一些病毒毒株会通过自发突变而减弱,即使在测序时仍具有传染性或致病性。此外,即使存在正确的病毒序列,从合成的DNA构建病毒,然后表达病毒,使其发挥生物武器的作用,仍然需要重要的专业知识。

但近年来,基因组编辑技术以惊人的速度发展。可以说,CRISPR-Cas9已经彻底改变了该领域,该成就被《科学》杂志评为2015年的突破。CRISPR-Cas9的首次使用曾在几年前有过报道。除了技术变得更容易使用和越来越精确之外,统计数据表明,DNA测序、DNA合成和基因组编辑已经变得更便宜,甚至以对数速率下降。它们的成本可能仍会下降,尽管在不久的将来将会降到较慢的速度。

在现有的技术基础上,设计和构建复杂的致死病原体是可能的。在学术界已有基础研究中已经进行过这样的研究,在实验室中产生了新生脊髓灰质炎病毒。后来,他们重建了1918年的流感病毒(也被称为西班牙流感),这种病毒在1918—1920年造成了大量人群的死亡。西森指出,2002年,一个研究小组花了两年的时间研究构建脊髓灰质炎病毒,但几年之后,仅用了两周的时间就可以构建一个略小的噬菌体。其他一些病原体的基因组远比脊髓灰质炎病毒复杂。不仅如此,基因技术的获取也变得更加简单,有学者指出这样的事实:"测序的基因组可以通过互联网上的公共领域,通过GenBank(美国国家生物技术信息中心),EMBL(欧洲分子生物学实验室)和DDBJ(日本DNA数据库),每天共享和交换序列信息。"

2. 技术风险的不确定性

尽管"9·11"恐怖袭击事件之后发生的炭疽热袭击事件,以及另外两起已确认的针对人类的生物制剂在恐怖袭击中被使用,已经让人感受到利用技术制造恐怖事件的危害性,但仍缺乏基于频率或者概率进行推测的可能,这使得推断概率变得复杂。基于其他技术和监管环境的类比推理可能不够可靠。这种危险可能不同于传统的生物武器,因此,对于生物与工程技术高度合成的合成生物学技术的治理更具挑战性,特别是对生物安全风险的监控具有很大的困难。

(1) 技术本身存在的不确定风险和不可预测的技术后果,合成技术可以使工程遗传材料的设计与实际构造和材料的最终使用在物理上解耦;DNA可以很容易地在第一个位置设计,在第二个位置构建,然后传送到第三个位置。

(2) 合成可能为那些寻求获得特定病原体以造成伤害的人提供一个有效的替代途径。这类病原体包括天然宿主仍然未知或以其他方式难以或危险地从自然界获取的病原体(如埃博拉病毒),更有在自然界中不再存在的病毒(如1918年西班牙病毒)。无论是传统的基因工程还是基因组编辑,其物理解耦都呈现出根本的不同。

(3) 与利用合成生物学技术制造病原体相比,目前似乎更容易误用已经存在的病原体,比如从自然界的疫情中窃取病原体或获取它们。

3. 合成技术的复杂性

合成生物学技术产生生物安全风险的原因还包括商业复杂性带来的3个意外副作用,包括所需的专有技术的传播、技术仪器和生物部件的可获得性的提高,以及新的技术可能性。

1) 专有技术的传播

基因组编辑技术在科学家和产品开发人员以及国际基因工程机器基金会(iGEM)竞赛等教育活动中被越来越普遍和广泛使用,这就导致了所需的专门知识的传播。除此之外,DIYbio(自己动手的生物学)运动以及相关的社区实验室和黑客空间也在迅速发展。拥有这些技能和知识的人越来越多,对社会和个人来说当然是一件好事,但同时,也给不法行为提供可乘之机。

2) 技术仪器和生物部件的可获得性的提高

2006年,《卫报》记者设法在网上订购了天花基因组的片段,商家成功将其送到了他的住所,这使生物安全成为人们关注的焦点。事实上,目前有许多商业公司使用DNA合成技术,完成从寡核苷酸到全基因组的遗传物质构建的订单。短DNA片段也可以用"桌面"寡核苷酸合成器自行设计和构建。事实上,在车库或厨房建立一个基本的家庭实验室是相对容易的。在互联网上可以找到建立家庭实验室的指导教程,标准的实验室设备可以购买到,生物黑客们还开发了一些创造性的变通方法来取代对个人来说过于昂贵的标准实验室设备。这些工具包括一个"自制"的显微镜、离心机、一个37摄氏度的培养箱等。技术、物理和计算工具和生物部件的可用性的提高源于DNA测序和合成价格的下降以及基因组编辑技术的简化,DNA寡核苷酸合成销售公司的出现,描述致命和(可能)大流行病原体基因组的可访问出版物,建立基因部件库(如标准生物部件登记处),以及建立一个家庭实验室和标准实验室设备的指南,这些设备都可以在互联网上购买,并可以采用替代昂贵的实验室设备的变通办法。

3) 新的技术可能性

这里的新技术的可能性包括"复活"消失的病原体,如西班牙流感,并产生对已知药物具有更高毒性和耐药性的新型病原体。也可能会有一些前所未有、意想不到的真正新颖的功能。穆昆达等人称其为"外卡应用",其后果很难,甚至是不可能事先描述或分析的。如果具有致命性质的病毒经新的合成技术进行复活后,泄漏到环境中,那么对人类造成的灾难是不可估量的。

9.2.3 合成生物学的知识伦理问题

所谓知识伦理问题指的就是合成生物学技术两用性造成的两用困境,下面以两种病毒的例子来解释知识的两用性。

过去十年的两项突破性研究,从头合成了人类病原体脊髓灰质炎病毒和1918年西班牙流感病毒,这些研究提出了这样一种前景,即虽然无法获得野生型病毒,但可能获得制造人类病原体用于生物武器的能力。在未来,合成生物学可能会创造出比已知的任何病原体都更致命的新病原体。科学家们已经通过更传统的基因工程技术意外地制造出了一种对鼠痘病毒具有疫苗抗性的毒株,能杀死100%受感染的老鼠。鼠痘病毒不是一种人类病原体,但同样的技术也可能造就影响人类的病毒,如天花,使其产生疫苗耐药性。在通过接种疫苗消灭天花之前,天花是人类的祸害,它的致死率大约为三分之一感染者。如果将鼠痘实验结果应用于天花,就有可能显著提高天花的致死率,并使其疫苗具有耐药性。如果潜伏期(几乎已经是晚期大流行的理想阶段)进一步延长,就有可能制造出能够摧毁人类的生物武器。病毒若在机场、体育场、火车站和公共场所释放,成千上万的人可能在这些地点被感染,病毒可能在任何大流行被发现之前的潜伏期传播到世界各地。

这就是合成生物学可能最终会造成的"两用困境",这也可以理解为科学知识既可以有益的方式使用,也可以有害的方式使用,而有害使用的风险足够高,以致不再清楚是否应该追求或传播这些知识时所产生的困境。在20世纪上半叶,一些核物理学家明确地认为,在决定是否协助核裂变技术的发展时,他们就面临着这样的"两用困境"。各种公认的生物医学研究领域也可能被认为引起了"两用困境"。例如,行为遗传学和智力和性格方面的种族差异的研究,测谎、DNA指纹和生物识别的研究,传统形式的基因工程(与合成生物学一样,引起了人们对生物武器生产的担忧)。然而,不管出于什么原因,"两用困境"并没有引起许多生物伦理学家的兴趣。研究伦理学是生命伦理学的主流分支,"两用困境"正在其研究范围之内,讨论的是科学研究应如何进行,以及该研究是否可能产生新知识(是否具有科学价值)的伦理。

也许,在已确立的科学领域中,可以认为滥用研究的风险不太可能超过其有益的用途,因此,不存在真正出现双重用途困境的严重可能性。然而,在合成生物学中,这一点就不那么明确了。这并不是夸大风险,而是合成危险的病原体是关系人类命运的大事,任何合成设计病原体的尝试都会受到我们有限的理解的限制,即各种因素如何结合在一起使病原体变得危险。在未来,技术的进步和成本的降低似乎有可能使越来越小的群体能够利用合成技术开发生物武器,甚至可能成为单独的"生物黑客"。有人认为,滥用合成生物学知识所造成的威胁最终将比核技术造成的威胁更大。第一,核技术可能仍然庞大且昂贵,但制造生物武器所需的技术可能变得相当简单和廉价。第二,与核技术(通常从一开始就属于机密)相比,生命科学具有很强的开放性传统,这意味着与合成生物学相关的许多背景知识已经进入公共领域。如果单从这方面考虑,无视合成生物学中出现"两用困境"的可能性确实看似是一个合理的行为。但知识的传播速度与技术的发展速度都是惊人的,我们无法控制合成生物学技术的传播,这种传播方式更加剧了技术的风险,因此,从根源上管理技术知识的传播和扩散是需要进行措施引导的。

9.3 合成生物学的工程化挑战

正如前文所述,合成生物学是一个真正的跨学科领域,涉及生物学家、数学家、物理学家和工程师等;其研究重点在于应用;它有巨大的潜力,能利用生物学的力量,为困扰人类的一系列问题和挑战提供科学和工程的解决方案。然而,合成生物学在制造具有定制功能的生物体方面的能力,要求研究人员和社会安全、负责地使用这种能力,特别是在将生物体释放到环境中时。这为设计、管理、使用这类生物的工程师带来了新的挑战。

9.3.1 合成生物学的工程化的挑战

1. DNA构造原理

合成生物学的目标是用标准的可互换部件构建日益复杂的生物系统。部件可以组合创建设备,多个设备可以组成高阶系统,系统可以形成大型网络最终合成染色体和基因组。实现这一目标的一个关键障碍是实现功能电路的大型DNA结构的物理组装或合成。DNA组装的挑战在于创造一种能够高效有序地组装DNA片段的方法。传统的基因工程是利用限制性酶克隆位点将一个序列整合到一个表达载体中。尽管这种方法在插入数量较少时直接而实用,但它也有其局限性:要集成的每个独特的插入需要独特的限制位点,以及限制位点序列必须不在插入序列中。由于克隆一个DNA片段需要一轮PCR扩增、限制消化、凝胶纯化、连接和转化,这就使得传统的技术变得复杂,电路的复杂性增加。在构建代谢途径和复杂的调节回路等大型结构时,这些限制可能会变得令人望而却步,这些结构可能涉及十几个单独的部分和基因。

2. 合成电路组装原理

基本的生物部件是合成高阶电路的组成部分。它们是具有特定功能的实体,如调节转录、调节翻译、结合小分子、结合蛋白质结构域和修饰遗传物质。合成生物学家利用这些部件,设计它们用于自然环境之外。一个经典的例子是使用自然启动子如噬菌体的PL和lac操纵子启动子来控制原核生物中的基因表达。定量控制和调控范围的限制导致工程师修改激活子和阻遏子的结合序列,产生新的启动子,使控制更严格,调控范围更大。

3. 基因组工程原理

DNA合成和组装技术的快速进步使从零开始构建整个基因组成为可能。在几年内,合成能力已经从解析一个个碱基对的支原体基因组发展到将一个个碱基对的支原体基因组移植到一个缺乏基因组的受体细胞。最近,戴蒙德报道了在酵母中Ⅸ染色体右臂和部分Ⅵ染色体的合成,虽然序列相对较短(分别为90000碱基对和30000碱基对),但它们是已合成的最大的真核DNA片段。这些基因组整合到酵母细胞中,生长和基因表达的表型变化很小。合成生物学在其字面意义上可以在实验室中创造人工生命,以及努力发现我们星球上生命的起源。工程师们面临的挑战是为生物制造而设计现有的基因组或破译控制生物系统运行的原理。

9.3.2 工程师面临的技术挑战

合成生物学虽然以工程化理论为设计标准,但它的构造元件是复杂多变的生物元件。与典型的工程设计相反,生物学利用具有不可避免的可变性,以确保健壮性和适应变化的环境。

复杂得惊人的技术系统,如数字计算机、电网和互联网,已经成为我们生活中不可或缺的一部分,以至于我们认为它们是理所当然的。它们的成功在很大程度上归功于工程师不断升级的复杂性和相互冲突的需求的模块化设计策略。工程师们由此也面临着巨大的挑战。

1. 自上而下的设计思路

大型系统通常采用"自顶向下"的方法设计:将问题划分为一组分层的子问题,使用现有的、特征良好的模块来解决这些子问题,更容易设计和实现较小的子系统。当整体设计被成功测试和验证后,任务就完成了,后续只需保证系统按照设计时的规格执行。如果设计不是模块化和分层的,验证很快就会变得棘手。不幸的是,我们并不总是清楚生物系统中的模块是由什么构成的,也不清楚模块是如何相互连接的。定义自然遗传回路中的模块结构的方法之一是通过"网络母序",即复杂网络中经常出现的交互模式,它可能与特定功能相关。这些主题可以在规模上从局部双分子相互作用到完整的路径,如线性级联或相干和非相干前馈回路。虽然已经开发出各种算法来识别大肠杆菌和酿酒酵母中的蛋白质、遗传网络中的这些基序,但网络基序与整个网络的动态功能之间的关系仍然不清楚。如果我们要使用自然模块系统地重新设计可预测和健壮的合成生物体,就需要解决这个概念上的差距。因此,合成系统需要使用更简单的结构,而不是更复杂的生物网络的适应性,来实现特定的功能。

2. 构建稳健的平衡系统

在合成生物学的背景下,健壮性和脆弱性之间的平衡是极其重要的。以探测地雷的合成生物传感器为例。研究人员必须设计和描述各种生化反应,以及有机体与预期目标的相互作用。然而,只有有限数量的可能相互作用能够被真实地模拟出来。工程师必须确保他们的设计能够"稳健"地应对噪音和干扰,或者换句话说,能够在不确定性存在的情况下运行。实现这种稳健性通常需要付出很大的代价,通常是通过使用反馈回路。然而,使一个系统对一组特定的扰动具有紧固性可以使它对其他扰动具有脆弱性,这将导致"紧固但脆弱"的行为。如果设计人员意识到这个约束,他或她就可以确保很少出现整体漏洞。例如,商用客机会设计成能够经受诸如货物载重量、大气或材料等变化。每一种变化都发生在不同但已知的空间和时间尺度上。然而,飞机上几个核心处理器的意外微观损伤,就可能会带来灾难性的后果。

3. 设计可预测的进化工程

合成生物学最具挑战性的方面之一是进化工程。一种设计好的生物成分可能在未来几代不复存在,或者更糟的是,可能变异成不同的东西,这一可能性提出了重要的伦理和实际问题。进化和突变不适合任何现有的建模理论框架,尽管这一方向的工作已经在实验上和理论上着手进行。在前一种情况下,随机的非必要序列被插入到DNA序列中,这些序列是一个简单的前馈循环编码。结果合成结构仍然满足设计标准,尽管非必要序列显示对动态功能有影响。在后面的工作中,研究者开发了一个动态模型来解释在大肠杆菌中看到的适应行为,这个模型符合一般的进化原则。从概念的角度来看,把进化、突变和适应看作一种离散的不确定性可能会有所帮助;从数学的角度来看,这些不确定性会长期动态地影响合成生物。

9.3.3 工程师面临的伦理风险与挑战

1. 工程伦理学

工程伦理学作为伦理学的分支,是对工程技术人员的行为"对"和"错"进行系统思考和研究的学科。工程伦理学的英文可以有两种表述:engineering ethics 和 ethics in engineering,一般不作区分。自20世纪70年代起,工程伦理学在美国等一些发达国家开始兴起。经历了20世纪的最后20年,工程伦理学的教学和研究逐渐走入建制化阶段。工程因其自身特点必然对自然环境和社会(其他利益相关人)产生影响。因此,工程伦理的核心问题是思考工程的过程和最终结果"应该"是什么样子,以及工程师在这个过程中负有什么责任。

2. 工程师面临的伦理问题

工程师在做伦理决策时,往往遇到价值观相互的冲突的困境。比如当工程师在做一项决定时,当利益双方发生冲突时,其面临着两难的境地:该服务于公众,还是服务于雇主?他本应该承担这样的义务:其行为方式将服务于公众利益,将无愧于公众的信任,并将表现出献身专业主义的精神,但是当公司利益与客户或公众的需要发生冲突时,该怎么办? 因此,有时候工作本身就充满矛盾与冲突,有时候在工作、职业与自己个人生活之间也会产生冲突。这种冲突在工程师的日常决策中非常常见。

1) 忠诚与背叛的矛盾

每一个工程师都想做到忠诚,但这本身就是一个很难实现的问题,"忠诚"是企业、雇主对作为雇员的工程师的基本要求。许多工程师也想做一个忠诚的员工,听从雇主的指令,维护雇主和企业的利益。然而,因为每个人扮演的角色不同,利益倾向也不同,无法做到所有的人都有同样的价值诉求。当工程师发现工程项目具有安全隐患,即公众利益与雇主利益发生冲突时,如果工程师为了公众利益而披露问题,从而阻止工程项目的继续,那么工程师就可能受到雇主、公司同事的指责,被冠以"背叛"的罪名。此时,工程师便陷入"忠诚"与"背叛"之间抉择的"囚徒困境"。

2) 自身单位利益与他人利益的冲突

当我们处于一个小的工作圈子里,往往会抱团形成一个小团体,当小团体目标一致时,没有利益冲突方。但如果工程项目可能危害公众或其他不知情人的利益时,工程师是"睁一只眼、闭一只眼",还是履行道德责任,采取适当的措施制止工程项目的继续呢?如果工程师顺应大流,不予揭发,使工程项目"顺利"完工,其可能会得到该得的经济报酬,得到公司上层的提拔,甚至会因工程的顺利完工而得到外界授予的种种荣誉,雇主也会得到想得到的利益,同时公司也因此发展壮大,公司员工得到了薪水来养家糊口,可以说这是一个皆大欢喜的结果。但如果工程师向社会揭发了工程背后的"黑幕",那么,不仅公司会因此而面临倒闭,雇主们被追究法律责任,而且公司员工也会失业,失去经济来源,甚至基本生活无法保障。工程师也会因此失业,甚至遭到各种报复,行业内的其他公司也可能因此而拒绝工程师的求职。

3) 工程师与管理者的利益冲突

工程师和管理者的区分并非总是清晰的。作为工程师,在组织中的主要作用是通过其技能来创造对组织及顾客有价值的产品。应看重安全问题,甚至宁可在事关安全问题上固执地持有保守的立场。而作为管理者,应对组织的利益应具备很强的管理能力。当产品的安全问题与公司利益发生冲突时,工程师对自己的双重角色定位也不是那么清晰。这种双重角色的模糊定位会直接影响工程师处理棘手的伦理难题。

3. 工程师的职业操守规范

在出现伦理道德冲突的情况下,人们该怎么办?人们裁决这些冲突的标准是什么?我们怎么能够辨别什么样的标准可以接受,什么样的行动可以接受,什么样的行动实践可以接受呢?我们该怎样评价信念?我们怎样辨别一个道德信念的对错?如何做才是正确的?在这种情况下,有时候做正确的事是困难的,而知道什么是正确的却并不困难。也许我们甚至根本不会把这样的事情当作什么严肃的道德冲突来提及,因为所涉及的义务有着全然不同的重要性。

1) 应该遵循诚实守信的准则

诚实是工程伦理的通用准则。然而,在日常生活中,诚实的确切要求却常常是模糊和矛盾的。当有人欺骗或有意识地误导我们,尤其是有意识地说他们明知是假的东西时,我们常常极为愤怒。但是在很多不完全要求坦白的场合,我们又能容忍很多假话。虽然有时候欺骗是一种善意的谎言,为了保护无辜的生命,偶尔需要撒谎;为了保护隐私权利,有时需要隐瞒真相。而且在适度和审慎的情况下,欺骗是社会存在物质生活的健康部分。但是,工程中坦诚的标准比日常生活中高得多,欺骗是被绝对禁止的,工程师应该确立一个寻求和坚持真理的崇高理想。这类职业生活常常强调某些道德价值的重要性,这也适用于工程中的诚实。因为事关人类的安全、健康和福祉,人们要求和期望工程师自觉地寻求和坚持真理,避免所有欺骗行为。

2) 应遵守科学活动本身的伦理规范

历史上,费尔巴哈曾经提出了科学家的十大宪章。美国科学社会学家默顿把科学家的共同精神气质和伦理规范归纳为普遍主义、公有主义、无利益性、有条理的怀疑主义和独创性。后来,又有人增加了谦虚、理性精神、感情中立、尊重事实、不弄虚作假、尊重他人的知识产权等。此外,科学家的研究工作本身还应遵守人道主义原则以及动物保护和生态保护原则。只有在保证了这些规范的前提下,科学的自主发展和科学知识的生产应用才能正常运行。

3) 应对科学的社会后果进行伦理评价

如果把科学放到社会的环境中,考虑科学家和工程师在社会中身份的多重性,他们有责任去思考、预测、评估科学知识带来的可能的社会后果。因此,科学家和工程师首先应当承担相应的社会责任。科学家是社会的人,其活动并非孤立的。科学研究作为一种社会活动,既影响社会,也受社会的制约。无论这种影响是有利于社会文明的进步,还是有害于社会文明的进步,科学家和工程师都负有义不容辞的责任,他们应对科学技术成果应用于社会而产生的后果负责,即承担社会责任。另外,由于科学家和工程师掌握了大量的专业知识比其他人更能准确全面地预见这些科学知识应用的背景,因此,他们有责任去预测科学研究的正面影响和负面影响,并对民众进行科学教育。

4) 履行对公众的正确传播义务

合成生物学的工程师需要解释该领域可能对医药和工业产生的巨大影响。公众对安全和负责任的自我监管能力的担忧必须得到解决。如果工程师愿意表明正在考虑和应用诸如合成生物学方面的措施,那么这将会帮助增加公众对合成生物学家的信任。最终,只有研究界和公众之间的对话才能为合成生物学的被接受铺平道路。这只有在从一开始就建立起来研究界和公众之间的交流的情况下才有可能。此外,通过起草一份实践守则和制定生物安全和生物安全的标准也是有价值的。

9.4 合成生物学伦理问题的治理

9.4.1 合成生物学技术的治理原则

1. 占先性原则(亲行原则)

技术创新的自由对人类的文明进步至关重要;有关风险和机会的评估要依据目前的科学,而不能仅仅凭人们的感知;历史上大多数最有用的和最重要的技术创新,在创新之初既不显而易见,又不为人理解。因此,对于合成生物学应用研究这一新兴的技术创新领域,可取的原则应该是先行动起来再说,即所谓的"先发展,后治理"。

占先性原则认为:

(1) 若合成生命技术得不到迅速发展,民族产业和国民经济将丧失重大机遇。

(2) 伦理争论没有标准答案,纠缠于争论将丧失宝贵的研发机会。

(3) 伦理讨论过于超前,因为合成生命技术只是处于起步阶段。

但是也有很多人给出否定理由:

(1) 合成生命一旦有意或无意进入环境中,就可能会对人的生命健康、生态环境和公共卫生产生极为重大的影响。审慎对待合成生命绝不为过。

(2) 伦理规范追求的是风险最小化、受益最大化,尊重受试者和患者,公平分配收益和负担,保护环境。遵循伦理规范,将减少科学研究和应用中发生的不良事件,规避风险。

(3) 合成生命技术是多元利益相关的,存在超前性和争论是必然的。不同于易于量化的技术标准,合成生物学研究与应用中的风险与收益是多元且难以精确评估的,更需要多方面的审慎评估与权衡,因此,又出现了预防性原则(预警原则)。

2. 预防性原则(预警原则)

如果一个行动或政策有对公众或对环境引起伤害的可疑风险,即使对该行动或政策是否有害未取得科学上的共识,社会也必须采取必要的保障措施来预防这些伤害或风险的发生,并且证明其无害的举证责任应该落在采取该行动或政策的人身上。如果行为或政策可能对公众和环境造成严重的或不可逆转的伤害,并且根据科学共识无法确定这种伤害不会发生,那么举证责任(证明行为或政策无害或可控的责任)就由主张推行者来承担。

(1) 行为或政策主张者有义务主动预测其行为或政策的潜在伤害。

(2) 行为或政策主张者有义务主动采取措施避免或减小伤害。即使科学上难以判断伤害发生的可能性及其程度。

否定理由：

(1) 举证责任很难实现，只会成为科学家的负担。根据预防性原则，科学家应负有举证合成生命技术无害或伤害可控的责任，但合成生物学尚处于初期，其风险具有很大的不确定性。

(2) 根据风险收益原则，即使存在风险，风险不可避免并且没有有效规避措施，也不能轻易禁止。这取决于收益相较于风险的大小，以及伤害可否接受。预防性原则只降低风险，没有合理估计收益与风险。

(3) 预防性原则忽略了科学进步。合成生命造成的问题，随着合成生物学的发展则有可能得到解决。

从公众的长远利益看，占先性的观点是错误而有害的，过强的预防性原则也不利于合成生物学初期的发展。建立适当的合成生物学研究的伦理政策框架，健全由政府和科研机构监督管理、科学家自律、公众参与的管理机制，坚持弱的预防性原则，随着合成生物学发展，进行长期实时公共卫生、生态环境的风险监测与评估、限制与控制，是促进合成生物学进步和规避风险的较好方法。

9.4.2　各国对合成生物学技术治理的法规政策

(1) 英国皇家工程院于2009年发表《合成生物学》蓝皮书和《合成生物学：范围、应用和意义》文件，不但系统阐明了合成生物学研究范围、应用前景及其社会影响，而且提出英国要在不久的将来保持和提高其在该领域的国际领先地位。《合成生物学：范围、应用和意义》还对合成生物学未来5年、10年、25年的应用及其对技术、经济和社会的影响进行了展望，明确了若干关键的政策问题，还从战略制定和培训以及基础设施、社会和道德的研究等方面提出了相关建议。

(2) 欧洲分子生物学组织于2009年发表《发展合成生物学——欧洲合成生物学发展战略》，指出要加强欧洲在合成生物学方面的竞争力，必须整合欧盟目前的各种研发计划，制定全面发展战略，路线图涵盖监管、资助、知识转移等领域。这些领域将对欧洲发展合成生物学发挥重要作用。

(3) 法国高等教育与研究部于2011年发表《合成生物学发展、潜力与挑战》，综述了法国合成生物学的发展现状，并提出科学界与社会间加强沟通、培育多学科研究中心、鼓励各研究机构间以及与产业间的合作、控制风险等促进法国合成生物学发展的建议。

(4) 美国卫生研究院于2016年发表《涉及重组DNA研究的生物安全指南》，基本明确了合成生物学研究在实验室内的安全性，要求涉及生物安全的研究，都要经过生物安全委员会或生物安全官员的危险评估、制定出相应的生物安全防护措施后，才可以开题。

(5) 我国自1998年开始实施与生命研究相关的管理办法,科技部发布《人类遗传资源管理暂行办法》,有效保护和合理利用我国的人类遗传资源,加强人类基因的研究与开发,促进平等互利的国际合作和交流。2011年《"十二五"生物技术发展规划》提出了合成生物学技术,指出需要发展高通量、低成本DNA合成技术和基因片段高效组装技术,蛋白质结构功能的分析、定向设计与合成技术等。同时提出要加强在新功能人造生命器件及集成、重大生物基产品的合成新理论、新途径、新方法等方面的前瞻性研究。2019年又发布了《生物技术研究开发安全管理条例(征求意见稿)》,规范了生物技术研究开发安全管理,促进和保障我国生物技术研究开发活动的健康有序开展,维护国家生物安全。

9.4.3 合成生物学技术的创新治理

1. 知识伦理问题的治理措施

两个因素将知识伦理的治理推向风口浪尖:第一,对合成生物学知识滥用的担忧已经在推动并将持续推动新的降低风险战略的出台,这些战略可能对科学进步产生重大影响。第二,伦理学家在选择合适的策略方面具有主动地位。众所周知,在鼠痘和脊髓灰质炎病毒研究之后,很多专家提出并实施了一些减少合成生物学造成的风险的战略。这些措施中有许多是"下游"措施,试图使科学知识的创造和传播保持不变,一些科学期刊实施了内部筛选程序,以确保它们不发表存在不可接受的误用风险的材料,一些资助机构已经开始要求申请者申报他们的工作将被误用的风险。各国政府甚至直接参与影响知识的创造和传播。例如,政府对学生和研究人员实施了一系列人员审查程序,以防止危险知识落入不法分子之手。

因此,我们如果把重点放在下游解决方案上,就可能相对有效地减少风险。在大多数科学知识可能被误用的情况下,一旦知识被创造和传播,就要有减少误用风险的应对策略。政策制定者、科学研究者和社会科学家最近关于合成生物学的一系列工作主要集中在这类策略上。

2. 生物安全伦理问题的治理措施

对生物安全治理的探索是一个循序渐进的过程,自生物潜伏的风险被披露后,有规定表明应该禁止合成生物学的研究和商业应用,因为这种风险是一种新的类型,具有许多不可知的因素。例如,侵蚀、技术和集中行动小组,地球之友及其他109个组织已经呼吁全球暂停合成生物的环境释放和商业使用。然而,绝对禁令往往未必能达到预期的效果。欧盟在基因技术的案例中采用了上文提到的预防原则,作为欧盟理事会暂停转基因作物商业批准的正当理由。根据预防原则,确保采取一切适当措施,以避免故意释放或投放市场的转基因生物可能对人类健康和环境产生的不利影响,预防原则也被纳入1992年以来的《欧洲联盟条约》，作为其所有环境政策的基础之一(《欧洲共同体条约》第130条)，《生物多样性公约》的《卡塔赫纳生物安全议定书》的关键目标中提到了预防原则。

除了多次明确提及预警原则外，该指令还建立了一个预警监管框架。特别是转基因生物风险治理的预防性本质体现在该环境风险评估中，不仅考虑了直接和即时效应，还考虑了间接和延迟效应，将这种预测的责任转移到潜在的风险施加者身上，要求风险施加者承诺将环境和人类健康问题摆在优先于经济利益的位置上。

3. 应对技术不确定风险的措施

目前，合成生物学技术面临的巨大挑战就是如何将技术本身的风险降低到最低，尽最大的努力将风险控制在可预测的范围内，虽然设计出理想的合成生物学技术方案任重道远，但合成生物学家们一直在努力探索中。以下是几条可能的研究路径，可以为规避风险的探索道路指引方向。

（1）借助人工智能进行活动筛查，用算法识别出生物威胁的产生模式，如DNA片段或序列转换、材料转移或设备使用等，这可能有助于在设计周期的早期就标记出可疑活动。

（2）采用限制设计能力的系统，可以将工程化改造DNA构建体的规则直接编码到软件中，从而使得研究人员难以或不可能构建某些特定的遗传设计。例如，通过禁止或要求添加(去除)特定的DNA片段，要求进行特定的检测，防止材料转移到特定的个人或实体，以及排除或要求使用特定的宿主生物体。

（3）维护已知专业知识和材料的注册表，可以创建数据库基础设施和支持工具，以追踪与产生生物威胁能力相关的专业知识和材料的已知来源，如关于实验室、人员和材料来源的信息。除了识别相关参与者之外，还可以分析他们的设计，以为个人或团体的工程化设计创建已知的"数字签名"。

（4）维护已知生物威胁的注册表，尽管从合成生物学能力的角度来看，基于清单的系统存在固有的局限性，但是如果将这些系统连接到设计软件和自动化铸造厂，仍有机会增强这些系统的实用性。此外，筛查程序有机会从关注生物体转向关注DNA功能。有人认为，注重已知的致病能力(而不是管制生物剂的整个基因组)，将有助于管理一个更有意义的注册表——一个直接从导致伤害的DNA组件中获取的注册表。例如，用于合成生物学的软件可能需要定期对生物剂注册表执行"检查"，或在识别出新的生物威胁时将其自动添加到这些注册表中。这种尝试要取得成功，就必须具备可扩展性、可搜索性和抗黑客攻击能力。恶意用户可能会被限制，只能使用其他不依赖于设计软件的方法。

（5）追踪基因设计中的数字"签名"，可能可以在自动化流水线的关键阶段部署信息技术，以确定合成遗传物质的来源和创造者，确保其来源可靠。如果发生诱变等实验性方法，这些信息可能有助于确定责任行为者。

9.4.4 相关伦理政策建议

结合我国伦理监督和管理的实际情况来看,我国目前仍缺乏转基因方面的伦理规范,在干细胞研究方面,我国也缺乏对研究单位和研究人员的伦理资质要求。健全发展我国当前伦理政策可以从以下方面展开:

(1) 由科学家、人文学家、环境专家、科研管理者及公民代表共同制定合成生物学研究和应用的伦理准则,作为从事合成生物学研究、开发、应用的科研人员、单位和管理机构的行动规范。加强合成生物学的安全立法工作,使各项活动有法可依。除了颁布相关的法律法规,还应该制定专门的指导性文件,如合成生物学安全评估指南。同时,可以借鉴现有的生物安全评价指南等文件,吸收国外的先进经验,针对合成生物学不同的研究领域制定相应的许可程序以及技术要求,规范相关从业人员的研究活动,从法律上遏制合成生物学带来的安全风险。同时也要加强国际交流合作,参与国际上在合成生命生物安全、伦理规范等方面的讨论,制定适合我国情况的规范。

(2) 设立专业的合成生物学安全伦理委员会,对合成生物学的研究进行引导、监督和审核。委员会成员不仅要有合成生物学本身所交叉的各个学科专家,还要引入一部分科技伦理专家,对合成生物学的研究进行引导、监督和审核。

(3) 政府和科学家应引导公众积极参与,对公众进行合成生物学的教育。同时,科学家应加强与公众交流,尊重公众的知情权。

(4) 随着合成生物学发展进行长期、实时的风险监测与评估,加强公共卫生、生态环境等风险的限制与控制,并探索风险的防范措施。政府应该关注包括合成生物学在内的高新技术的最新研究成果,及时进行风险、收益评估。同时,政府相关部门还应该定期召开专家研讨会,评估合成生物学创造合成生物的潜力,了解其带来的双重用途,进而评估现有的生物安全监督系统是否足以应对。

(5) 大众媒体应客观、全面、公正地对合成生物学研究进行报道。应建立合成生物学网站,向公众普及合成生物学知识,如合成生物学的研究现状、安全问题以及应对措施等,消除公众的误解和恐惧。

(6) 对从事合成生物学研究的在校学生以及业余爱好者进行安全责任教育,加强合成生物学家的伦理教育。研究人员在逐渐增多,只依靠伦理监督管理是不够的,必须加强研究者的自律,才能更有效地降低合成生物学的潜在风险。

(7) 建立社区实验室,为公众提供便利的科研条件,并对他们的行为进行监督。相关部门还可以创建生物安全App,为公众和生物安全专家提供交流平台,增强公众的生物安全意识。

参考文献

[1] Ajikumar P K,Xiao W H,Tyo K E,et al.Isoprenoid pathway optimization for Taxol precursor overproduction in Escherichia coli[J].Science,2010(330):70-74.

[2] Alper H,Fischer C,Nevoigt E,et al.Tuning genetic control through promoter engineering[J].Proceedings of the National Academy of Sciences of USA,2005,102 (36):12678-12683.

[3] Basu S,Gerchman Y,Collins C H,et al.A synthetic multicellular system for programmed pattern formation[J].Nature,2005(434):1130-1134.

[4] Benner S A,Sismour A M.Synthetic biology[J].Nature Reviews Genetics,2005,6(7):533-543.

[5] Biller-Andorno N,Ter Meulen R,Newson A.Synthetic biology for human health:Issues for ethical discussion and policy-making[J].Bioethic,2013:27.

[6] Boldt J.Do we have a moral obligation to synthesize organisms to increase biodiversity?[J].Bioethics 2013(27):411-8.

[7] Bruenig G,Lyons J M.The case of the Flavr Savr tomato[J].California Agriculture 2000, 54(4):6-7.

[8] Cameron D E,Bashor C J,Collins J J.A brief history of synthetic biology[J].Nature Reviews Microbiology,2014(12):381-389.

[9] Cameron D E,Bashor C J,Collins J J.A brief history of synthetic biology[J].Nature Reviews Microbiology,2014(12):381-390.

[10] Cello J,Paul A V,Wimmer E.Chemical synthesis of poliovirus cDNA:Generation of infectious virus in the absence of natural template[J].Science,2002(297):1016-1018.

[11] Chen Y J,Liu P,Nielsen A A K,et al.Characterization of 582 natural and synthetic terminators and quantification of their design constraints[J].Nature Methods,2013,10(7):659-664.

[12] Cho M K,Magnus D,Caplan A L,et al.Ethical considerations in synthesizing a minimal genome[J].Science,1999(286):2087-2090.

[13] De Roy K,Marzorati M,Van den Abbeele P,et al.Synthetic microbial ecosystems:An exciting tool to understand and apply microbial communities[J].Environ Microbiol,2014,16 (6):1472-1481.

[14] Douglas T,Savulescu J.Synthetic biology and the ethics of knowledge[J].Journal of Medical Ethics,2010(36):687-693.

[15] Elowitz M B,Leibler S.A synthetic oscillatory network of transcriptional regulators[J].Nature,2000, 403(6767):335-338.

[16] Friedland A E,Lu T K,Wang X,et al.Synthetic gene networks that count[J].Science,2009(324): 1199-1202.

[17] Gardner T S,Cantor C R,Collins J J.Construction of a genetic toggle switch in Escherichia coli[J].Nature,2000,403(6767):339-342.

[18] Häyry M.How to apply ethical principles to the biotechnological production of food: The case of bovine growth hormone[J].Journal of Agricultural and Environmental Ethics,2000(12):177-84.

[19] Heavey P.Synthetic biology ethics:A deontological assessment[J].Bioethics,2013(27):442-452.

[20] Jefferson C,Lentzos F,Marris C.Synthetic biology and biosecurity:Challenging "themyths"[J].Frontiers in Public Health,2014,2(115):1−15.

[21] Jonas H.The imperative of responsibility:In search of an ethics for the technological age[M].Chicago: University of Chicago Press,1984.

[22] Levskaya A,Chevalier A A,Tabor J J,et al.Synthetic biology:Engineering Escherichia coli to see light [J].Nature,2005(438):441-442.

[23] Liu X H,Kang F Y,Hu C,et al.A genetically encoded photosensitizer protein facilitates the rational design of a miniature photocatalytic CO_2-reducing enzyme[J].Nature Chemistry,2018(10):1201-1206.

[24] Mariette R A,Michael A S,Jesse T M.Development of genetic circuitry exhibiting toggle switch or oscillatory behavior in Escherichia coli[J].Cell,2003(113):597-607.

[25] Miksch G,Bettenworth F,Friehs K,et al.Libraries of synthetic stationary-phase and stress promoters as a tool for fine-tuning of expression of recombinant proteins in Escherichia coli[J].Journal of Biotechnology,2005,120(1):25-37.

[26] National Research Council.Convergence:Facilitating transdisciplinary integration of life science,physical science,engineering,and beyond[M].Washington DC:The National Academies Press,2014.

[27] Nevoigt E,Kohnke J,Fischer C R,et al.Engineering of promoter replacement cassettes for fine-tuning of gene expression in Saccharomyces cerevisiae[J].Applied and Environmental Microbiology,2006,72 (8):5266-5273.

[28] Orelle C,Carlson E D,Szal T,et al.Protein synthesis by ribosomes with tethered subunits[J].Nature, 2015(524):119-124.

[29] Privett H K,Kiss G,Lee T M,et al.Iterative approach to computational enzyme design[J].Proceedings of the National Academy of Sciences of USA,2012(109):3790-3795.

[30] Purnick P E M,Weiss R.The second wave of synthetic biology:From modules to systems[J].Nature Reviews Molecular Cell Biology,2009,10(6):410-422.

[31] Singh V.Recent advancements in synthetic biology:Current status and challenges[J].Gene,2014,535 (1):1-11.

[32] Sun M.Martin Cline loses appeal on NIH grant[J].Science,1982(218):37.

[33] Taylor A I,Pinheiro V B,Smola M J,et al.Catalysts from synthetic genetic polymers[J].Nature,2015, 518(7539):427−430.

[34] Tigges M,Marquez-Lago T T,Stelling J,et al.A tunable synthetic mammalian oscillator[J].Nature, 2009(457):309-312.

[35] Wagner R,Budowle B,Scripp R M,et al.DNA synthesis and biological security[J].Nature Biotechnology,2007(25):627-629.

[36] Wang B J,Kitney R I,Joly N,et al.Engineering modular and orthogonal genetic logic gates for robust digital-like synthetic biology[J].Nature Communications,2011(2):508.

[37] Wang P,Wei Y,Fan Y,et al.Production of bioactive ginsenosides Rh2 and Rg3 by metabolically engineered yeasts[J].Metabolic Engineering,2015(29):97-105.

[38] Way J C,Collins J J,Keasling J D,et al.Integrating biological redesign:Where synthetic biology came from and where it needs to go[J].Cell,2014,157(1):151-161.

[39] Wei W,Wang P,Wei Y,et al.Characterization of panax ginseng UDP-Glycosyltransferases catalyzing protopanaxatriol and biosyntheses of bioactive ginsenosides F1 and Rh1 in metabolically engineered yeasts[J].Molecular Plant,2015(8):1412-1424.

[40] Yan X,Fan Y,Wei W,et al.Production of bioactive ginsenoside compound K in metabolically engineered yeast[J].Cell Research,2014(24):770-773.

[41] Yao Y F,Wang C S,Qiao J,et al.Metabolic engineering of Escherichia coli for production of salvianic acid A via an artificial biosynthetic pathway[J].Metabolic Engineering,2013,19(5):79-87.

[42] 马诗雯,王国豫.合成生物学的"负责任创新"[J].中国科学院院刊,2020,35(6):751-762.

[43] 马诗雯,王国豫.如何应对合成生物学的不确定性:《合成生物学的监管:生物砖,生物朋克与生物企业》评介[J].科学与社会,2019,9(3):124－136.

第10章
基因工程伦理

10.1 基因技术概况

10.1.1 基因技术简史

近半个世纪以来,科技界在基因技术发展与应用方面所取得的重大突破促成了一项社会共识:人类正处于一场重大技术革命的开端。这场革命将引领人类走进一个"生物时代",其实质是,在技术工具理性的驱动下,人类获得了根据意愿打破物种间固有边界、进而重塑生物的能力。其中,最为突出的表现就是20世纪以来人们试图以基因技术重新理解自然世界并重构人类日常生活。例如,作为基因技术的典型代表,转基因技术自1973年斯坦利·科恩与赫伯特·博耶在戈登会议上公开提出以来,已被应用于科学实验以及工业领域,并逐步介入农作物培养与食用动物养殖之中,在保障世界粮食安全和营养方面做出了突出贡献,业已成为应对世界范围内存在的高人口增长率、政治动荡、自然资源短缺、城市化甚至是新型冠状病毒疫情等挑战的重要对策。

回顾基因技术的发展历程可知,基因技术是包括遗传学、分子生物学、统计学、计算机科学、信息科学等在内的诸多学科相互融合的产物。一方面,自1865年孟德尔通过数理统计逻辑推理提出生物的性状是由遗传因子控制的观点以来,遗传学和分子生物学在米歇尔、弗莱明、德尔布吕克、桑格等学者的推动下得以持续发展,基因技术正是在遗传学和分子生物学初步建立的基础上发展而来的。另一方面,我们也看到,在基因技术的发展历程中,费希尔、皮尔逊等统计学、计算机科学的研究者,也做出了重要贡献。

10.1.2 基因技术理论基础的发展历程

在近一个多世纪里,基因技术发展所依赖的理论基础,其进步历程可粗略分为4个阶段:19世纪中后期,进化论、自然选择学说的建立,以及颗粒遗传和生物核素等遗传学理论和成果发现,为奠基性第一阶段;20世纪初期孟德尔学说的巩固以及染色体遗传学说的建立则为创立性第二阶段;至20世纪中期,随着分子生物学的建立以及自然进化论的证实,基因技术理论发展进入扩张式第三阶段;20世纪中后期以来分子遗传学、基因组学的建立与发展,则见证了飞跃式第四阶段。为系统了解基因技术的理论发展,本章对各阶段的理论进步以及相关代表人物进行了梳理,得到基因技术的理论基础进步情况(如表10.1所示)。

表10.1 基因技术的理论基础进步情况

历史阶段	理论进步	代 表 人 物
19世纪中后期	遗传定律、进化论、自然选择学说、颗粒遗传和生物核素	格雷戈尔·孟德尔(Gregor Mendel,1822—1884)、查尔斯·达尔文(Charles Darwin,1809—1882)、阿尔弗雷德·华莱士(Alfred Wallace,1823—1913)等
20世纪初期	孟德尔学说的巩固以及染色体遗传学说的建立	雨果·德弗里斯(Huge de Vries)、卡尔·科伦斯(Carl Correns)、埃立克·冯·谢马克(Erich von Tschermak)、沃尔特·萨顿(Walter Sutton)、威廉·贝特森(William Bateson)、托马斯·亨特·摩尔根(Thomas Hunt Morgan)等
20世纪中期	分子生物学的建立和自然进化论的证实	奥斯瓦尔德·艾弗里(Oswald Avery)、科林·麦克劳德(Colin MacLeod)、麦克林·麦卡蒂(Maclyn McCarty)、詹姆斯·杜威·沃森(James Dewey Watson)、弗兰西斯·克里克(Francis Crick)等
20世纪中后期以来	分子遗传学、基因组学的建立与发展	托马斯·罗德里克(Thomas Roderick)、巴特·巴雷尔(Bart Barrell)、雅克·莫诺(Jacques Monod)、弗朗索瓦·雅各布(François Jacob)等

10.1.3 基因技术的实践突破

20世纪中后期以来,分子遗传学、信息科学、基因组学在各自学科领域取得了长足进步。以此为基础,基因技术的社会运用逐渐取得主导地位,成为当前科学界最为重要的实践突破之一。2020年,沙尔庞捷和道德纳正是凭借他们于2012年合作开发的基因组编辑方法"CRISPR/Cas9基因剪刀"获得了诺贝尔化学奖。且经粗略统计,自1933年开始,有33项诺贝尔奖获奖者的贡献与基因遗传技术相关,包括1946年的诺贝尔生理学或医学奖、1980年的诺贝尔化学奖、1993年的诺贝尔化学奖等。CIB技术、DNA测序技术——链终止法、PCR技术等成为第二次世界大战结束以后代表性的人类技术成果。为了明晰对现代历史进程中基因技术演进的认识,我们对1945年以来的主要基因技术发展予以梳理,试图阐明基因技术在具体实践中的实际突破状况(如表10.2所示)。

表10.2 主要基因技术实践突破

年份	研究者	发现/发明
1946	赫尔曼·约瑟夫·穆勒(Hermann Joseph Muller)	突变检测和致死品系建立——CIB技术
1955	牛顿·莫顿(Newton Morton)	基因座距离的LOD值测量方法
1972	赫伯特·博耶(Herbert Boyer),保罗·贝格(Paul Berg)	DNA重组技术
1977	费雷德里克·桑格(Frederick Sanger)艾伦·马克西姆(Allan Maxam),怀特·吉尔伯特(Walter Gilbert)	DNA测序技术——链终止法 DNA测序技术——化学降解法
1978	弗雷德里克·桑格(Frederick Sanger)及其同事	测序技术改进——超薄凝胶开发
1980	大卫·博特斯坦(David Botstein)等 弗雷德里克·桑格(Frederick Sanger)	DNA分子标记技术——RFLPs技术 DNA测序技术——鸟枪法
1981	斯蒂芬·安德森(Stephen Anderson)玛丽·哈珀(Mary Harper)等	DNA测序技术——鸟枪法、剑桥参考序列 原位杂交技术(in situ hybridization)
1983	凯利·穆利斯(Kary Mullis)斯考特·普特尼(Scott Putney)等	PCR技术(聚合酶链反应) EST(expressed sequence tag)方法
1984	亚历克·杰弗里斯(Alec Jefireys)查尔斯·坎托(Charles Cantor),大卫·施瓦兹(David Schwartz)	DNA指纹图谱技术 脉冲场凝胶电泳(PFGE)
1986	勒罗伊·胡德(Leroy Hood)	自动化DNA测序仪

续表

年份	研 究 者	发 现/发 明
1987	梅纳德·奥尔森(Maynard Olson) 杜邦公司科学家	酵母人工染色体(YACs) 基于荧光分析法的DNA测序系统
1989	斯坦利·菲尔兹(Stanley Fields)	酵母双杂交系统
1990	斯密斯(Smith)等 大卫·利普曼(David Lipman)等	毛细管电泳法 基于局部比对算法的搜索工具(BLAST)
1991	爱德华·尤伯巴赫(Edward Uberbacher), 理查德·穆拉尔(Richard Mural)	GRAIL基因发现程序
1992	梅尔·西蒙(Mel Simon)	用于克隆的细菌人工染色体
1998	菲尔·格林(Phil Green)等	用于自动解释测序仪数据的phred程序 基因组finish的标准工具——Consed软件
2012	艾曼纽·沙尔庞捷(Emmanuelle Charpentier),詹妮弗·道德纳(Jennifer Doudna)	基因组编辑方法——CRISPR/Cas9基因剪刀

▶ 10.2 基因工程

1. 基因工程的定义

基因工程(genetic engineering)最初是指通过遗传和繁殖过程对生物体进行改造或操纵的各种技术,因此,早期的基因工程是包括人工授精、体外受精在内的技术系统。至20世纪后半叶,"基因工程"一词具体指向基因拼接技术或重组DNA技术,即以分子遗传学为理论基础,按照人类自身的需要,人为地、有目的地、有计划地通过基因复制、转录及翻译表达等方式改变生物原有遗传特性、获得新生物种或类型。典型的基因工程范例,如20世纪90年代以来科学家致力于对植酸酶的植物基因工程进行研究,有效提升了植酸酶基因的表达和生产。此外,接受重组DNA的生物体被统称为转基因生物,通常是通过引入的外源DNA转入生物体内使其得以表达。基因工程打破了不同物种之间的界限,定向地创造出生物新品种或新物种,自20世纪70年代起广泛应用于农业、医药、环保等诸多领域,如棉花基因工程的发展、基因工程抗体的发展等。在美国,转基因大豆、抗蛀虫玉米等大都是基因工程的产物。

然而，基因工程并不能简单等同于转基因技术。随着反向遗传学的发展，基因工程还包括利用同源重构的方法改变生物体内某一内源基因的遗传学技术。"基因打靶"（gene targeting）即属此类，基于基因测序明确特定DNA的功能后，通过在基因中引入突变，或通过从生物体基因组中删除部分或全部基因序列，从而实现消除特定基因的表达。基因治疗是这一方面最具代表性的实践，包括在基因组中引入一个好的基因，以帮助治疗由突变基因引起的疾病，或直接纠正基因组原始位点的突变，目前在重症联合免疫缺陷（SCID）的治疗中已尝试性采取这种基因疗法。

2. 基因工程的发展历程

基因工程的诞生可以追溯至1973年科学家对于大肠杆菌的DNA重组，葡萄球菌的质粒被转移到大肠杆菌后仍然具有复制能力。此后，在1978年，科学家又实现了人脑基因和人胰岛素基因在大肠杆菌中的表达；至1983年，作为基因工程的代表之一，烟草的遗传改造顺利完成。随着反向遗传学的发展，基因工程中的一个重要前提便是获得生物体基因组全部序列，从而实现对生物体基因突变/缺失的加工修饰或插入。因此，由生物体全部基因序列构成的基因组（genome）研究成为基因工程的基础研究之一。

迄今为止，科学界在大约200种动植物、微生物中开展了基因组研究。其中，人类基因组计划（Human Genome Project, HGP）最具代表性：该计划于1985年由美国科学家提出，并于1990年经美国国会批准启动，计划15年内实现对人类全部基因的分析。随后，美国、英国、法国、德国、日本、中国等多个国家陆续启动人类基因组研究计划，各国科学家彼此分工合作，以期实现对人体内约2.5万个基因约30亿个碱基对密码的破译，同时绘制出面向全人类的人类基因图谱。2000年6月，人类基因组全部DNA序列的工作框架图完成。此外，基因组研究进展还包括水稻基因组研究、小麦基因组研究等。

基因组研究进展是基因工程的进展在学科基础上的体现，而基因工程的发展还表现为相关技术及装置的发明与进步，包括DNA芯片技术、DNA生物传感器、纳米生物技术、生物信息技术等。以DNA芯片技术为例，1994年美国昂飞（Affymetrix）公司开发出DNA芯片技术，采用寡核苷酸原位合成或显微打印手段将DNA探针片段有序地固化于支持物表面上产生二维DNA探针阵列，用以解释基因转录表达层次上的信息。

10.2.1 基因工程的实际应用

1. 基因工程农业

作为基因工程最广泛的应用领域，农业基因工程在过去几十年间取得了实质性发展。转基因技术使得农作物产量和品质、作物抗虫害的能力等都得到了提高与增强。例如，1986年，美国科学家将TMV外壳蛋白基因转入烟草和番茄，使转基因植物获得了对烟草花叶病毒(tobacco mosaic virus,TMV)的抗性。2020年我国科学家在将Bt(Bacillcus thuringiensis)抗虫基因转入玉米后,也使得玉米获得对鳞翅目害虫的抗性。除了转基因技术,科学家也将基因编辑技术应用到农业生产之中。例如,2012年美国政府批准了基因组定向修饰的磷高效玉米。科学家还采用CRISPR/Cas9技术靶向修饰直链淀粉合成酶基因OsWaxy,突变水稻直链淀粉含量由14.6%下降至2.6%,改善了稻米的糯性品质。

在技术层面之外,基因工程在农业领域的广泛应用更为直观地表现为基因工程产品在全球的商业化发展状况。由国际农业生物应用服务组织1996年以来公布的《全球生物技术/转基因商业化发展态势年度报告》可知,1996年至2017年的22年间,全球范围内已有24个国家或地区在本土进行了转基因作物种植,67个国家或地区批准应用转基因作物,涌现出拜耳、先正达、科迪华农业科技、华大基因、隆平高科等众多以农业基因工程为主要产品的企业厂商(如表10.3所示)。

表10.3 基因工程技术在农业领域应用创新公司一览(部分)

国内/外	公 司 名 称	业 务 方 向	备 注
国内	华大基因	人类健康服务、环境应用、生物育种	
	隆平高科	种子及种苗的研发、繁育、推广及服务	
	大北农集团	饲料、养猪、水产、疫苗、作物、农业互联网	
	康普森	动植物分子育种	
	瀚辰光翼	农业分子育种	
	古奥基因	基因育种	
	博瑞迪	动植物分子育种	
国外	Bayer(拜耳,德国)	医疗、健康和作物	先正达公司于2017年被中国化工收购
	Syngenta(先正达,瑞士)	作物保护和种植	
	Benson Hill(美国)	改良作物基因	
	Inari(美国)	农业分子育种	
	Tropic Biosciences(英国)	农产品品种开发	

2. 基因工程医药

自1976年世界第一家应用DNA重组技术研制新药的公司——美国基因泰克(Genentech)公司成立,至1982年第一个基因重组药物(人工胰岛素)投入市场,基因制药走上了产业化道路,成为基因工程的另一个重要应用领域。各主要国家均对基因制药产业化予以高度重视,美国、日本、德国均制定了支持本国基因制药产业化的发展策略,批准开发出一系列基因重组药物。以美国为例,仅2001年上半年,FDA就已批准了27种生物技术药物,用以治疗糖尿病、心脏病、遗传性疾病等。我国的基因制药始于1989年基因重组药物α-1b型干扰素的产业化应用。截至2003年,我国批准上市的基因工程药物和疫苗已包括重组人干扰素α-1b、重组人红细胞生成素、重组链激素、重组人胰岛素、重组人生长激素、重组乙肝疫苗、痢疾菌苗等。基于国家药品监督管理局公布的数据库,以"基因"为检索词对国产药品进行检索后可知,迄今已有57款基因药品得以应用,相较于21世纪初期又有了长足进步与发展,并涌现出三元基因、九源基因、科泰生物等一批基因制药企业。

3. 基因工程在环保方面的应用

随着基因工程技术的发展,基因工程应用的另一个代表领域是环境保护和生态保护领域。相较于传统方法,基因工程技术为环境和生态保护提供了新的、更有效的手段,并在污染物监测、污水处理、重金属污染防治等方面得到广泛应用。以污水处理和土壤污染处理为例,基因工程的应用如下:

1) 基因工程在污水处理中的应用

在污水处理中,基因工程的应用主要体现在两个方面:水环境的检测和污水的处理。第一,相较于常规水质检测方法而言,基因工程技术能够更加灵敏地检测水环境中的病毒、细菌、微生物的状况。例如,运用聚合酶链式反应(PCR)技术,能够准确监测海洋环境中的微生物变化;而核酸探针则可以用于检测基因测序,监测饮用水中的病毒含量。第二,基因工程比传统污水处理的应用对象更为广泛,重金属污染、有机物污染、核废水污染、工业废水污染等问题均能够得到更充分的处理。例如,1975年美国科学家通过基因工程改造而得的"超级菌",能够快速消除原油污染。2005年我国科学家通过基因工程成功研发了转基因蓝藻,在实际应用中有望吸附并排除水域中镉、汞、铅、镍等重金属污染。

2) 基因工程在土壤污染中的应用

人类生产生活形成的污染物进入土壤后累积造成土壤污染,再经生态系统循环最终威胁到人类自身健康。为治理土壤污染问题,科学家进一步运用基因工程技术研发、培养了具有特殊生理功能的动植物、微生物,并在土壤污染的治理中取得了良好的效果。例如,美国加利福尼亚大学培育出以氯化联苯(PCBs)为食物的工程菌,该菌应用到土壤环境治理中能够有效遏制土壤PCBs物质污染。北京大学生命科学院蛋白质工程国家重点实验室也成功研究出转基因烟草,种植该烟草能够改善受重金属污染的土壤。

10.3 基因技术的伦理困境

基因技术的发展与应用使其自身巨大的自然改造能力和潜在社会价值得以凸显,预示着人类正处于一场重大技术革命之中:人类开始掌握了根据自身意愿有目的地改造自然,甚至是改造人类自身的能力。这一革命从一开始就受到了伦理学家们的关注,他们担心,基因技术在给人类带来福祉的同时,也暗含着技术滥用后可能造成的巨大风险。如邱仁宗在对基因编辑技术的伦理问题研究中就指出,如果无节制性地推动基因技术的研究与应用,可能危及相当一部分人的健康与生命。综合近年相关学者的研究可知,基因技术的伦理困境主要表现为基因技术的科学价值与可能产生的消极后果之间的冲突。以转基因食品开发和人类基因组研究为例:一方面,推动转基因作物研发和人类基因组研究,能够有效应对和缓解世界粮食危机、推动人类医学进步;另一方面,如果转基因食品开发与人类基因组研究无节制地得以发展,又将直接威胁到人类自身安全。

1. 人类基因组研究的伦理困境

1) 人类基因组研究的科学价值

人类基因组研究的科学价值主要体现在3个方面:对于医学进步的推动作用、对于生物学数据化发展的导向作用、对跨学科式大科学发展的促进作用。对于医学进步而言,人类基因组研究具有显著的助推作用,人类疾病的鉴定、诊断、治疗与预防都将得到推进:人类疾病的概念、疾病的发生机理将在基因技术视角下得以重构,药物基因组学也将得到实质性发展;对于生物学发展而言,人类基因组研究将使生物学研究进入规模化、序列化和信息化阶段,生物信息学和计算生物学等学科都将获得极大的发展空间。人类基因组研究将使得生命科学转为以数据为导向,而不再是20世纪中期以前以假说与概念为导向的科学。人类基因组研究将为自然科学和社会科学的交叉融合提供更多结合点:既促使哲学、伦理学等人文社会科学研究者对这一自然科学的社会应用加以思考,也将增强自然科学家的社会责任意识。

2) 人类基因组研究引发的伦理问题

上述人类基因组研究所具备的科学价值,并不能掩盖其引发的伦理难题,作为一种科学活动,其社会应用具有价值取向,既有"善"的价值,也有"恶"的后果。具体而言,人类基因组研究对于社会向好发展而言具有巨大的推动作用,但同时,人类基因组研究本身也潜存着诸多风险,研究过程中以及研究成果应用后都可能造成一系列社会问题。国际人类基因组组织创立之初即将伦理委员会作为必要组成之一,其目的正是对这些社会问题或伦理问题进行讨论与理解,及时制定和更新研究的指导准则。人类基因组研究引发的伦理问题包括但不限于:人权侵害、隐私泄露、实质伤害、基因资源争夺、医疗决定权丧失。其中,实质伤害最突出的表现就是基因武器的制造,一旦人类基因组研究成果被军事武器研发利用,凭借不同人种在基因特征上的差异性投放针对性基因武器,将直接威胁拥有特定遗传特征的群体的生命安全。

2. 转基因食品的伦理困境

转基因食品的伦理困境表现为转基因食品安全性争论。转基因食品的安全性主要分为两类,其一是食品安全性,其二是生态环境安全性。所谓食品安全性,主要集中在转基因食品自身,包括外源基因在新的生物体中是否产生毒素、是否改变食品的营养成分、是否对人体健康产生威胁。而生态环境安全性,则聚焦于转基因作物种植对于生态环境的影响作用。转基因作物种植是否造成基因污染、是否产生超级杂草、是否打破生态平衡和是否破坏生物多样性是讨论生态环境安全性的主要内容。

对于转基因食品安全性的争论,科学界尚未达成一致共识。一部分研究人员认为转基因食品的安全性是无可置疑的,在基于既有科学知识对转基因食品和传统食品进行比较后,可以发现转基因食品与传统食品实质等同,营养成分、化学性质、动物采食量和消化率等方面都无明显差异。毒理学和致敏性评价方面也都表现良好。此外,转基因食品还受到严格的监管,尤其是中国和欧盟国家对转基因食品采取了严格的标识制度,以保障转基因食品的安全性。并且,转基因食品自1995年商业化应用以来,一直保持着相对较高的安全性,从实践层面也进一步证实了转基因食品是安全无害的。然而,另外一部分研究人员对此存有疑虑,他们认为,转基因食品存在风险具有不确定性,尤其是在转基因食品对生态环境的影响,以及转基因技术是否可控等方面。对于生态系统而言,转基因食品的影响作用并不能由当下的科学研究项目精确评估,转基因食品的安全性需要在更长时期的实践中加以考察。

10.4 基因伦理困境的治理框架

基因技术的伦理困境主要表现为基因技术的科学价值与可能的消极后果之间的冲突。因此,平衡基因技术潜在的收益和意外伤害的风险,成为解决基因技术伦理困境的重要原则。我国作为基因技术发展水平较发达的国家,应在借鉴国外经验和整理我国历年出台的制度规范后,思考和规划面向未来的基因技术治理框架。

1. 国际公约和国外法律规定

以国际人类基因组组织伦理委员会发布的声明为国际公约的代表。自该委员会成立以来,陆续发表了《关于DNA样本的声明》(1998年)、《关于克隆的声明》(1999年)、《利益共享的声明》(2000年)、《基因治疗研究的声明》(2001年)、《人类基因数据库的声明》(2002年)等一系列遗传学研究与应用的指导准则。此外,还包括《生物多样性公约之卡塔赫那生物安全议定书》(2000年)、《世界人类基因组与人权宣言》(1997年)等国际公约。

这些国际公约,都对基因技术的研发与利用做了相关规定。除国际公约之外,欧美发达国家对于基因技术的研发与应用也出台了一系列法律规定,用以规范本国基因技术的研发与应用。

其中,美国对于基因技术的管理始于20世纪70年代中期,限于当时基因技术尚处于试验阶段,其时管理多遵照美国国立卫生研究院(National Institute of Health, NIH)制定的《重组DNA分子研究指南》。至20世纪80年代,为适应基因技术成果应用的需要,美国政府颁布了《生物技术管理协调框架》,规定美国生物技术法规的制定、基因技术的研发应用管理主要由美国农业部(USDA)、食品与药物管理局(FDA)和美国环保局(EPA)负责,其他部门如职业安全与卫生管理局(OSHA)、卫生研究院也参与到生物安全的管理之中。在这一治理框架下,各机构陆续完善了《有毒物质控制法》《联邦食品、药品和化妆品法》《联邦植物病虫害法》《植物检疫法》等法律法规,将基因技术的研究与应用纳入这些法律法规的治理范畴。而欧盟国家对于生物技术的规定,主要围绕着1998年由欧洲议事和理事会通过生效的《关于生物技术发明的法律保护指令》展开,主要是为了满足制药工业的需要,以及统一欧盟内部对基因、动植物品种等争议问题的保护标准。围绕转基因生物,欧盟陆续制定或修订了《转基因微生物封闭使用法令》《转基因食品和饲料条例》《转基因生物环境释放法令》等一系列规定。

2. 国内出台的法律规范梳理

我国自20世纪90年代开始逐步认识到生物安全的重要性,并加强对以基因技术为代表的生物技术的管制。虽然相较于欧美发达国家而言起步较晚,但已基本发展出较为完备的生物安全管理体系。我国现行的生物安全管理法规主要由国务院颁布实施的行政法规和部门规章以及其他的一些相关的法规组成,最早可以追溯至1990年制定的《基因工程产品质量控制标准》。此后,初步建立起包括《基因工程安全管理办法》(1993年)、《农业生物基因工程安全管理实施办法》(1996年)、《人类遗传资源管理暂行办法》(1998年)、《新生物药品审批办法》(1999年)在内的生物安全管理法规体系。

围绕转基因生物,我国同样尝试性地出台了诸多政策法规或管理办法。2001年,国务院出台了《农业转基因生物安全管理条例》,用以"加强农业转基因生物安全管理,保障人体健康和动植物、微生物安全,保护生态环境,促进农业转基因生物技术研究"。随后,农业部于2002年又公布了《农业转基因生物安全评价管理办法》《农业转基因生物进口安全管理办法》《农业转基因生物标识管理办法》,从具体操作层面出发,对农业转基因生物加以管理规范。此外,针对转基因食品的具体内容,又进一步颁发了《农业转基因生物安全评价管理程序》《农业生物转基因生物进口安全管理程序》《农业转基因生物标识审查认可程序》。此外,卫生部也在2002年公布了《转基因食品卫生管理条例》。上述一系列政策法规或管理办法,自上而下地建立了应对转基因食品潜在安全危机的对应策略。相关国际公约、国内外法律规范如表10.4所示。

表10.4 基因技术治理的国际公约、国内外法律规范

国际公约	《实验室生物安全手册》(1983) 《植物遗传资源国际承诺》(1983) 《重组DNA安全因素报告》(1986) 《生物多样性公约》(1992) 《世界人类基因组与人权宣言》(1997) 《关于DNA样本的声明》(1998) 《关于克隆的声明》(1999) 《利益共享的声明》(2000) 《生物多样性公约之卡塔赫那生物安全议定书》(2000) 《基因治疗研究的声明》(2001) 《人类基因数据库的声明》(2002) 《国际人类基因数据宣言》(2003) ……		
国内法律规范	《基因工程产品质量控制标准》(1990) 《基因工程安全管理办法》(1993) 《农业生物基因工程安全管理实施办法》(1996) 《人类遗传资源管理暂行办法》(1998) 《新生物药品审批办法》(1999) 《农业转基因生物安全管理条例》(2001) 《农业转基因生物安全评价管理办法》(2002) 《农业转基因生物进口安全管理办法》(2002) 《农业转基因生物标识管理办法》(2002) 《转基因食品卫生管理条例》(2002) ……		
国外法律规范	美国	《生物技术法规协调框架》(1986) 《联邦法定监管权的行使:生物技术产品的环境释放准则》(1992) 《联邦食品、药品和化妆品法案》 《联邦公平包装和标识法案》 《联邦杀虫剂、杀菌剂和杀鼠剂法案》 《联邦植物病虫害法》 ……	
	研发	NIH	《重组DNA分子研究准则》(1976) 《微生物和生物医学实验室的生物安全》(1984) ……

续表

国外法律规范	美国	释放与应用	USDA	《病毒-血清-毒素法》 《植物检疫法》 《通过遗传工程所产生或改变的属于植物害虫类有机体的引入规定》（1987） ……
			FDA	《源于转基因植物的食品政策》（1992） 《转基因食品自愿标识指南》 ……
			EPA	《植物内置式农药的程序和要求》 《农药登记和分级程序》 《试验应用许可》 ……
	欧盟			《关于生物技术发明的法律保护指令》（1998） 《转基因微生物封闭使用法令》 《转基因食品和饲料条例》 《转基因生物环境释放法令》 ……
	英国			《人类受精胚胎法》（1990） 《遗传修饰生物体封闭使用法》（1992） 《遗传修饰生物体有意释放法》（1992） ……
	德国			《基因工程法》（1990） 《胚胎保护法》（1999） 《胚胎干细胞法（草案）》（2002） ……
	法国			《关于控制使用和传播遗传修饰生物体法》（1992） 《生命伦理法》（1994） ……

3. 基因技术的治理框架

参考美国的基因技术治理方案可知，基因技术管理的主要工作既包括基因技术的研发过程评价，也包括基因技术的释放与应用评价。就上述过程评价和结果评价而言，虽然我国基因技术的管理已形成了较为体系化的方案，但在实际实践中，由于基因技术的应用历史较短、框架性法规的缺失等因素，基因技术管理在实践效果表现上仍然存在不足。对此，我国众多学者尝试性地做出诸多设计，以推动基因技术治理框架的实现与完善。其中，王灿发、李广湖、沈平认为，基因技术/生物技术的治理应当围绕立法展开：首先，参考美国经验,制定如《联邦法定监管权的行使:生物技术产品的环境释放准则》的框架性法规;其次,在遵循国家干预原则、授权许可原则、禁止滥用原则、隐私权保护原则、基因资源保护原则的基础上,推进相关法律规范的制定与完善;最后,尝试性建立统一监督管理的组织机构,负责统合相关规定、提升管理效率。

在基因技术的治理框架中,除了建立健全基因技术的法律规范体系外,邱仁宗指出,还应建立起基因技术的伦理治理框架和治理安排。以可遗传基因组编辑的治理为例,应当建立基因编辑技术应用于人类生殖的伦理框架,这个框架包括临床试验、维护未来父母利益、维护未来的人的利益、维护社会其他人的利益、维护整个社会和人类的利益等部分。应做好可遗传基因组编辑的治理安排,包括专业治理、机构治理、监管治理、法律治理和国际治理。只有在上述伦理框架和治理安排都得以明确的情况下,针对基因技术才能形成更完善的治理框架和治理体系。

参考文献

[1] Ma X, Zhang Q, Zhu Q, et al. A robust CRISPR/Cas9 system for convenient, high-efficiency multiplex genome editing in monocot and dicot plants[J]. Molecular Plant, 2015, 8(8):1274-1284.

[2] 丁锡申.基因制药产业化发展概况[J].生物工程进展,2001,(5):4-8.

[3] 樊浩.基因技术的道德哲学革命[J].中国社会科学,2006(1):123-134,208.

[4] 范云六,张春义.21世纪的农作物生物技术[J].高科技与产业化,2000(1):29-33.

[5] 高桥滋,周蕴.日本转基因食品法制度的现状及课题[J].法学家,2015(2):134-139.

[6] 葛立群,吕杰.我国转基因食品的发展现状及安全管理[J].农业经济,2008(2):80-81.

[7] 李广湖.规范我国基因技术管理的立法构想[N].人民法院报,2011-05-25(5).

[8] 李醒民.基因技性科学与伦理[J].山东科技大学学报(社会科学版),2019,21(2):1-20.

[9] 吕渭川,贺秉坤.我国基因制药产业:路途艰辛前景诱人[C]//中国国际高技术成果交易会生命科学与生物技术产业论坛论文集.医疗装备杂志社,2006:72.

[10] 邱仁宗,翟晓梅,雷瑞鹏.可遗传基因组编辑引起的伦理和治理挑战[J].医学与哲学,2019,40(2):1-6,11.

[11] 沈平,章秋艳,杨立桃,等.基因组编辑技术及其安全管理[J].中国农业科学,2017,50(8):1361-1369.

[12] 谭向红.21世纪初基因工程现状与发展趋势[J].四川农业大学学报,2002(2):162-171.

[13] 王灿发.创建框架性法规体系:生物安全管理立法初探[J].国际贸易,2000(7):15-19.

[14] 武菊芳,李先龙.对人类基因组研究的双向思考:科学价值与伦理难题[J].河北师范大学学报(哲学社会科学版),2003(2):35-39.

[15] 杨通进.转基因技术的伦理争论:困境与出路[J].中国人民大学学报,2006(5):53-59.

[16] 叶敬忠,李华.关于转基因技术的综述与思考[J].农业技术经济,2014(1):11-21.

[17] 赵钦军,韩忠朝.基因编辑技术的发展前景及伦理与监管问题探讨[J].科学与社会,2016,6(3):1-11.

第11章
核能源伦理

回顾历史,能源开发利用伦理问题是随着能源形态更替和相关技术升级发展应用逐渐出现的。因此,从技术发展视角来看,能源开发利用中的伦理问题通常包括3个方面:一是能源的安全和供应公平性问题;二是能源利用带来的环境影响;三是涉及能源开发的资源利用问题。这3个方面在能源开发利用历程的不同历史时期有不同体现。

迄今为止,人类所使用的能源经历了3个时代:太阳能源时代、化石能源时代和核能源时代。太阳能源时代伦理问题不是非常突出,因为能源本身的安全和供应公平问题不是非常明显,能源开发技术不是很发达,对自然环境不会造成太大影响。化石能源时代面临的伦理问题包括:过度开发;对自然环境的破坏,尤其是对土壤、大气和水造成严重污染;技术发达国家或地区对技术落后国家的能源掠夺与控制,引发能源安全和供应公平问题。

11.1 化石能源开发及其引发的伦理问题

早期人们在真空中闷烧木材制造木炭,但木材是有限的,这项工作无法长期持续下去,木炭也不适合发动机的工作。而有机物深埋地底,经历了时间的沉淀,有一部分转化成推进人类文明的燃料:泥炭、煤炭、石油和天然气。泥炭是初级且不成熟的化石燃料,能量密度比刚采集的生物质要高,储存量丰富,开采成本低。煤炭是埋藏在地底更长时间之后的生成物,是一万年前被浓缩过的森林遗骸,煤炭的能量密度比泥炭高得多,是后者的至少3倍。石油是很久以前生存于海洋的微小浮游植物,它们死后在氧气不足的水域中累积,埋藏在深达2200~4500米的地底,在压力和高温作用下转化成液态。石油的能量密度比煤炭高50%,而且液体也更方便储存和运输。天然气是自然界中天然存在的气体,包括大气圈、水圈和岩石圈中各种自然过程形成的气体。

据说在希腊时期,在巴尔干半岛和中东许多地方,地表都会有石油渗出,拜占庭人用石油配制成"希腊燃烧剂"用于海战。这种燃烧剂能在很短的距离喷射出来,而且水无法将其熄灭。煤炭在最初被发现时,因其颜色特别而被人们视为珍宝、作为首饰。直到数千年前,人类终于发现煤炭可以燃烧,用来照明和取暖,最初人们只能使用露在地表的煤炭。早在1078年,中国人使用大量木炭,将铁矿石炼成12.5万吨铁,相当于欧洲400年后铁产量的两倍。因木炭短缺,转而使用在中国北部与西北部物产丰富的煤炭。后因社会问题而中断,到20世纪才恢复开采和使用。17世纪初,荷兰人开发了泥炭这种化石燃料,用来取暖、烹饪和加工产品。但泥炭无法提供足够热能,促使荷兰人必须去发现新的能源。

英国地藏大量煤炭,从生物能转向开发煤炭能源也是因为地面森林资源短缺。在1500~1630年,英国木材价格猛涨7倍。到1783年,森林树木锐减了78%,英国应对木材短缺的方法就是开采更多的煤炭。英格兰地区煤炭含量丰富,但浅层的煤炭很快就耗尽了。到1700年,矿井水深度已达60米,人们在矿井中遭遇沼气与渗水的难题,在雨水充沛的地区,即使没有挖到泉源,坑洞也会被水灌满。为了将矿水抽出,英国人使用了人力、兽力、风车和水车都无济于事。最终不得不将煤炭燃烧,使用"热机"——纽可门蒸汽机进行排水。此时的蒸汽机并非利用蒸汽强力而迅速驱动活塞来实现做功,而是利用蒸汽制造真空,来使活塞运转,活塞连着摇杆,活塞的运动可以推动一连串的活塞和风箱等,达到提升重物的目的。这种蒸汽机大部分装设在矿井入口用来抽水,矿井的深度可以达到以前的2倍。1815年,英国煤炭产量可达2300吨,相当于当时林地可生产资源的20倍。假如将这些煤炭用在蒸汽机内,可产生相当于5000万人产生的动力。然而,纽可门蒸汽机的缺点是每个冲程都要重新加热气缸而浪费许多燃料。1764年,瓦特对纽可门蒸汽机进行了改良,将汽缸与冷凝器分开,节省了大量燃料,提高了热效率。到1800年,瓦特蒸汽机每蒲式耳煤炭所产生的动力是最新纽可门蒸汽机的3倍,应用范围从矿井抽水发展到磨粉、造纸、冶金等各行业。

瓦特的原始蒸汽机后经过进一步改进,成为高压蒸汽机,得到更加广泛的传播,为交通运输业带来重大影响。在陆地上,火车不断普及,铁路线路不断延长。欧美境内建造了跨度很长的铁路,大大促进交通运输业发展。在海事上,1838年从英国港口出发前往纽约的"天狼星号"轮船,成为历史上第一艘仅以蒸汽为动力而实现远洋航行的轮船。蒸汽机还使纺织业成为蒸汽机时代第一个商业化的产业。自此,全球衣服制成品产量呈指数级增长,贸易量也水涨船高。劳动人口提供的人力逐渐为水车以及蒸汽机提供的动力所替代。同时,蒸汽机通过铁路促进了相关国家的人口流动和国际移民,甚至扩大了资本主义国家的殖民地范围。当然,煤炭和蒸汽机给城市带来了大量黑色污染,破坏了生态环境和改变了人们的生活质量。

煤炭的缺陷是能量密度不高,不容易运输。为了解决照明问题,18世纪90年代,威廉·默多克(William Murdock)发现了在真空中焦化煤炭以制造煤气的方法,并知道了利用管道输送和储存煤气的方法。到了19世纪,煤气取代传统的鲸脂,成为照明能源。但煤气仍然不是理想的光照能源,因为它的存储和运输比较麻烦,成本高,而且有毒,还有爆炸危险。1853年,加拿大化学家亚伯拉罕·季斯纳(Abraham Gesner)发现了从石油中蒸馏煤油的方法,事实证明,煤油既好用又便宜。于是,人们开始想方设法生产足够多的煤油以满足实际需要。1859年,德瑞克(Drake)在美国宾夕法尼亚州泰特斯维尔的石油溪(Oil Creek)寻觅煤油,他拒绝采用挖掘的方式,而是使用小型蒸汽机为动力的钻探机来钻探,不经意间在一处22米深的地方发现了石油,拉开了世界第一波石油热序幕。

到了19世纪中叶,蒸汽机承担了城乡主要的运输任务。然而,蒸汽机驱动的汽车发动机和汽锅比较笨重,难以融入一般社会生活。同时,工程师们对蒸汽机的工作方式提出质疑,认为燃烧燃料,将水转换成蒸汽,再推动活塞运动,这样效率太低,提出直接在活塞内部燃烧燃料做功的设想。各国工程师争相实验,经过多次实验,1863年,德国工程师N. A. 奥拓建造了纽可门蒸汽机式的"内燃机",用煤气在汽缸内部引爆,推动活塞做功。1876年,奥拓发明了划时代的四冲程"奥拓发动机",相比蒸汽发动机的效率有大幅度提高,并获得了专利。另一位德国人鲁道夫·狄塞尔发明了柴油机,用未经提炼的石油作为燃料,功率为14瓦特,远远超过当时的蒸汽机和奥拓发动机。没过多久,更有功效的内燃机——涡轮发动机问世,但因存在缺陷而未得到普及。19世纪80年代,K. 奔驰、G. 戴姆勒和W. 迈巴赫发明了能有效混合汽油和空气的化油器。1885年,他们制造的三轮汽车是第一辆可以上路行驶的汽车。5年后,第一辆梅赛德斯—奔驰汽车正式上路。之后,随着福特公司汽车生产线的建立,汽车从奢侈品变成了常见的大众交通工具。加之飞机的诞生,各种交通工具燃烧化石燃料,特别是汽油的需求量激增。于是,世界性的石油勘探工作开始了。到20世纪中叶,全世界的大陆除了南极洲外,都发现了油田,中东地区石油储量最为丰富,同时,人们也开启了海底钻探石油之旅。整个20世纪,人类严重依赖石油,石油成为决定国际事务的关键因素,争夺石油甚至成为国际战争的导火索。

然而,热机通常是固定不动的,尤其是大型发动机,即使能移动,也只能像火车和汽车等在特定范围内移动。乡村农田里上的路灯、缝纫机等小型设施和设备的动力需求则是热机所无法满足的,能满足类似需求的只有电。16世纪,人类便开始对电这种自然现象进行研究,17世纪,英国学者弗兰西斯·霍克斯比(Francis Hawksbee)发明了可以使用的静电装置,为其实验提供电力。1746年,莱顿瓶的问世使得电力储存成为现实。18世纪末,意大利人亚历山大·伏打(Alexander Volta)发明了伏打电池,解决了电力制造问题。1820年,丹麦教授汉斯·克里斯蒂安·奥斯特(Hans Christian Orsted)的实验验证了电磁效应的存在,电动马达由此产生。1831年,英国学者法拉第发现了磁电效应,并制造了首座发电机。奥斯特与法拉第都发现了磁力、电力和运动之间的密切联系,通过控制磁力和电力,可以产生运动;通过控制磁力和运动,能够制造电力。至此,人类进入电力能源时代。此后,电报、电话相继发明并得以应用,电力给城市照明、工业、交通、娱乐等活动带来了新一轮革命。电的使用避免了煤气中毒和煤气爆炸给人带来危险等缺陷。

易于输送是电能源的最大优势,电的运输比煤炭和石油都方便,又省时、省费用。电的威力给人的感觉是,人类似乎可以用它来操控自然,实现人类的任何目的或目标。美国和苏联率先在世界上建立了大量水力发电厂,生产大量电能。第二次世界大战后,发展中国家也相继进行大规模的水利建设,全球用电量迅猛增加。

化石能源时代面临的伦理挑战如下:

(1) 化石能源开采过度,破坏生态环境。化石能源燃烧严重污染空气,影响空气质量,进而影响人的健康和地表绿色植被。二氧化碳和其他温室气体在大气层中的浓度不断上升,形成温室效应,导致大气变暖,海平面上升,陆地面积变小。发动机和发电厂燃烧化石燃料,向大气中排放大量二氧化硫、氧化氮和其他污染物,形成了酸雨,腐蚀建筑物,破坏土壤中的营养成分,毒害植物和河流湖泊中的鱼类。因此,寻找能够替代化石燃料的清洁能源是人类当前亟须解决的问题。目前,电能的开发主要靠水力发电,而风力发电必须是在终年风力很强的地方。而且,电不便储存,一旦停止发电,电就不会存在。

(2) 由于化石能源如煤炭、石油等能源储量分配不均衡,容易形成垄断,甚至成为国际政治博弈的筹码,从而人为引发能源安全和供应公平问题。

(3) 能源开发的资源利用问题。由于经济、科技、文化和自然条件等多种原因,西方发达国家在国际能源开发中拥有主导权,控制着南美和非洲等不发达地区能源开发的资源利用情况,强行占用或变相掠夺这些地区的能源资源,加重不发达地区的贫困。正如《增长的极限》一书指出的那样,20世纪人类消耗了1420亿吨石油、2650亿吨煤、380亿吨铁、7.6亿吨铝、4.8亿吨铜,其中只占世界人口15%的工业发达国家消耗了世界上56%的石油、60%以上的天然气、50%以上的重要矿产资源。世界上最富裕的20%的人口占有世界总产出的80%以上,并消耗了近60%的商业能源。能源资源引发的南北矛盾由来已久,因此,国际社会强烈呼吁在环境和社会可承受限度内平衡世界范围内能源占有情况。

11.2 太阳能源的利用与伦理

太阳能源也叫原始能源,主要指未经人类加工的自然状态的能源。太阳光照是第一大原始能源,也是最丰富的能源,是地球最重要的生命燃料。水能、风能和火能都是人类最先接触到的原始能源。无论太阳照向何方,空气都会不均匀地被加热,从而形成气流。气流以"风"的形式利用太阳能量,因受地球自转影响而改变方向。风是海洋和陆地都存在的太阳能量形式。7世纪中叶到15世纪中叶,人类利用风力进行跨洋航行。

动物植物都从太阳吸收热量,人和动物靠着阳光取暖、照明,植物利用阳光进行光合作用,产生叶绿素,释放氧气,叶绿素为植物提供营养,也为动物提供食物。而光合作用产生的氧气供动植物呼吸延续生命。人类利用太阳能栽培出大块头的美味块茎,让食欲得以满足,体重得到增加。

阳光的强烈照射,借助玻璃等物质中介生火,也可以说,阳光在某种程度上是火的最初源头。人类使用火烹饪食物,以获得能量。光合作用产生的氧气又使点火和燃烧成为可能。火的发明被称为是"人类发明一种便捷、可靠的新方法来获取在有机物中累积的太阳能",在人类发展史中,其重要性仅次于语言的形成。火的发明使烹饪得到了普及,烹饪有利于人的肌肉发育,同时也扩展了人类食用有机物的范围,使人类获得了足够的能量,也促进了人体结构的变化,尤其是大脑脑量的增加和胃肠道的发达,更有助于人类在不同地区和不同气候条件下生存,从而扩大活动空间。

距今40000年至15000年间,人类开始驯化犬科动物。距今大约6000年前,力气很大却个性温和的大型动物马,用于拉动货车或战车,作为交通工具。因此,驯养家畜,使人类获得了令人惊喜的速度和力量。在大西洋和太平洋两岸从事农业的人,运用着不同的动植物组合来求得生存,驯养大型动物作为骑乘或犁田的家畜。1492年之后,美洲农民也快速驯化了马和牛。在哥伦布到达美洲大陆后的两个世纪里,东半球的马、牛、猪、绵羊、山羊和鸡等重要动物,数以百万计地进入美洲大陆,改变了美洲大陆的生态圈。家畜为美洲居民供应了大量食物,并且成为织品纤维、皮革和兽力的新来源。

随着生产活动的复杂化,人类利用太阳能源而产生的能力(肌力)已经遇到瓶颈。于是,人类开始寻找新的能源。轮状工具的出现,让人类有条件利用风能和水能,比如风车和水车,都是利用风能和水能最常见的生产工具。荷兰就是著名的风车王国,1650年的荷兰,在需要抽水的潮湿农村,至少矗立着8000座风车。荷兰至今仍有大量风车装置。风能和水能的利用都会受到一定自然条件的限制。水车需要水源持续流动,水压要足够大,但冬天结冰会影响水能利用。使用风车会遇到风力不稳或没有风的尴尬情况。人类需要寻求更加高效的能源,煤炭、石油和天然气等化石能源开始进入人类视野。

在太阳能时代,世界各地的能源拥有和分配严重不平衡,能源资源的地理分配是天然形成的,加之不同地区或国家的经济发展水平、文化传统和自然基础条件不同,人们对于能源的开发、占有和利用程度也不同。这一时代的主要伦理问题包括不要过度浪费能源,以及对能源占有的不平均情况加以合理平衡。

▶ 11.3 核科学技术的诞生与能源革命

核科学技术的诞生得益于人类对原子和原子核结构的认识。1912年,英国科学家卢瑟福在用 α 粒子轰击金箔的实验中,发现了原子内存在一个带正电的原子核结构,原子核的外围是带负电的电子层,因此,原子是电中性的。后续的研究发现,原子核可以分为稳定和不稳定两种状态。不稳定的原子核具有放射性,但大多数原子核是稳定的。通过对不稳定原子核的 γ 衰变、β 衰变和 α 衰变的研究发现,原子核的核子之间必然存在着比电磁作用强得多的短程且具有饱和性的吸引力。

原子核的能级是原子核能量状态的标志,通常原子核处于最低能量状态,称为基态。当原子核受某种射线(快速粒子或光子)的轰击或进行核衰变时,产生的子核都可能处于较高能量态,当原子核处于较高能量状态被称为激发态。一个原子核可具有许多能级,能级是分立不等间隔的。不同核素具有自己各不相同的核能级。根据相对论观点,物体质量的大小决定于该物体的运动状态,具有一定质量 m 的物体,其相应的能量 $E=mc^2$,此公式就是质能关系式,也称质能联系定律。此处的 c 为真空中的光速。根据质能联系定律可知,物质内部蕴藏着很大的能量。

原子核由质子和中子组成,而核素的原子是由该核素的原子核与电子组成的。实验证明所有核素的原子质量都比组成它的原子核和电子的质量总和小,这个差值称为原子质量亏损。实验发现,所有的原子核的质量亏损都是正值,这表明当自由核子结合成原子核时放出能量,这种能量称为原子核的结合能。当结合能小的核变成结合能大的核时,就会释放出能量。获得能量的途径有两个:一是重核分裂成两个或多个中等质量的核,如原子弹,原子反应堆;二是轻核聚变成中等质量的核,如氢弹。所以,所谓原子能,实际上主要指原子核结合能发生变化时释放的能量。

核技术具有经济、直观、便于测量等优点,广泛应用于生产实践和科学研究中。善于利用核技术,将对经济建设、医疗、环境保护和科学研究起重大促进作用。目前已知的核技术应用领域有核技术勘查、示踪技术、透视和自动控制、治疗癌症、灭菌、杀虫、培育动植物新品种、辐射化工、放射性同位素能源等。

核电站是利用核能进行发电的装置。它类似于燃煤的火力发电站,只是火电站的燃煤锅炉为核反应堆所代替,核反应堆是通过核裂变使易裂变燃料释放核能的关键装置。核电站最核心的是反应堆,其基本原理包括中子物理、反应堆热工水力、反应堆控制和反应堆安全等方面。核反应堆类型有压水堆、沸水堆、重水堆、高温气冷堆和钠冷快中子堆,与不同类型核反应堆相对应的核电站的系统和设备差别较大,其中涉及的伦理问题也稍有差异。

11.3.1 压水堆核电站

压水堆核电站采用以稍加浓铀作为核燃料、加压轻水作为慢化剂和冷却剂的热中子核反应堆堆型,简称为压水堆。压水堆的核燃料是高温烧结的圆柱形二氧化铀陶瓷燃块,直径约8毫米,高13毫米,称之为燃料芯块。其主要组成部分有燃料组件、压力容器、主循环泵、稳压器、蒸汽发生器、汽轮发电机组等。

轻水的特性决定了压水堆核电站的优势和劣势,也决定了其在技术、经济和安全的特点。压水堆核电站最显著的特点是结构紧凑,堆芯的功率密度大。中子与氢原子核质量相当,每次碰撞时,中子损失的能量最多。轻水分子是由2个氢原子和1个氧原子组成的。和气体相比,水的密度大,含氢量高。在各种慢化剂中,水的慢化能力最强。水不仅是良好的慢化剂,也是良好的冷却剂。它比热容大,导热系数高,在堆内不易活化,不容易腐蚀不锈钢、锆等结构材料。由于水的慢化能力及载热能力优良,所以用水作为慢化剂和冷却剂。用轻水作为慢化剂和冷却剂的压水堆最显著的特点是结构紧凑,堆芯的功率密度大。这是压水堆的主要优点。

压水堆核电站的另一个特点是基建费用低、建设周期短。由于压水堆核电站结构紧凑,堆芯功率密度大,即体积相同时压水堆功率最高,或者在相同功率下压水堆比其他堆型的体积小,加上轻水的价格便宜,使得压水堆在经济上基建费用低和建设周期短。

压水堆核电站的主要缺点有两个:第一,必须采用高压的压力容器。我们知道,水的沸点低。在一个大气压下,水在100℃时就会沸腾。压水堆核电站为了提高热效率,就必须在不沸腾的前提下提高从反应堆流出的冷却剂的温度,即提高出口水温,为此就必须提高压力。为了提高压力,就要有承受高压的压力容器。这就导致压力容器的制作难度和制作费用的提高。第二,必须采用具有一定富集度的核燃料。轻水吸收热中子的概率比重水和石墨都大,所以轻水慢化的核反应堆无法以天然铀作为燃料来维持链式反应。因此,轻水堆要求将天然铀浓缩到18亿年前的水平,即富集度达到3%左右,因而压水堆核电站要付出较高的燃料费用。

压水堆核电站从20世纪50年代问世后,仅仅经过十多年时间,到20世纪70年代初,就不仅在经济上,而且在环境保护上,超过了已有近百年历史的火电站。压水堆核电站一直是最安全的工业部门之一,压水堆已经成为一种成熟的堆型,一直吸引着越来越多的用户,是核动力市场最畅销的"商品"之一。今天,不仅发展核武器的国家,而且一些不发展核武器、煤、石油、水电丰富的国家,也在纷纷发展核电站。当今世界已经出现了一种规模巨大的新兴工业——民用核动力工业,它和电子工业一样,其发展速度远远超过煤、钢铁、汽车等传统工业,并将对整个社会的生产和生活面貌带来越来越深刻的影响。

11.3.2 沸水堆核电站

沸水堆与压水堆同属于轻水堆家族,都使用轻水作为慢化剂和冷却剂,低富集度铀作为燃料,燃料形态均为二氧化铀陶瓷芯块,外包锆合金包壳。

因为沸水堆与压水堆一样,采用相同的燃料、慢化剂和冷却剂等,注定了沸水堆同样具有热效率低、转化比低等缺点。但与压水堆核电站相比,沸水堆核电站还有以下3个特点：

1. 直接循环

核反应堆产生的蒸汽被直接引入蒸汽轮机，推动汽轮发电机组发电。这是沸水堆核电站与压水堆核电站的最大区别。沸水堆核电站省去一个回路，因而不再需要昂贵且易出事故的蒸汽发生器和稳压器，减少大量回路设备。

2. 工作压力可以降低

将冷却水在堆芯沸腾直接推动蒸汽轮机的技术方案可以有效降低堆芯工作压力。为了获得与压水堆同样的蒸汽温度，沸水堆堆芯只需加压到约70个大气压，即堆芯工作压力由压水堆的15 MPa左右下降到沸水堆的7 MPa左右，降低到了压水堆堆芯工作压力的一半。这使系统得到极大简化，能显著地降低投资成本。

3. 堆芯出现气泡

与压水堆相比，沸水堆最大的特点是堆内有气泡，堆芯处于两相流动状态。由于气泡密度在堆芯内的变化，在它的发展初期，人们认为其运行稳定性可能不如压水堆。但运行经验的积累表明，在任何工况下慢化剂空泡系数均为负值，空泡的负反馈是沸水堆的固有特性。它可以使反应堆运行更稳定，自动展平径向功率分布，具有较好的控制调节性能。

与压水堆核电站相比，沸水堆核电站的主要缺点如下：

（1）辐射防护和废物处理较复杂。由于沸水堆核电站只有一个回路，反应堆内流出的有一定放射性的冷却剂被直接引入蒸汽轮机，导致放射性物质直接进入蒸汽轮机等设备，使得辐射防护和废物处理变得复杂。汽轮机需要进行屏蔽，增加了汽轮机检修的难度；检修时需要停堆的时间也较长，从而影响核电站的设备利用率。

（2）功率密度比压水堆小。水沸腾后密度降低，慢化能力减弱，因此沸水堆需要的核燃料比相同功率的压水堆多，堆芯及压力壳体积都比相同功率的压水堆大，导致功率密度比压水堆小。

到1997年底，世界上已经运行的沸水堆核电机组共有93个，仅占世界核电总装机容量的23%。但随着技术的不断改进，沸水堆核电站性能越来越好，尤其是先进沸水堆（ABWR）的建造在这几年取得较大进展，在经济性、安全性等方面有超过压水堆的趋势。

11.3.3 重水堆核电站

重水堆是指用重水（D_2O）作为慢化剂的反应堆。重水堆虽然都用重水作为慢化剂，但在它几十年的发展中已派生出不少次级的类型。按结构分，重水堆可以分为压力管式和压力壳式。采用压力管式时，冷却剂可以与慢化剂相同也可不同。压力管式重水堆又分为立式和卧式两种。立式时，压力管是垂直的，可采用加压重水、沸腾轻水、气体或有机物冷却；卧式时，压力管水平放置，不宜用沸腾轻水冷却。压力壳式重水堆只有立式，冷却剂与慢化剂相同，可以是加压重水或沸腾重水，燃料元件垂直放置，与压水堆或沸水堆类似。

冷却的卧式、压力管式重水堆现在已经成熟。这种堆目前在核电站中所占比例虽然不大，但有一些突出的特点。

重水堆燃料元件的芯块与压水堆类似，是烧结的二氧化铀的短圆柱形陶瓷块，这种芯块也是放在密封的外径为十几毫米、长约500毫米的锆合金包壳管内，构成棒状元件。

重水堆核电站与轻水堆核电站相比较，主要有以下5点差别，这些差别是由重水的核特性及重水堆的特殊结构所决定的：

(1) 重水和天然水（也就是轻水）的热物理性能差不多，因此，作为冷却剂时，都需要加压。但是，重水和轻水的核特性相差很大，这个差别主要表现在中子的慢化和吸收上。在目前常用的慢化剂中，重水的慢化能力仅次于轻水，可是重水最大优点是它的吸收热中子的概率要比轻水低200多倍，使得重水的"慢化比"远高于其他慢化剂。因为重水吸收热中子的概率低，所以中子经济性好。以重水慢化的反应堆，可以采用天然铀作为核燃料，从而，建造重水堆的国家，不必再建造浓缩铀厂。

(2) 重水堆比轻水堆更节约天然铀。因为重水吸收的中子少，所以在重水慢化的反应堆中，中子除了维持链式反应外，还有较多的剩余可以用来使铀-238转变为钚-239，使得重水堆不但能用天然铀实现链式反应，而且比轻水堆节约天然铀20%。

(3) 可以不停堆更换核燃料。重水堆由于使用天然铀，后备反应性少，因此，需要经常将烧透了的燃料元件卸出堆外，补充新燃料，经常为此而停堆。对于要求连续发电的核电站来说，不停堆装卸核燃料显得尤为必要。压力管卧式重水堆的设计，使不停堆换料得以实现。

(4) 重水堆的功率密度低。由于重水的慢化能力比轻水低得多，又给它带来了不少缺点。由于重水慢化能力弱于轻水，为了使裂变产生的快中子得到充分的慢化，堆内慢化剂的需要量很大，再加上重水堆使用的是天然铀等原因，同样功率的重水堆的堆芯体积要比压水堆大10倍左右。

(5) 重水费用占基建投资比重大。20吨天然水中含有3千克重水，虽然从天然水中提取重水，比从天然铀中制取浓缩铀容易，但是因为天然水中重水含量低，所以重水仍然是一种相当昂贵的材料。由于重水用量大，所以重水的费用占重水堆基建投资的六分之一以上。

总之，重水堆弥补了轻水堆的不足，成为轻水堆的主要竞争对手。重水堆比轻水堆更能利用天然铀资源，且不需要依赖浓缩铀厂和后处理厂，因此，重水堆核电站在核动力市场颇具竞争力。

11.3.4 高温气冷堆核电站

除了用水冷却外，还有用气体作为冷却剂的气冷堆。气体的主要优点是不会发生相变。但是气体存在的密度低，导热能力差，循环时消耗的功率大等缺点。为了提高气体的密度及导热能力，也需要加压处理。

气冷堆在它的发展中，经历了3个阶段，形成了三代气冷堆。

第一代气冷堆，是天然铀石墨气冷堆。在它的石墨堆芯中放入天然铀制成的金属铀燃料元件。石墨的慢化能力比轻水和重水都弱，为了使裂变产生的快中子充分慢化，就需要大量的石墨。第二代气冷堆是改进型气冷堆。它仍然通过石墨慢化和二氧化碳冷却。为了提高冷却剂的温度，元件包壳改用不锈钢。第三代气冷堆即高温气冷堆。高温气冷堆是一种用高富集度铀的包敷颗粒作为核燃料、石墨作为中子慢化剂、高温氦气作为冷却剂的先进热中子转化堆。高温气冷堆的核燃料是富集度为90%以上（也有的高温气冷堆采用中、低富集度）的二氧化铀或碳化铀。高温气冷堆的冷却剂是氦气。高温气冷堆又分为用蒸汽进行间接循环的高温气冷堆、直接循环的高温气冷堆和特高温气冷堆。

高温气冷堆核电站因用氦气作为冷却剂而具有独特的优点：第一，核电站选址灵活且热效率高；第二，转化比高；第三，安全性高；第四，对环境污染小；第五，有综合利用的广阔前景；第六，可实现不停堆换料。

然而，高温气冷堆核电站目前还存在某些技术上的不成熟问题，比如高燃耗包敷颗粒核燃料元件的制备和辐照考验问题、高温高压氦气回路设备的工艺技术问题，燃料后处理及再加工问题等。

11.3.5 快中子堆核电站

快中子反应堆，简称快堆，指堆芯中核燃料裂变反应主要由平衡能量为0.1MeV以上的快中子引起的反应堆。

快中子堆一般采用氧化铀和氧化钚混合燃料（或采用碳化铀-碳化钚混合物），将二氧化铀与二氧化钚混合燃料加工成圆柱状芯块，装入直径约为6毫米的不锈钢包壳内，构成燃料元件细棒。燃料组件是由几十到几百根燃料元件细棒组合排列成的六角形燃料盒。

快堆堆芯与一般的热中子堆堆芯不同，它分为燃料区和增殖再生区两部分。燃料区由几百个六角形燃料组件盒组成。每个燃料盒的中部是用混合物核燃料芯块制成的燃料棒，两端是由非裂变物质天然（或贫化）二氧化铀束棒组成的增殖再生区。核燃料区的四周是由二氧化铀棒束组成的增殖再生区。反应堆的链式反应由插入核燃料区的控制棒进行控制。控制棒插入到堆芯燃料组件位置上的六角形套管中，通过顶部的传动机构带动。

因为堆内要求的中子能量较高,所以快堆中无须特别添加慢化中子的材料,即快堆中无慢化剂。目前,快堆中的冷却剂主要有液态金属钠和氦气两种。根据冷却剂的种类,可将快堆分为钠冷快堆和气冷快堆。钠冷快堆在结构上可分为回路式和池式两种。

快中子堆核电站的主要特点是:第一,可充分利用核燃料;第二,可实现核燃料的增殖;第三,低压堆芯下的高热效率。

▶ 11.4 当前核电站存在的问题

当代核电站存在的问题中,首先关注的是反应堆的安全性问题。占当代核动力堆总数80%以上的轻水堆,其前身是从核潜艇船用动力发展起来的。它具有堆芯紧凑与体积小的优点,但其安全性成了致命的弱点:由于堆芯热容量小,当发生大功率瞬变或失水事故时,燃料元件的温度急剧上升,可能导致包壳烧毁,甚至堆芯熔化和放射性外泄的严重事故。为此,在压水堆的设计中逐步增加多重应急安全系统和设施。但是已发生的核事故对这种安全设计逻辑敲响警钟,证明了对于本身不稳定的系统,企图以加上多重的支撑来保持其稳定性的体系是不可靠的,这就是目前轻水核电厂安全性的致命弱点。

从经济上看,总体说来,当代核电厂的发电成本已经达到低于煤电的水平,这已是公认的事实,而且这一基本趋势近几年中还在加强。但是,以轻水堆为代表的核电厂在经济性方面仍然存在许多弱点和不确定因素,严重削弱了它的竞争性与进一步在世界范围的推广。这些因素中,主要的问题是当代核电厂的基建投资大和建造周期太长。投资大的主要原因之一也和安全性有关,如前所述,当代核电厂是依靠多重的能动设备来加强其安全性的,因而随着公众对核安全要求的日益提高,安全设施系统也就愈来愈复杂,造价随之愈来愈高,同时安全审批时间也愈来愈长,这些情况又造成投资的扩大。这些问题如不加以解决,将无法适应核电发展的需要。

另一方面,当代核电厂由于系统与设备复杂,造价昂贵,不得不依靠提高单机容量以期降低每千瓦投资。因此,当代压水堆电厂的经济规模均在百万千瓦级,若低于此容量,则在多数情况下无力与火电相竞争。加之建造周期又过长,因此很难向发展中国家寻求市场。但今后几十年中发展中国家的能源需求增长率将远高于发达国家,而它们目前占世界核电装机容量不到2%。遗憾的是,当代核电厂对此中小型堆的潜在市场缺乏竞争能力。

11.4.1 安全性

对于新一代核动力堆,首先要求具有更高的安全性,在安全性方面应有新的突破,而不是对现有的安全设计进行小修小补,因为后者难以从根本上改变公众心目中核电厂的形象。因此,建造一种具备固有安全性的反应堆便成为对新一代动力堆的必然要求。固有安全性是指,当反应堆出现异常情况时,不依赖人为操作或外部系统、设备的强制干预,而仅依赖堆的自然和非能动安全性能,就能使反应堆趋于正常运行或安全停闭。我国的核能利用还存在放射性废物整治任务重的问题:积存废液量多,安全风险大;固体废物分类差,从废物贮存库中回取困难;设备老化严重,安全隐患多;源项不清,有的地方难于进入调查和实施退役等。

11.4.2 经济性

新一代核动力堆电站,在经济性上应该达到能与同样规模的火电厂相竞争,这样才可能获得大规模的商业推广。提高核电厂经济竞争能力的首要任务是降低核电厂的投资和缩短安全审批建造的周期。新一代核动力堆是通过提高其固有安全性,使其安全系统和多重保护设施得以简化,从而降低制造费用,同时也更易为公众所接受,缩短审批周期。近年来,在新一代核动力堆设计中提出的模块堆和设备模块化的新概念,就对提高堆的经济性有着显著效果。提高核电厂经济性的另一个重要措施是提高核电厂的负荷因子和延长核电厂的寿期。为具有强的竞争力,对新一代核动力堆要求把负荷因子提高到87%以上(目前的压水堆电厂的平均负荷因子的运行纪录约为70%),反应堆容器的寿命要求从目前的30年延长到40~60年,这相当于发电成本中投资费用减少30%以上。

11.5 核能源开发利用的伦理风险

核电能源具有现有的火电能源无法企及的优势。核电是高效、清洁、环保的替代能源。但是,在其能源开发利用过程中存在巨大潜在的危险,这些危险主要源于:① 核电厂超预期的大功率;② 原子核裂变释放能量过程中同时伴有放射性辐射;③ 核能生产过程中产生大量放射性废物。因此,核安全是核能开发利用中需要考虑的首要伦理问题。

11.5.1 核安全问题

"安全"一词最初就是用来表达一种确定性、可靠性和不受威胁的状态。技术行为和技术产品的安全就是使"受保护物体"最大限度地免遭(可能的)危害。核安全就是指对核设施、核活动、核材料和放射性物质采取必要和充分的监控、保护、预防和缓解等安全措施,防止由于任何技术原因、人为疏忽或自然灾害造成事故,并最大限度地减轻事故情况下的放射性后果,从而保护工作人员、公众和环境免受不当的辐射危害。在广义上应包括核设施安全、核材料安全、核装备安全、辐射安全、放射性物质运输安全和放射性废物安全。根据1994年6月国际原子能机构(IAEA)通过的《国际核安全公约》,"核设施"指每一缔约方在其管辖下的陆基民用核电站,包括设在同一场址并与核电站的运行直接有关的辅助设施,如贮存、装卸和处理放射性的设施。国际原子能机构将核安全划分为核动力设施安全、辐射防护和核废物安全三类。

核电站是一个复杂的人机系统,其安全性依赖于系统设备、环境和人员三方可靠性。因此,导致核安全风险的原因主要有主观和客观两个方面。客观方面包括技术和环境因素。这样,威胁核安全的因素主要有3个层面:技术因素、环境因素、人为因素。第一是技术因素。系统设备和环境就属于技术因素,系统设备的安全性很大程度上取决于一定时期的科技发展水平,如果技术的先进程度不够或者反应堆安全性能不达标,就容易引起泄漏,导致辐射风险。第二是环境因素。环境因素通常指核设施所处的自然环境出现突变而引发的核泄漏事故。第三是主观的人为因素。人为因素多为主观疏忽所导致的核安全风险。由于人的生理、心理、社会和精神等特性具有极大的难以控制性,因此,因人为失误直接或间接导致核事故总是难免的。20世纪90年代前,核电站的平均人因事故率为70%,个别国家高达85%。1979年3月28日,美国三哩岛核电厂二号机组因反应堆设备故障,又未被工作人员识别而错误操作,可以说是由技术因素与人为因素的综合原因导致事故发生。1986年4月26日,苏联的切尔诺贝利核电站的4号机组发生了当今世界核电史上最严重的事故。反应堆堆芯及部分反应堆和汽轮机厂房被摧毁,大量放射性物质外泄,致使31名工作人员死亡,电厂周围30千米内13.5万人撤离,放射性沉降物一度影响到千里之外的西欧。事故主要由两个因素造成:一是其反应堆设计不完善;二是严重的人为错误和管理缺陷,运行人员多次严重而粗暴地违反安全条例和操作规程并进行一系列错误操作和处理。1999年9月30日,日本茨城县东海村的JCO核原料加工厂,由于工人操作失误,在没有反应堆的核原料加工厂内,核原料沉淀缸内产生自持式链式裂变反应,发生了"临界事故",导致数十人遭受核辐射。2011年3月11日,日本福岛核电站事故是由地震和海啸等自然灾害与人为不当处理引发的核泄漏事故。

安全是人类最基本的权利,在安全权利与经济权利相冲突时,应该以安全为第一要务。"安全权利比起社会和经济权利来说更为重要,因为它们保护了人们最基本的权利不受损害,基于这个理由安全权利应该优先于其他次要权利而受到保障;在所有安全权利得到保护的前提下,社会可以选择提供社会和经济权利,但后者只是一种选择,且显然是次要的权利选择。"在安全与经济、社会效益的取舍上,应该以核安全为第一要务,在保证核电站绝对安全的基础上,追求核能开发的经济效益和社会效益。

11.5.2　风险与责任

上文提到的核能开发的3个危险归根结底是核辐射的危害,核辐射是核能开发利用过程中最大的潜在风险。核辐射的危害主要有3种形式:一是核设施或核装置存在的瑕疵,导致核泄漏,直接对人体造成伤害;二是核泄漏污染了水源、土壤等自然环境,从而间接产生危害;三是核泄漏引发的核辐射对自然物种的直接伤害,比如引发的物种基因突变,从而破坏生态平衡。例如,在2011年3月1日因地震和海啸引发的日本福岛核电站核泄漏事故发生之后,人们发现了许多奇形怪状的蔬菜水果和畸形动植物。日本海洋研究开发机构等组成的科研社团还在河鱼体内检测出高含量的放射性元素铯。核辐射3种危害形式的根本是由核设施安全问题引发的辐射风险,因此,核电站等核设施的设计和建设方必须顾及核能开发的可能后果,有责任提供成熟安全的反应堆。也就是说,在核能开发和利用上,开发者和建设者要对核设施潜在的风险危害有足够的责任担当,充分顾及其潜在的危害后果。

1986年苏联的切尔诺贝利核电站爆炸事故和2011年日本福岛核电站事件表明,即使采用先进的技术防范保护措施,也不能完全消除核能技术系统上的风险。前者被归结为人为过失,而后者则被认为是电站设计无法考虑到的罕见的自然灾害而引起的。因此,在消除核风险方面既有相关组织和集体的责任与义务,也有个体的责任和义务,主要是负责核设施操作与管理的工程技术人员的责任意识和职业操守。安全是工程师职业伦理道德的核心,工程师要有风险意识和责任意识。"工程师应当把安全、健康和社会公众的外部福祉……看得高于一切","在价值冲突的情况下,工程师应当重视人类的公义优先于人类本身的权益。人权优先于利益考量。公众福祉优先于私人利益,以及充分的安全优先于可用性和经济性"。正如瑞士应用技术科学院的伦理守则所规定的那样,工程师对自己的行为负有个人的和伦理的责任,行为时必须充分考虑自己对社会、生态和经济责任,还要通过不断的进修深造获得所必需的技术技能,获得补充性的实际知识和方向性的知识,以及对更复杂的关联事物和跨学科的合作进行判断的能力。这些是作为核工程师必备的最基本职业伦理要求。

除了核电设施的辐射风险之外,核反应堆发电时还会产生高放射性核废料,主要包括在使用后直接永久存放在核反应堆中的核燃料棒和处理使用完的燃料棒时所产生的材料和化学溶剂,核垃圾通常有几万年至几百万年的安全问题。由于这些核废料物质的放射和趋化特性,必须将它们与人和环境隔离开来。由于它们的危害比较久远,不仅涉及当代人,而且会波及未来的子孙后代,因此,对于核废料的处理必须承担长期性责任。核电建设和使用者也有这样的义务。

11.5.3 核能开发利用中的公平正义与公众权益维护

核能开发利用中的公平正义主要包括分配正义和参与正义两个方面。分配正义指核电站的地址选择、核废料和污水处理、核能利益分配等体现的公平正义。参与正义指公众是否参与核电站建设和核废料、污水处理的社会决策流程,是否体现出真正的程序正义。在核电站建设的选址、利益分配方面,在核废料的处置地点和处置方式上,公众是否知情并参与讨论和论证,是否征得公众的同意,也就是公众的知情同意权是否得到尊重。核电站运行的潜在技术和人为风险,都会给公众的安全、健康和福祉带来威胁。不仅如此,核废料的填埋地点对于公众的安全和健康也存在很大的潜在风险,核废料的辐射危害上万年长久存在。因此,对于核废料的处理一定要透明化,充分尊重程序正义和公众的知情同意权。绝不可因经济利益而置公众利益于不顾。

在核电建设中允许公众参与,对于体现公平正义和维护公众权益具有重要价值。第一,公众具有丰富的经验知识,可以丰富或修正知识,从而使相关决策更加合理。第二,公众参与可以为有关决策者提供关于相关民众优先选择和价值观分布的重要信息。第三,公众参与更有利于公平协商资源要求问题,促使核能开发和利用的利益分配更加合理化,在一定程度上避免有失公允的局面。第四,公众参与可看成对自身生活环境进行规划的一个因素。受牵连的相关人士能够有机会,以自我义务或责任归属的形式改变自己的生活环境。

总而言之,公众参与能在一定程度上实现核能开发利用过程中的公平正义实现,进而促使公众的权益得到切实维护。

参考文献

[1] 范德海登.政治理论与全球气候变化[M].殷培红,冯相昭,译.南京:江苏人民出版社,2019.
[2] 格伦瓦尔德.技术伦理学手册[M].吴宁,译.北京:社会科学文献出版社,2017.
[3] 克劳士比.人类能源史:危机与希望[M].王正林,王权,译.北京:中国青年出版社,2009.
[4] 刘庆成,贾宝山,万骏.核科学概论[M].哈尔滨:哈尔滨工程大学出版社,2005.
[5] 谢德良.福岛核泄漏造成日本动植物变异?[J].环境与生活,2013(8):42-44.
[6] 张力.核安全:回顾与展望[J].中国安全科学学报,2000,10(2):15-20.
[7] 中国核学会.核科学技术学科发展报告:2014—2015[M].北京:中国科学技术出版社,2016.